動物学者が死ぬほど向き合った「死」の話

生き物たちの終末と進化の科学

ジュールズ・ハワード＝著　中山宥＝訳

フィルムアート社

For Lettie and Esme

目次

INTRODUCTION

序文

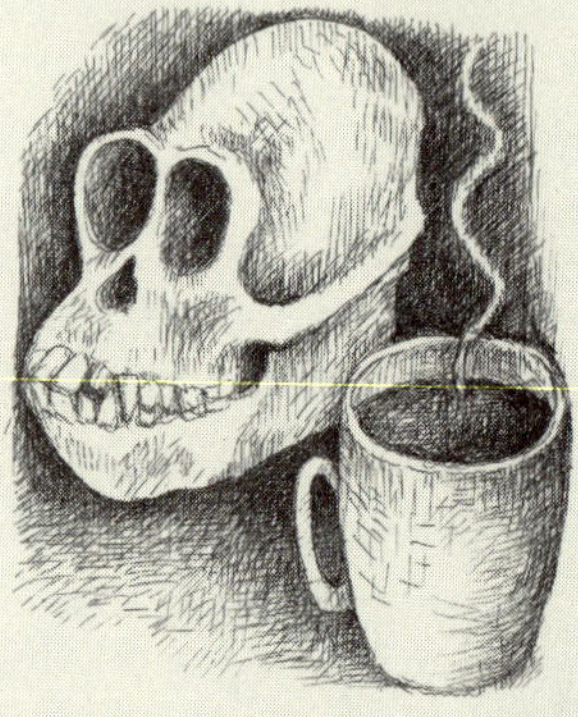

首の靭帯、輪切りにされた気管、眼球……。わたしの目の前にある白い棚には、人体の大小さまざまな部位が、容器のなかで液体に浸かって、ところ狭しと並んでいる。水ぶくれした手、色の抜けた背骨や膝関節、切断された頭蓋骨の一部、瓶詰めの脳味噌。日ごろ、そうお目にかかれる光景ではない。シリンダーに入っているものもあれば、アクリル樹脂の透明な箱に収まっているものもある。いずれも何らかの液体に浸っているのは防腐処理のためだろう。と同時に、その液体の漂白作用のせいで、すべての標本が背筋の凍るような純白と化している。

わたしは隣の棚へ移動して、ふたたび足を止めた。コーヒーを軽く口に含んでから、カップを受け皿に戻す。とたんに、からだが震えているのがわかった。ささやかなアラーム時計よろしく、皿の上のスプーンがかたかたとカップを打ち鳴らしている。耳障りな音を立てているのは誰かと、周囲の視線が集まってくる。わたしは気持ちを落ち着けようとした。目の前の圧倒的な光景に、事実、わたしの頭のなかではアラーム音が鳴っている。部屋の広さはテニスコート二面くらい。中央にじゅうぶんな空間があり、ふと見上げると、二層の金属製バルコニーがこちらにのしかかるように張り出している。ガラス張りの天井から降りそそぐ光が、一〇〇人ほどのイベント参加者をセピア色に染め、醒めることのない奇妙な白昼夢であるかのような雰囲気を醸し出す。かつて一世紀あまりのあいだ、この広い室内は手術室だった。数えきれないほどの医学的治療や検死作業がここで行なわれたはずだ。いや、手術室というより、手術を題材にすえた〝劇場〟と呼ぶべきかもしれない。当時、二階や三階のバルコニーにはおおぜいの学生が陣どって、眼下の光景を見つめ、知識を磨いて将来の仕事に生かそうと目を輝かせていた。時代を超越して、奇々怪々な場所なのだ。

わたしがいま参加している催しは、〝デス・サロン〟と銘打たれている。アメリカで人気らしいが、ここイギリスでは初めて開かれた。会場はバーツ病理学博物館。金融街として知られるシティ・オブ・ロンドンとは目と鼻の先だ。わたしがもらった歓迎チラシの宣伝文句によれば、デス・サロンとは「知性あふれる人々や、探究心に満ちた個人が一堂に会し、おのおの知識や技能を分かち合うことにより、われらが共有する〝死〟なるものを突き詰める」催しだという。ふむ、興味深い。わたしは前々から〝探究心に満ちた個人〟をこころざしてきた。実際、その目標をみごとに果たしたと、謹んでここに報告したい。なにしろこの場所で、気管や腸、小さな睾丸などが得体の知れない保存液のなかで浮き沈みするさまを眺めつつ、ひとり思索にふけって……かれこれ三日になる。丸々三日間、ここにいるのだ。

ほかの参加者を見渡すと、そうとう幅広い人々が集まっている。年齢もさまざまだが、こんなに女性の割合が多いイベントに参加したのは何十年ぶりだろうか。新鮮な気分だ。若年層が目立つのも意外な気がする。しかも、知識欲あふれる学生というわけではなさそうで、身なりからして大学進学をめざすタイプには見えない。じゃあどんな雰囲気の若者たちかといえば……いまだかつて出会った覚えのないような集団だ。なんというか、参加者の大半は葬儀屋のような落ち着きをまとっている。服装が妙におそろいで、おおかたは、黒縁めがねに、革の小型かばん、スキニージーンズ。ピンストライプのスーツやトレーナーなどを着た者も数人。なぜか、ボウリング靴を履いている男がひとりいて、脱ごうと懸命になっていた。さらにどういうわけか、その男の連れの女性たちも……。服装からして、茶番劇のような雰囲気を漂わせている参加者もいる。おおげさな巻き髪。ぴったりとした黒のロングドレス。黒いマニキュア。多くが房飾りを付けている。いずれにせよ、わたしは完全に周囲から浮いた存在だが、まあ、こんな場違いな感覚を味わうのは人生初というわけでもない。手元のコーヒーをもうひとくち飲んだものの、胸の鼓動を反映して、スプーンが小刻みに震えて音を立てている。

このデス・サロンの存在を教えてくれたひとりが、わたしの出版代理人であるジェーンだ。いま実際ここに参加し、集団の最前列でほかのクライアントと話し込んでいる。そのクライアントの優しげな女性は、母親に死なれたあとの悲しみについてプレゼンテーションするために今回招かれたゲストらしい。そのプレゼンが始まる寸前、わたしは並んだ椅子のあいだをよろよろと進み、はるか端っこのわずかな空席をめざす。部屋の奥にいるジェーンと目が合った。ジェーンは親指を立てて、満面の笑みを向けてくる。はるかに距離が離れているのに、「どう、素敵じゃない？」と唇が動くのが見てとれる。こちらはさほど素敵な気分ではないまま親指を立てて返す。空席が見つかって、ともあれ腰を落ちつける。わたしは本の執筆のためにここへ来た。ああくそっ、これから長い旅が始まるのだ。

執筆依頼が来ないうちに原稿を書き始めるのはよしたほうがいい、と誰もが言う。いまようやく、わたしもその理由を身に染みて感じた。『不思議の国のアリス』さながら、わたしはウサギの穴に真っ逆さま。脱出しようと、もがいてもどうやら無駄だ。もしこの本の執筆依頼が来なかったら、金銭的な報いのない冒険をするはめになり、この先五年間は家族から冷ややかなまなざしを向けられるだろう。現状では、代理人のジェーンともども出版のゴーサインを待ちわびている段階だが、えいやとばかり、わたしは早くも序章を書き始めている。死と生と進化は、もはや目を背けるわけにいかない興味深いテーマに思える。願わくば、内容はご自由にとお許しが出て、万事支障なしとなるといいのだが……。ブルームズベリー社の担当編集者のジムからは、近ごろ、多少は期待の持てるメッセージが届いているものの、死を全面的に扱った書籍が好評に迎えられるかについてはおおいに危惧しているふうだ。ふだん愛想のいい男なのだが、このところ少しよそよそしい。出版社内の仲間が賛成してくれないのではと心配なのだろう。とりわけ、書名に「死」と入った本が売れるだろうかと不安で仕方ないらしい。もっとも、ジムの不安はほかにもある。書名どころか、ほとんどのページに「死」という単語が散らばった本が人気を得るだろうか。わたしをたしなめようと、「みんな、ふつう、死ぬことについては考えたくないんじゃないかな。とすると、死について考えさせようとする本なんて、わざわざ買うかなあ」と何度も言っている。立場上、本が売れないともちろん困る。だからこそ、「ゴーサインが出るまで、この本の執筆はどうしても待ってくれ」と再三、警告している。気が気でないのだ。「大丈夫だって」とわたしはこたえる。「異色の内容なんだから」。ありきたりな本を書くつもりはない。「死は定めなり。われらに避けるすべはなし」といったたぐいの書籍なら腐るほどあるし、だいいち、その種の本はお説教くさくていけない。

人間に課された運命とはいえ――まあ少なくともわたしは――死について考えたくない。嫌でたまらない。遺書なんて作成していないし、老後の計画も立てていない。健康保険にも入っていない。さらに、容器内でアルコール漬けになった人体の器官を目前にして、いま、胸奥から驚くほど嫌悪感が湧き上がってきている。しかし一方、わたしは自然界を愛している。進化の過程も、自然淘汰が無数の方法を駆使して人間の想像力を超越した生物を作りだした事実も、好きでたまらない。多様性が興味深い。多種多様。いや多種多種、多様多様。色も素晴らしい。それぞれの生態的な地位も、習性も、実際のエピソードも、魔法も、驚異も。自然界の驚くべき仕組みのなかで、当然、死というものが一つの要素をなしていると思わないか、とわたしはジムに言った。当然ながら、死は、生きとし生けるものを待ち受けている普遍的な存在だろう、と。数週間前、さらに詳しいアイデアをぶつけてみた。「ジム、じつは、死が進化に影響を与えているとの説があるんだ。二一世紀に入って、われわれが住む地球にはじつに多様な生態的地位があふれていることがわかってきたけれど、そこにも死が影響しているらしい。何か信じがたいかたちで、死は自然界に溶け込んでいるんだと思う。自然界に力を与え、多様性に拍車をかけている。そこのところを明らかにしたいんだよ。死が自然や進化に与えている影響を明確にして、われわれの限りある命と照らし合わせて考えたい」。

なにしろわたしは、死に関して執筆しそこねている。前著『生きものたちの秘められた性生活』では、生き物王国における性行動をめぐって、さまざまな考察をまとめた。そのなかで、世間は(とりわけ、一部のメディアは)自然界の性行動をもっと広い視野でとらえるべきだと主張した。どの生き物のペニスがいちばん大きいとか、オーガズムがいちばん長い生き物はどれかとか、そういった好奇心から離れた視野が必要だ、と。パンダにしても、ほかのどんな生き物とも同じくらい、性を意識して進化してきたはず、と擁護した。ペニスの話題ばかり取り上げるニュース編集者に噛みつくと同時に、オスの性行為の研究ばかりでなく、メスの生殖器官の構造をくわしく解明することも重要だと、熱心に訴えた。ダニ、ナメクジ、クモなどを題材にしながら、行為について軽視されてきた生き物たちにもあらためて目を向けてもらおうとした。生物の多様性をたたえ、性行為をたたえた。しかし、どのエピソードの陰にも、わたしを悩ませ続ける問題があった。単純な話だ。生き物は、性行為のエキスパートになろうと進化する。だが……死を避けて長生きする方向へは、なぜ進化しないのか? この問題がいつも頭から離れなかった。みなさんも、ちょっと考えてもらいたい。生き物はどうしてみんな死ぬのだろう? 多細胞生物は、細胞をもっと長いあいだ補充できるように進化すれば、生殖行為の機会を増やせて好都合ではないか？　遺伝子がそんなふうに変化すれば、生き物として繁栄するはずなのに、なぜそういう例をあまり見かけないのか？　自然界で死が普遍的なのはどうしてだろう？　不死の生き物が増えて、遺伝子プールに満ちあふれ、性的に生き残り続けるようにならないものか？　不思議、いやまったく不思議。われらが地球では、どの生命体も、ある大きな原動力に突き動かされている。自己を増殖しようとする願望だ。三〇億年にわたる進化のすえ、地上には、生き残る術と再生能力にたけた生き物であふれている。けれども、死は？　なぜいっこうになくならないのか？　自然淘汰が死をターゲットにして、この世が不死の生き物だらけになることはないのか？　ほんの一つ、二つの属や科が死んでいくわけではない。あらゆる生き物が死ぬ（と、当初わたしには思えた）。どういうわけか、死は生き物に、われわれの身の回りのあらゆるものに付いてまわる。なぜか？　なぜ世界はそんな仕組みなのか？　不思議、いやまったく不思議。

わたしが死の科学に無知かといえば、そんなことはない。前述のとおり、生き物の性行為に長年深い興味を抱いてきた。その種のエピソードのなかでは、性と死の摂理がほんの隣り合わせという例も数多い。有名なものとして、たとえば、サケは、幼魚のころに川から海へ移動し、やがてまた川に戻って産卵し、死ぬ。クモのメスは（おそらく、カマキリの一部も）性行為のさなかにパートナーのオスを共食いしてしまう。ダニのメスは、進化のすえ、卵を産み落とさないようになり、体内で孵化させ、みずからの身を内側から子供たちに食べさせる。ヒキガエルのメスは、性行為を争う七、八匹のオスに掴まれ、組み伏せられたあげく、溺死する場合も珍しくない。カゲロウは、幼生のあいだ一、二年間、淡水のなかで暮らし、じゅうぶん成熟後に宙を舞って生殖行為ができるのは、わずか数日しかない。こうした物語は、読者のみなさんも、何かのきっかけで知ることになるにちがいない。しかし、これはまだほんの手始めにすぎない。われわれはみな、性と死を持つオスメスの関係から生じた産物だ。しかし、無数の知られざる生き物は、そうではなかった。

だが、死に関する現象はほかにもあって、生き物関連の文献をみると、まったく奇妙で、簡単には意味が理解できない事柄もある。たとえばカメは何百年も生きる。イモムシは、生死をめぐるある種の定義では、いったん死ぬ。が、サナギの内部でべとべとしたものに変化し、なぜか不可解にも、チョウに変身する。一方、大きな目で見ると、なぜ九九パーセントもの種《しゅ》がすでに絶滅したのか？　死は生にどんな貢献をしているのか？　死がわれわれにもたらしてくれているものは何だろう？　細胞に老いを与えているものは？　はたして老化は止められるのか？　永遠に生きることは可能なのか？　いやしかし、われわれは本当に永遠の生を望んでいるだろうか？

このあたり、科学と感情がうまく一致しないところだ。現代の人間社会を生きながらもあくまで動物であり、現代的な経験をしつつも意識にはやがて終わりが来る。科学と感情の溝を越えて、わたしは、ある問いを解き明かしたい。つまり……死に関して、ヒトはなぜ全般に少し奇妙なのか？

前著で生き物たちの性生活を調査した際、インタビューに応じてくださった専門家の方々にはたいへん感謝している。どの学者も、性の進化について世間の理解が進むように骨を折っていた。どうして生き物の世界全体に大きな影響をもたらすのかを説明しようと、話したがっていた。性の進化を愛していた。しかし死も、自然界すべてに同じくらい重大だ。なのに誰も、本気でオープンにはっきりと、生物学的な用語を使って、死を語ろうとしない。生物学のその部分だけ、闇に葬られている気がする。おそらく敬遠されているのだろう。無視されている。おぞましいのかもしれない。わたしはそういった話題に惹かれる。どうも……生物学のライターが追究するのにあつらえむきのトピックに思える。

誰もが死を知っているが、死をめぐる科学についてはほとんど知らない。死がショックにつながることも、ほとんどの人が知っているだろう。つまり、近親者や親友（さらにはペット）の死に接すると、つらく深く長い悲しみ、人生が変わるような衝撃を受ける。しかしふだん、生物学的な観点から死を話題にするだろうか？　いや、しない。だからやってみたいんだ、とわたしはジムに頼んだ。やろう。そんなわけで、わたしの旅が始まった。始めていた。正式な依頼はまだなかったが……。

〝デス・サロン〟は、最初こそ薄気味悪く、おそるおそる参加しているという感じだったが、三日間すごすうちに、まったく違う経験に変化した。むしろ、〝生命の場〟と感じられてきた。あるときは、親族の遺体の扱いについて法的にどんなことが許されているのか、講義を受けた。またあるときは、CPR（心肺蘇生法）の歴史を聞いた。臓器提供の詳しい仕組みや、人体が科学にどう貢献できるかといった話にも耳を傾けた。落書きのようなものに覆われた棺も見た。自分のCTスキャン画像も生まれて初めて見た。わたしが目を円くしてすわっている前で、女性モデルが衣服をすべて脱ぎ、さあ、この女性が黄金の骸骨（すなわち、死の象徴）を抱えている絵を描いてみてください、と指示されたときもあった。検死のようすをリアルに感じられる仮想映像も見た。ある時点では、ひとりの男が立ち上がり、自分がつくったミニチュアの鉄道模型を見せ、そのなかにコミカルな墓地をつくったこと、小さなプラスチック製の幽霊たちには、アクセサリーショップ「クレアーズ」で買ったハロウィーン用イヤリングを苦労して慎重に飾り付けたこと、などを話し始めた。参加者は微笑んだり、声を出して笑ったりしていた。そう、笑って、楽しんでいた——死を目の前にして。もっとも、〝デス・サロン〟の三日間を通じて、わたしはつねに傍観者だった。

ひとり、押し黙って部屋の隅にすわっていた。〝デス・サロン〟は、ヒトの死に対してわたしの目を開かせてくれたが、三日間、誰ひとり、ただのいちども生物学に触れなかった。わたしの専門分野——科学、生命、進化——はほとんど言及されなかった。いささか奇妙に感じた。死は、ご存じのとおり、生物の状態をさす。自然淘汰という時計の歯車だ。

本書でこのあとお読みいただくのは、生物学的な死をめぐるさまざまな複雑な糸を解きほぐそうという、わたしなりの試みだ。ポピュラーサイエンスの書籍で〝長旅〟などという表現は陳腐きわまりないものの、申し訳ないが使わせていただきたい。本書は本当に〝長い旅〟になる。タブーなし、(望むらくは)陳腐な表現なし。ほとんどの場面で科学のみに導かれた旅。専門の研究者たちの思考をたどる旅。そして、あらゆる生き物がたどらなければいけない、壮大かつ楽しげな旅。生から性、死にいたり、地球上のなんらかのかたちに戻って、ある時点でおそらく、ウジムシのような何かに姿を変える。予想していたとはいえ、本書の執筆には苦心惨憺した。無事に出版のめどが立ったのは神様(とジム)のおかげだ。ありがとう、神様(とジム)。わたしはどうにか長旅から帰還した。もっとも、この世の誰かが本書を読みたがるかは、また別の話だ。しかしともかく、完成にこぎ着けられた。関係者のみなさんには感謝の念に堪えない。

Part 1

これはカエルの死骸です

THIS IS A DEAD FROG

1 宇宙における生と死

Life and Death in the Universe

生命とは何か、とエルヴィン・シュレーディンガーは考えた。当然ながら、ありったけの時間をかけて考察すべき問題だ。一冊の本にまとめるべき題材。そこで、執筆に取りかかった。シュレーディンガーといえば、箱のなかにネコを入れる思考実験が有名な物理学者だが、生命というテーマにも挑んだのだ。さまざまな考えをまとめたあと、科学の諸分野に切り分け、一九四四年、著書『生命とは何か』を出版した。前年にダブリンのトリニティー・カレッジでおこなった連続講義をもとにしており、じつに貴重な本だ。大半は非常に読みやすく、地球上の生命をめぐって〝どのよ

うに〝何が〟〝なぜ〟を解き明かしている。当時の連続講義は、「物理学者の嫌みな切り札である、数学的帰納法はほとんど用いません――しかし、きわめて難しい題材です」との警告が付いていたにもかかわらず、四〇〇人が聴講した。いずれにせよ、『生命とは何か』は、驚愕するほど興味深い。生物学の世界を、化学や物理学の領域と結びつけようとしたばかりか、〝非周期性の結晶〟の存在を予測している。すなわち、生命体は分子の複雑な配置（のちに言うDNA）を生成して、遺伝子情報を伝えている、という当時だと珍しい説を先駆的に論じた。数多くのトピックを扱うなか、生命は、おそらく宇宙でも最大級のパラドックスだろう、と述べている。本来、生命など誕生するはずがない。なのに誕生した。なぜ、どのように生まれたのか。シュレーディンガーは説明を試みた。

宇宙を考えてみよう。宇宙は混沌としている。非常に混沌としている。恒星は明るく輝き、そこから放出されたエネルギーは、より無秩序なかたちに変わる（たいてい、われわれは〝熱〟と呼ぶ）。山は浸食される。大陸は分裂する。地球のような惑星は、落ちた稲妻や、圧力で生じた複雑な化学反応などによって、時とともに崩壊していく。放射性の物質が衝突し、分裂することもある。無秩序がはびこる。本当に乱雑になる。物理学者の言いかたを真似るなら、万物はおのずとエントロピーの増大へ向かう。混乱、混沌、ごちゃ混ぜの世界、すなわちカオスへ。この点をたとえてみよう。無秩序へ流れていく状態をあらわす古典的なたとえは、図書館だ。自分なりの図書館を思い浮かべてほしい。いま、そこに図書館員はひとりもいない。利用者がひっきりなしに出入りし、本を借りたり、返したり。毎週そんなことが繰り返される。間違った棚に戻される本もあれば、デスクの上や棚の上にいいかげんに置かれる本もある。数週間後くらいなら、まだたいした変化は感じられないだろう。が、一年後に再訪すると、欲しい本が見つからなくなってくるはずだ。棚のところどころがぽっかり空いて、一部の本は、横向きに積まれたり、床に放置されていたりする。占星術の本が天文学の本に紛れていたりする。恋愛小説の背がすり切れている。マルコム・グラッドウェルの本は、全部のページの隅が折られている。どんな状況か、おわかりだろう。二年後にまた行くと、事態はますます悪化。乱雑さが増している。五年後ともなると、もっとひどい。一〇年後？　混乱の極みだ。二〇〇年後は、足の踏み場すらなくなる。五〇〇〇年後には、もはや本は見当たらず、埃の山。一〇〇万年後ともなれば、土で覆われたただの地層になって、その上にビルが建つ。しかもこれは、運がよければの話。つまるところ、こういう変化がカオスだ。誰か（あるいは何か）が、報酬と引き換えに秩序を保つ努力をしないかぎり、万物は無秩序へ向かって流れていく。ほとんど何もかも、この流れに従う（とすると、図書館員にはもっと高い給料を払うべきかも）。

物の状態は（閉じられた世界のなかでは）たえず無秩序へ向かう、という認識をいち早く提示したのが、ニュートンだった。有名な〝熱力学の第二法則〟だ。わたしたちの目に見えるものすべて、この法則で説明がつく。例外はクラゲだけ。いや、ハムスターも例外だ。ミミズも。セイウチも。ニオイアラセイトウも。

タマキビガイも。オジロワシも。……そろそろ、言いたいことがわかっただろう。生き物にかぎっては、何やら奇妙な現象が起きている。一〇分経っても、一〇時間経っても、細胞が破れて中身が漏れ出すようなことはない。からだが浸食されたり、崩壊したりしない。一般のほかのものと違って、機能を急に失ったりもしない。もっと複雑だ。命が続くかぎり、秩序を維持する。生き物の様式や構造は、無秩序に対するアンチテーゼだ。人体は、研ぎ澄まされた機械にも似て、順調に動き続ける。生きているあいだずっと、秩序を保つ。腐らない。しかし、考えてみると、かなり不思議な話だ。宇宙でこんなことをやってのけるものは、ほかにほとんど例がない。

「生命体はどうやって腐敗を逃れているのか?」。シュレーディンガーは、著書『生命とは何か』のなかでこの問いに挑んだ。結果、割り出した答えは、「そのぶん、代償を支払っている」だった。生きているあいだ死を一時的に逃れるため、代償を払わなければならない。エネルギーをつぎ込む必要がある。この点でいうと、細胞や細胞突起は、生涯変わらぬ図書館員だ。混沌をもとの秩序に戻す働きをする。必然の流れを押し戻す。最終的に、代償が負担になりすぎて、続けられなくなる——つまり、死ぬ。組織だったからだから、無秩序があふれ出す。からだの大半はリサイクルされ、地球上のほかの生命の秩序維持に活かされる。ただ、生命の特異性はそれだけではない、とシュレーディンガーらの物理学者は気づいた。宇宙に存在するものは、ニュートンの第二法則に従い、意外な別物に変化するばかりか、シュレーディンガーなどは、生命にはある種の不可避性が伴っている事実に気づいた。当たり前すぎて忘れそうだが、生き物はすべて共通して奇妙な特徴を備えている。太陽からエネルギーをもらい（正確には、太陽からエネルギーを得た動植物を食べることを通じて）、熱を生成する。秩序だったエネルギー（光）から、きわめて秩序の崩れたもの（熱）をつくる。いわば、われわれ自身、カオスの一部なのだ。生きるスリルを味わう一方で、カオスへ向かう宇宙の流れに加担している。うまくはまっている。極言すれば、あなたもわたしも……まあ、熱ポンプのようなものにすぎない（出す熱の量はそれぞれだが）。

要するに、生命は規則に従っている。生命が湧き上がったのは……結局、その能力があるからだ。宇宙のしきたりに当てはまっている。生命が浮上したのは、エントロピーを全体として増加させるという自然の摂理に、基本的には合っているからだ。シュレーディンガーの説明は的を射ていた。宇宙の生命体はすべてこの基本法則に従うと考えられる。生命とは、エネルギーである。そう定義できる。以上。これで生命の定義が完了した。では、もう課題はすべてクリアできたのか？　いや、違う。生命にはほかの側面からの定義もあるし、死にもほかの定義がある。わたしの長い旅は、こうした定義から始めることにしたい。

世界でもトップクラスの自然歴史博物館のなか、混雑した食堂で、ひとりの男が、五歳の孫を連れて立っている。男はジレンマに直面している。カフェの待ち行列がとても長く、自分たちの番が来るまで当分時間がかかりそうだ。ぐずりやすい五歳の孫と一五分待つのは大変すぎる。だが、どうしてもコーヒーが飲みたい。どうすればいい？　選択肢を考えた。その結果、決断を下した。現代では誰もやらないようなことをした。混雑した食堂のテーブルを見回して、思いやりのある親切そうな人を探した。幼い孫を預けても、車で連れ去られるような危険がぜったいなさそうな人物を。室内を眺めまわす。信頼できそうな人は誰だ？　年配の人たちが数人ずつグループになって談笑している。いや、あの人たちはやめておこう、と男は思った。学生のグループがいる。あれもやめよう。ひとりで読書中の女性は？　どうも違う。とそのとき、格好の候補が目に入った。ふたりの男女が、何やら活発な議論を交わしている。じっと見つめ合いながら、熱心に言葉を交わし、ときおり一方がメモをとっている。女性は気さくそうで、言葉に熱がこもっている。相手の男性は、眉をひそめて、天井を見上げ、もっともらしく顎をさすった。じつはこのふたり、わたしと連れの女性だ。

「理想的だな」と、孫を連れた男は思った（なぜなのか、わたしにはいまだ理解できないが）。孫を従えて、わたしたちのほうへ近づいてきた。「すみませんが」。控えめに言った。「わたしが列に並んでいるあいだ、孫を預かってもらえますか？」。考え直して、言葉をかえた。「つまりその……わたしがコーヒーを買うあいだ、孫を見ていてもらえませんか？」。「ああ……」。生半可な返事。「すぐあそこにいますので」

と、コーヒー売り場を指さす。わたしたちは選ばれたのだ。信頼できる、と。とても気分がいい。ふたりそろって、ぎこちない笑みでこたえた。「ええ、まあ……大丈夫ですよ」。ルイーザが、礼儀正しく笑顔を向ける。「わたしは、あのへんの角にいます……何事も起きないとは思いますがね」。孫を他人に預ける場面としては、この世でいちばん自然な物言いに聞こえる。少なくとも、ある意味では。そのときはそう思った。実際、名誉な話ではないか。子供を連れ去る可能性が最も低そうな男女に見えると選ばれたのだから。「うん、いいですよ、もちろん」と、わたしはこたえる。「ぜんぜん構いません」。少年は腰を下ろすが、赤の他人ふたりと同席で気まずそうだ。「背筋を伸ばしてすわりなさい、ハリー」。孫に向かって言う。「ほら、ぴんと伸ばして」。いすの上のハリーを揺する。少年はもぞもぞと動いて姿勢を正し、わたしたちと向き合ったが、こわばった視線を床に落としたままだ。やがて恥ずかしそうに目を上げ、小さな両手をテーブルにのせた。祖父はゆっくりと場を離れ、かなり長い列の最後尾についた。わたしたちは少年を眺めた。「やあ」と、わたしは声をかけた。返事はない。「こんにちは」。ルイーザが言う。またも返事なし。少年はまだ知らないが、おそらくいままで耳にしたことのない奇妙きてれつな会話に交じることになる。宇宙における生と死について。この少年の世代あたりが地球以外の星で生命体を発見することになるのか。

わたしの前にすわっている女性は、ルイーザ・プレストン博士。フリーランスの宇宙生物学者で、T

EDプレゼンテーションの名手。さらに、宇宙に関するさまざまな驚くべき事象にきわめて詳しい。数カ月前、ある本の出版会で、担当編集者のジムを通じて紹介され、以後、こういった動物学的な目的で頻繁に連絡をとりたい興味深いひとりになった。「どんなご職業です?」。初対面のパーティーでわたしは尋ねた。「じつは、ほかの惑星に生命がいる可能性を探っているの」。こんな返事がかえってきた経験はめったにない。わたしは何かのコンテストに勝ったかのように誇らしい気分になった。「どこの惑星です?」。控えめに訊《き》く。「おもに、火星よ」。事も無げな口ぶり。ルイーザが好んで用いる手法は、岩のなかに残る有機分子に赤外線を当てて活性化し、かつて生命体だったという動かぬ証拠を押さえようというものだ。将来、火星の岩にこの技術を適用し、はたして生体指標が存在するのか、地球以外の惑星には存在しないのかを見きわめようとしている。わたしのこの著書の冒頭を飾るには絶好の立場にいる人物だ、と会ってすぐに感じた。いろいろな面でふさわしい。生涯かけてありとあらゆる形態の生物を研究しているだけに、生と死の定義を話し合うのにうってつけの人物だ。生命を擁するほかの星にも、死は存在するのか? わたしは疑問を呈した。ルイーザの生死をめぐる観点は、普遍的(まさに宇宙的)らしい。つい数週間前は、〝デス・サロン〟でコーヒー片手に、ビクトリア時代のホルマリン漬けの人体パーツをあれこれ眺めていたわけだが、こちらはだいぶ違う世界だ。わたしはルイーザにメールで連絡し、いちど会えないかと打診し、うれしいことに快諾してもらった。ロンドンの自然史博物館で会う約束になった。この種の長旅を始めるには絶好の出発点だ。八〇〇〇万点の標本があり、すべて死んでいる。

テーブルをはさんで、ふたりは明るく話し、笑い合った。そこへ、ハリーという男の子が交じってきたわけだ。〝宇宙における死とは何か〟という大問題に取り組む前に、ルイーザの口調は熱を帯びていた。まず議論したのは、宇宙における生命の正確な定義だ。ルイーザにとって、昔も今も重大な課題として立ちはだかっている、ひどく肝心な問題だ。メインコースの前に運ばれてきた口直しの小料理のようだ。祖父と孫が割り込んでくる直前、ルイーザは「ラバは生きていると思う？」と問いを突きつけてきた。「もちろん、生きてるよ」。わたしは素っ気なくこたえた。「そうよね」と、ルイーザは皮肉な笑みを浮かべた。しかしラバは生命の定義の肝心な部分を欠いている。自己複製できないからだ。「そうか……」。わたしはうなった。「一般に、生命の定義とは、〝自己複製ができること〟といわれる。でもラバには繁殖力がない。よって、生きていない」。わたしはうんざりした顔で〝そんな哲学めいた詭弁は止めてくれよ〟と表情で伝えた。即座に理解したルイーザが笑う。「わかってるくせに。痛いところを突いてるでしょ。生命の古典的な定義は、自己複製でき、新陳代謝し、移動し、排泄する。ラバは、ほかのどれもできるが、自己複製だけができない。すると、生きていないことになるの？」。

わたしが一瞬、考えをまとめていると、ハリー少年が入り込んできて、わたしたちの注意を一時的にそぐことになった。この会話を少なからず奇妙に感じるだろう。少年が来て一分後には、わたしは自宅の冷蔵庫が生きていないと思う、とルイーザに証明してみせるはめになった。「なぜ言い切れるの？」。

楽しげな顔で指摘する。明らかに議論を楽しんでいる。「冷蔵庫は温度を自己調節できる。サーモスタットが環境の変化に対応するさまは、生き物のようすと大差ない。一部の定義に照らすかぎり、あなたのうちの冷蔵庫は生きているのよ」。わたしはさすがに顔を曇らせ、「うちの冷蔵庫は、もちろん、生きてなんかない」と言った。真意をはかりかねるように、ルイーザが探るような目を向けてくる。ルイーザはなおも同路線の議論を続けて、いくつかの例を挙げた。ものによっては生きていると証明できたが、冷蔵庫のように生きているはずのないものもあった。「火はどうなの？　素晴らしい生き物でしょ？」。ルイーザはとくに火はどうなのかについて語りたがっているらしい。少年がまた、この場を逃げたいふうな視線を送ってきた。ルイーザは気づかない。少年の祖父は長い列に巻き込まれたままほとんど進んでいない。「どの意味からみても、火は生きている有機体よ。成長する、食べる、自己増殖する、広がる、みずからを制御する。産物のほとんどは炎のなかに保つ。細胞が、細胞内で行なう動作とあまり変わらない。じゃあ、なぜ火は生きていないと言えるのか？」。わたしは一瞬考え、黙ったまま、相手の言葉の続きを待った。ルイーザが修辞法で攻めてきているのではないことに気づいた。「なぜ火は生きていないんだろう」。わたしはつい、声に出して自問した。ここでしばし沈黙。ルイーザがわたしの答えを待っている。わたしは大きく息を吸い、さらに少し考えたあと言った。「火は……とにかくその、生きてない！」。威厳を持って断言した。「でも問題は」と、ルイーザが言う。「生命とは何かという基本ラインに戻ると、生命力とは、意識とは、精神の活力とは、といったとても危険な領域に踏み込みかねなくなってしまう」

と、首を振る。「その間違いだけはしたくないの」。

シュレーディンガーが果敢に挑んだものの、生命力とは何かという死の（不死の）問題に挑戦したのは、当然、彼が初めてではない。それどころか、科学史上、最も古くから、最も活発な哲学的なテーマとして扱われてきた。ごく初期の議論としては、エンペドクレス（紀元前四三〇年～）らの唯物主義者が「生命とは火、水、土、空気の四元素から成る」と唱えた。デモクリトス（紀元前四六〇年～）の登場にいたって、唯物主義者のなかでも魂の存在を主唱する者が出てきた。活発な原子がある種の相互反応を起こし、〝あなた〟〝わたし〟と定義できるような自己意識――つまり〝魂〟――が生じる、という考えかただ。そのような発想をさらに練り上げたのが、フランスの哲学者、ルネ・デカルト（一五九六～一六五〇年）だった。ヒトも含めて、動物はわりあい機械に似た仕組みで、部品の集合体が協力し合い、いますぐ必要な特性を生み出す。これを、われわれは一般に、生命や霊魂と呼んでいる。デカルトはさらに理性的な発想で生命を定義し、霊魂という漠然としたものをとらえようと挑んだ。結果として、霊魂なる概念とは何か、肉体機能とどう相互に影響し合っているのか、という議論が活発化した。

そのあと数世紀、ほかにもいろいろな定義がなされた。その一つが、わりあい新しい科学的な（より理性的な）定義で、先ほどルイーザも触れていたし、わたしも含め、たいてい学生のころ生物学の授業で教わる。生命は七つの現象によって定義される、と。すなわち、運動（Movement）、呼吸（Respiration）、感覚（Sensitivity）、成長（Growth）、再生・生殖（Reproduction）、排泄（Excretion）、栄養（Nutrition）。頭文字をとって〝ＭＲＳ　ＧＲＥＮ〟。このＭＲＳ　ＧＲＥＮの定義に従えば、ルイーザは正しい。ラバは生きていないとも言えるし、冷蔵庫や火は生きているとも言える（お願いだから、ウイルスはどうかと訊《き》かないでほしい。ウイルスは生きているのかと論じ始めると、本当にややこしい）。全般として、生命について考えると、ある一点が明らかになる。すなわちＭＲＳ　ＧＲＥＮという定義は明快だが、大雑把すぎる。

「じゃあ、ルイーザさん自身はどんな定義を支持しているんです？」と、わたしは尋ねた。返事は簡潔だった。ＮＡＳＡと同じ見解だという。「生命体とは、ダーウィン的な進化を遂げていく何かである」。だからルイーザは、進化を追い求めている。地球にかぎらず、惑星や衛星に、進化の痕跡がないかどうか。「具体的にはどうやって進化を調べるんです？」。わたしは、とまどって尋ねた。「よくわかるわ、その疑問」と笑う。「わたしみたいな仕事では、定義はとても奇妙なの。つまり、じっとすわって進化が起こるか眺めているわけにはいかないでしょ。じゃあ、どうやって調べるか？　本当の意味ではできない。でも、最善の、おそらく最も包括的な定義があって、それを追究しているわけ。でも行き詰まってる。とても奇妙なかたちで。生と死に関していえば、ダーウィン派の生命の定義は、シュレーディンガーの説とよく合う。なにしろ、生と死は根本的にリンクしているわけだから。生命とは、華やかで風変わりなベルトコンベア。すべてをのせて、たえず動き続け、借り物の状態からカオスの状態へ運んでいく。さらに、ダーウィンが提唱したような進化の法則にのっとって、生命はあらたな生命を生み出す」。「じゃあ、それがあなたの考える生の定義だとして」と、わたしはルイーザに尋ねた。「あなたからみて、死の定義とは何です？　宇宙における死をどう定義すればいいんですか？」。質問が宙を漂った。しばし沈黙。ハリー少年は無言のままだ。ルイーザは考え込んでいる。「わからないわ」。結局、降参した。「定義なんて、あまり考えたことがないと思う」。わたしは少々驚いた。

では、死を厳密にはどう捉えればいいのだろう？　死とは何か？　どんなふうに定義できるだろう？　この疑問を突き詰めていくと、参ったことに、あのネズミの巣の定義に戻ってしまう。たいがいの人の共通の認識は、「要するに死とは、命が尽きた状態である」だろう。しかしわたしは、この定義では曖昧すぎると感じる。たとえば、ビクトリア時代の人々なら、心臓の鼓動が止まった時点で、死んだと見なしたはずだ。そのくらい単純だった。だが、いまは違う。除細動器のおかげで、心臓停止はほんの症状にすぎず、時間が経ちすぎていなければ、元通り動く可能性がある。死はまだ起こっていない。別の例として、水に溺れるケースを考えてみよう。まず間違いなく死亡とみなされた人物が、ＣＰＲを当てたとたん、息を吹き返す。どちらの場合も、〝死〟は、生きている証拠が感じられないときに使われている語だ。しかし、確定した事柄ではない。

現在では、死はかなり明確に定義され始めており、状況を確定しやすい。もっとも、現代の臨床的な定義は、たとえばビクトリア時代の定義とさえまったく違う。また、現在ですら、ときおり、死の従来の定義がうまく当てはまらず、修正が必要になる場合もある。二〇世紀末、植物状態はまだ〝脳死〟とみなされることが多かったが、そういう苦しい状態のもとでも、からだは成長可能なうえ、出産した例すらある。このような段階で〝脳死〟とレッテルを貼るのは明らかに不正確で、適切ではない。現時点でも、わたしたちが〝死〟とみなしているものは必ずしも当たっていないかもしれないわけで、そう考えると、がぜん興味が湧いてくる。この思考実験では、ヒト以外の動物を使ってみたい。代謝機能のみ停止している生き物を想定してみよう。動きのない貝のたぐいは、固い殻に覆われた状態で長期間生きられる。あるいは、ワムシという無性生殖の小さな後生動物。鳥の水飲み場などの水中で生きている。その水たまりが干上がった場合、ワムシは体内の水分をすべて失い、硬い石のような球になる。そうして乾燥した状態のまま、七年間、生きられる。そのあいだずっと、成長せず、代謝機能やそれに類する機能も働いていない。当然、この状態では、生きているとはいえない……が、死んでいないことも確かだ。ふたたび活動し始める可能性もある。また、世界各地の塩水湖に生息するブラインシュリンプも、ワムシと同様、永久的休眠状態《クリプトビオシス》に入ることができ、おまけにその期間がはるかに長い。数世紀におよぶ場合さえある。しかし、こういった乾燥状態になった生命が、いずれ水分を得られるとはかぎらない。多くは風で吹き飛ばされたり、水のない場所に埋もれたりして、結局、活動を再開する機会なく終わる。何年、何十年にわたって徐々に分解され、カオスへ突入する。けれども、そういう生き物はどの時点で死んだと判断できるのだろう？　乾燥した種子みたいな物体の生死を、医師のように自信を持って宣告できるだろうか？　どう考えても不可能だ。あいまいな定義から逃れるのは難しい。

「ハリー？　ハリー！」。混み合った美術館のカフェに大音量の呼びかけが響きわたり、わたしたちの会話をさえぎった。「ここにいるよ！」。祖父がコーヒーポット、ソフトドリンク、ビスケット少々をのせたトレイを運んで戻ってきた。ずいぶん時間がかかった気がする。わたしもルイーザも、ハリー少年がそばにすわっていることを忘れかけていた。とっさに隣の席を見ると、さいわい、少年はちゃんとすわっていた。あいかわらず、いすの下で脚をぶらぶらさせている。少し深刻な表情で、わたしたちの会話など聞いていないふりをしている。「ハリー、こっちのテーブルにおいで」と祖父が手招きし、わたしたちから少し離れた場所に陣どった。わたしは祖父に会釈し、ていねいに手を振った。向こうは笑顔で、小さく親指を立てた。少年はいすから腰をずらし、祖父のテーブルに加わった。わたしたちの会話を祖父にどう報告しているか、想像もつかない。

ルイーザは、火星探索についてさらに話してくれた。地球外の生命体を探すうえで、刺激的であらたなフロンティアなのだという。火星なら、直接行ける。簡単に調査できるばかりか、地球と似た歴史をたどってきた。大気があった。水もあった。おそらく、環境の面で、初期の地球にきわめて近い。「でもだからって、生命体の発見なんて期待できます?」。ルイーザは、さあねと肩をすくめた。「でも、ここ地球上に生命が誕生したからには、火星でも生命の進化が起こったことを否定する要素はない」。ルイーザが火星を愛する気持ちが伝わってきた。声色には畏敬と情熱があふれ、口調は早くなる一方だった。コーヒーのカフェインのせいかもしれないが、そうは思えなかった。「火星の地質学的な変遷は、地球とはずいぶん違うの」。まず、火星にはプレートテクニクスがない。地球ではたびたび岩石が歴史の痕跡を壊してしまったが、火星の場合、岩石から火星の歴史の起源をたどることができるし、火星の初期生物の化石か痕跡が残っている可能性がある。ルイーザは、エクソマーズ計画の一環であるローバーについて語った。生命体を発見することだけを目的として、二〇一八年三月に火星へ打ち上げられる。ほんの数年後には、火星の地表を掘削した結果、タンパク質が見つかる可能性もある。地球外に生命がある重大な証拠になる。「もし発見できたら、世間はどんな騒ぎになりますかねえ?」。わたしはその瞬間のことをしょっちゅう想像してみる。みなさんもそうだろう。宇宙に存在する生命体は自分たちだけではない、とわかったときの興奮や、いかに。「そうねえ……一般の人たちはたぶん、すごくがっかりすると思う」と、肩をすくめた。わたしの予想とずいぶん違う。てっきり、世界じゅうに祝福と平和の気持ちがあふれ、人類全体に一体感が広がるだろう、と思い込んでいた。わたしたちは孤独ではないという安堵と理解が広まり、互いへの思いやりも多少は深まるだろう、と。「どうして、みんながっかりするんです?」。わたしの問いに、ルイーザは悲しげに首を振った。「だって、研究者たちが火星で求めているのは、世界じゅうの人々の前に立って、『みなさん、ついに脂肪酸を発見いたしました!』と宣言することなの。世間の反応はおそらく……『脂肪酸? 虫はいないのか? 火星人も?……脂肪酸って何だよ?』」。ルイーザともども大笑いした。

そのとき気づいたのだが、わたしたち一般人は、宇宙生物学者を誤解している。地球外生命体を探すのが任務だと思っている。しかし現実には、ルイーザらのおもな役割は死を見つけることなのだ。生命ではなく、化石や生物指標化合物を……。そう指摘すると、ルイーザが言った。「それはたしかに、面白いわね。そう、基本的には、わたしたちが探しているのは死なの」。空になったコーヒーカップを見つめる。わたしは言葉を継いだ。「いままでそんなふうに考えたためしがなかったな。でも、まあそうですよね。火星で何かが見つかるとしたら、ほぼ間違いなく、死の痕跡でしょう」。ルイーザはまだコーヒーカップを見続けている。「そうね、わたしたちも研究対象はすべて、死なのかもしれない。死んだ有機物の残骸。わたしたちがふだん目にしている、生命を組み立てるブロックは、どれもこれも残骸なの。何かが生きて、死んで、腐敗して……要するに、いちど分解された再利用品ね」。やがてそれもまた、分解されて……。

ふたり、しばらく黙り込んだ。かたわらの少年を見やると、祖父に熱心に話しかけ、祖父のほうも、ふむふむと耳を傾けていた。興味深そうに聞いているものの、両目の奥にいくぶんの懸念と深刻さが浮かんでいる。どうやら、ハリー少年がそのとき熱っぽく説明している内容にかなりの不安を覚えているようすだった。わたしもだんだんにわかってきたのだが、ハリー少年は祖父に向かって、自宅の冷蔵庫は生きている可能性がある、ただしサーモスタットは子孫をつくれない、などと説明しているのだった。しかしそのとき、別の考えがわたしの頭をよぎった。ひょっとして、この子の前で誰かが死について議論するのは、これが初めてではないのか。一般に、子供のいるところで死を話題にすることはめったにない。ハリー少年にとってはいまが初体験だったのだろうか？　こんな議論を聞かせて、少年の心を傷つけたのか、いや、もしかするといい影響を与えたのか。この点はあとでまた振り返ることになるだろう、と感じた。実際、数ヶ月後に思い出すことになる。

わたしはルイーザと別れの挨拶をして、今後も連絡を取り合おうと約束した。本の執筆が順調に進むといいわね、とルイーザが言った。わたしも、ほかの星であらたな生命が見つかるように祈った。全体としていえば、有益なスタートを切ったと思う。

ルイーザの研究について聞くのは素晴らしかったが、わたしの長旅の出発点を明確に定義するのはきわめて難しいとわかった。最高裁判事のポッター・スチュワートがポルノグラフィーについて明言を放っている。「わたしは、見ればそれとすぐわかる」。じつはわたしも、死について同様の認識を持って、その場を去った。生きているものを見れば生きているとわかるし、同じく、死んでいるものを見れば死んでいるとわかる。電車で帰る途中、次の行き先を考えていた。と突然、さっきの出来事を思い出した。「あなたが研究しているのは、生命ではなく、太陽系内での死なんですね」とわたしが言ったとき、ルイーザは少し驚いていた。いやしかし、結局、わたし自身が方向性を誤っていたのだ。本書の執筆のあいだ、たとえば博物館の化石のような動かないものを研究するつもりでいた。じつは生命を研究することになるのだ。生命の可能性を。カエルはなぜ寿命がだいたい数年間なのかを理解するためには、生きているカエルを観察する必要がある。クモはなぜときに殺し合うのか解明したければ、生きたクモを観察しなくてはいけない。一部のクラゲが不死に近い長寿なのはなぜか、生きているクラゲの生態を調べるほかない。生き物たちを眺め、生身の生物学者の話を聞くにかぎる。突如、わたしは悟った。本書は死に関する本などではない、と。生命をテーマにすえることになる。生命を研究し、生命について論じる。命をめぐる物語になるだろう。まさしく生命を扱う書物に。一部、生命の物語とはいえない箇所もあり、死が不可避であることや、現実に何かが死んだ話も交じってくるが、そんな記述のなかにも、生の可能性がにじんでいる。たとえ、イモムシやアオバエ、腐肉を食らうキツネが題材であっても……。わたしは編集者のジムに電話し、急に気づいた事実を伝えた。結果的に正式な執筆依頼を得ることができ、わたしは命について考えだした。こんどこそ、本当の出発点に立ったのだ。

2

老齢と、幸運な一部を待ち受ける運命

Senescence and What Waits for the Lucky Few

「だらりとして柔らかいから注意して」。

担当医が、床の水槽から大きな魚を引き出し、作業台の上の発泡スチロールにやさしく載せる。魚はわずかに身をねじったが、とてもおとなしい。大きさはサケくらい。水族館側の説明によれば、メバルの一種、コパーロックフィッシュだという。コパーロックフィッシュを扱う人々がテーブルを取り囲む。当の魚は、発泡スチロールの寝床の上で軽くばたついている。周囲が多少あわただしくなる。係員が魚の開いた口にチューブを入れ、鰓《えら》に酸素を送り続ける。一方、ほかの者が、皮膚が適度に湿り気を保つよう、

単純な作業を請け負っている。こうしていろいろされても、魚は驚くほどリラックスして見える。ややあって、発泡スチロール上にきつく固定される。さすがに魚のリラックス度が薄れたようだ。少しもがいて、からだを揺らしている。作業の準備は完了。チーフのひとりが移動式ランプを下ろして魚の冷たい頭部に近づけ、手術の準備に入る。

ふつうなら眼球があるはずの場所にピンク色の眼窩がぽっかり空いていて、頭蓋骨の奥深くに引っ込んでいる。つまり眼球がないのだ。医師たちは神経質に見える。突然、見物人の一団が、部屋の隅に現われる。これからの場面を見たくて待っていたのだ。専門医が片方の目に何かしようとする。が、観衆は(わたしも含め)それが何なのかまだわかっていない。ふたりの主任医がやることを固唾を呑んで見守っている。わたしはすわったまま、はるか離れて、ノートパソコン経由で目をこらす。「さて……」と、男性医が言う。針と糸のようなものを持っている。「どこから始めるかな」。立ち上がって、魚の眼窩に近寄って、まじまじと観察する。「ここをやってみましょうか」。眼球のない眼窩の上端をさす。「それとも、ここところ?」。眼窩の別の位置をさす。女性医がかがんでのぞき込む。「わたしはふだん、ひとまず、これを魚にはめ込んで……」。何か物体を出して、空っぽの眼窩にはめ込む。安っぽいプラスチック製の義眼だ。その義眼を、魚の眼窩にすっぽりはめる。「お見事」。観衆の誰かがつぶやく。作業室は緊迫感を増し、一部の観衆は興奮を隠しきれない。男性医は続ける。「では、針で骨に穴を開けます……」。慎重に針を動かし、糸を通して引く。「続いて、この部分を通じて縫合を試みます」。外部の誰かがこの時点でやや吐き気を催したらしい。相変わらず、鰭からは管を通じて水が注入されている。魚がほんのわずか身震いする。数分経過。記録用のビデオカメラがクローズアップする。手術の最終段階が近づいてきた。「では、縫合糸の余りを切ります」。男性医は、プレッシャーのもとでも冷静で、一つひとつの挙動について声に出して説明していく。あと少し……。「この小さなタグを外します……」。あと少し……。「これで……よし、と」。あと少し……。「この小さなタグを外して……」。あと少し……。「これでよし、と」。

男性医の手さばきに、誰もが感嘆する。本人も満足げだ。それもそのはず。プラスチックの義眼らしきものを魚の片側の頭部にみごとに縫い付けたのだ。その技能と器用さたるや、『セサミストリート』で有名な人形師、ジム・ヘンソンの若き日を彷彿とさせた。こんなことが現実におこなわれるとは。バンクーバー水族館で専門家たちが成功させたこの珍しい手術のようすは、オンラインで無料公開されている。興味深い映像だ。生き物と、生き物が老化したときにまれに起こる事柄とについて、ささやかな事実を教えてくれる。なぜこのコパーロックフィッシュには義眼が必要だったのか？　じつは白内障を患ったからだ。だいぶ高齢だった。白内障は片目だけだったので、当初、外科手術で切除した。ところが、この小さな魚にはうまくいかなかった。同じバンクーバー水族館内のほかの魚たちが片目のロックフィッシュをいじめ始めたため（まあ、もっともな話ではあるが）、水族館スタッフは賢明な判断として、人形制作に使われるような動く義眼を針と糸で縫い付けたわけだ。白内障は、老齢期に起こる多くの病気の一つだ。捕食者から隔離されている水族館の魚は、わたしたちと似たような歳の取りかたをする。白内障はいたってよくある病気。老化は自然なのだ。

なぜわたしたちはみんな歳を取るのだろう？　なぜ生き物が永遠に生き続けてはいけないのか？　不死であってはいけないのか？　何世紀にもわたって人類を悩ませている疑問だ。ギリシア神話のティトノス——愛妻の願いにより、全知全能の神ゼウスから不死を授かったものの、不老について願うのを忘れたため、少しずつ若さを失っていった人物——の時代から、現代のほぼあらゆるハリウッドスターまで、わたしたちは時代を超えてつねに不死にこだわる。では、なぜわたしたちは老いるのか？　なぜ細胞は、不測の異常など起こさず健康なまま永遠に交替し続けられないのか？　なぜ老齢になると身体が壊れてくるのだろう？　あまり共通点のなさそうなヒトと魚が、どちらも、老齢になると白内障が典型的な症状として現われてくるのはどうしてだろう？　老齢の科学（いわゆる老化）を掘り下げると、すぐにわかるはずだ。驚くほど、誰にも答えはろくにわかっていない、と。かといって、それは大問題ではない。動物学でも、前々から残っている疑問がいろいろあり、ここ一〇〇年にわたって、多種多様な仮説を主張する陣営に分裂している。いずれも、一般に老化と呼ばれる現象の原因を細胞や分子のレベルで解明できる可能性を秘めている。仮説はじつに多いのだが、この章では、歴史の長い一般的な説を簡単に説明してから、本筋に戻りたいと思う。

いわゆる老化を説明する最初の仮説は、単純に、時間につれて細胞がダメージを負う、というものだ。体内では新しい細胞がつくられ、次々に世代交代している。細胞が生まれ変わる際、何らかの理由でDNAが損傷し、それが蓄積していく。異常が積み重なるにつれ、少しずつ、臓器の正常な修復ができなくなる。少しずつ、機能しない細胞が増え、老化が原因の病気にかかる。二番目に主流の仮説は、老化の犯人を〝遊離基(フリーラジカル)〟と名指ししている。これは、きわめて反応性の高い分子で、とくにミトコンドリア(細胞一つひとつに入っている、いわば生き物を動かすバッテリーパック)が酸素を活かして生命に必要なエネルギー反応を引き起こすときに生成される。この遊離基が、細胞の機能にストレスを与え、細胞にかかる負担が年月とともに蓄積されて、第一の説と同様の結果をもたらす、という考えだ。さらに、第三の仮説がある。〝末端小粒(テロメア)〟をめぐる説。人体のすべての細胞には染色体が含まれていて、ここに遺伝子の青写真が格納されている。これらの染色体の構造は興味深い。どの染色体も、両端に末端小粒と呼ばれる蓋のようなものがくっついている。末端小粒は特殊な遺伝子配列を持ち、靴紐がほつれてこないように両端にプラスチックの保護部分があるのと似ている。実験によると、細胞分裂を連続させると、末端小粒が短くなる。仮説では、この短くなるという性質が、なんらかの仕組みで、細胞が分裂できる回数に制限をかけていて、骨髄の活動を制限し、動脈内壁でおこなわれる生命維持のための細胞分裂の繰り返しに歯止めをかける。その結果、ほかの説と同じように、細胞が壊れていき、いわゆる老化現象が起こる。老化を説明する仮説はもちろんまだほかにもあるが、これら三つの説（DNA損傷の蓄積、遊離基、末端小粒）がとりわけ脚光を浴びており、最も研究が進んでいる。

生物学界のなかで、老衰に関する研究は、いまや真価を認められ、発展中の分野だ。老化の理解が、じつにさまざまな科学的な領域で競うかのように研究されていて、老化に伴う病気――癌、心臓血管病、関節炎、骨粗鬆症、Ⅱ型糖尿病、高血圧症、アルツハイマー病、白内障など――との熱心な戦いが繰り広げられている。いろいろなかたちで病気は自然に発生する。しかし、自然淘汰はどうして病など生み出すのだろう？　こういう病に何か明確な意義があるのか？　それとも、なんらかの過程に伴う副産物に過ぎないのか？　このあたり、科学者間でもうすでに一世代もめている。

生き物の老化についてダーウィン的な観点をいち早く取り入れたのは、イギリスの生物学者ピーター・メダワーだった。免疫寛容や臓器移植の草分け的な研究を通じて、メダワーは〝移植の父〟になった。彼は、ある時点で生きているあらゆる生き物は、ある程度死ぬ可能性を持っているのだ、と思いついた。それどころか、死の可能性は、メダワーが老化（老衰）を理論化し、なぜ生き物が現在のようなかたちで老いるのかを説明するのに不可欠だった。一九五一年、メダワーがユニヴァーシティ・カレッジ・ロンドンの就任時に記念講義「生物学における未解決問題」をおこなった際、現代のこの三つの老化理論を説明していくなかで、脳の死という問題に置き換えてみせた。特定の種《しゅ》にこだわりすぎず、どんな生き物にせよ、自然淘汰の力で老化や死を〝治癒〟できないのはなぜか、と問題提示した。自然淘汰は諸問題を解決するのに長けているはずではないか？　しかし、死は何より大きな問題として立ちはだかっている。では、生き物の世界で死はなぜこれほど破滅的なものなのか？　自然淘汰によって、少しずつ排除されていくほうが当然ではないか？

メダワーは、答えは蓋然性にある、と誰より早く気づいた。老化を考慮に入れなくても、統計上の可能性からみれば、わたしたちはいつの瞬間、死んでもおかしくない。すべての生き物は、一〇〇パーセントの確率で結局は死ぬ。まだわりに若く小さいころに、ほかの何かの獲物になりかねない。成長し終えると間もなく死んでしまう種《しゅ》もあれば、生殖行為に必要なもの（巣など）や生殖の相手を争って命を落とす場合もある。どの生き物もつねに死の可能性を抱え、可能性の大小は生きているあいだにも変化していく。ヒトの場合、統計的にみて、三〇歳を過ぎると、およそ八年ごとに死亡率が倍増する。ごく単純な話なのだ。現代の目ではいたって当たり前に思えるが、一九五一年の時点では、このように蓋然性に目を向けるのは非常に重要で先進的な考え方だった。メダワーには、じゅうぶんわかっていた。たとえば水たまりをバクテリアが泳いでいるとすれば、どの一瞬にも死の可能性があり、頭上で輝くネオンサインと同じようなものなのだ、と。そのバクテリアが捕食されるかもしれないし、宇宙線のせいで、あるいは偶発的な不運で死ぬかもしれない。可能性はほかにいくらでもある。微量のウイルスに取りつかれるかもしれない。つぶされたり、干からびたりして壊滅するかも。バクテリアは毎日、知らずしらずサイコロを振らされていて、ある日、的中となってしまう。そのときはいずれ来る。特定の水たまりでどんなに巧みに泳いでいても、避けられない。メダワーは気づいた。単純な話、自然淘汰は、再生の作業を推し進め、やがてその生き物が死んでいく可能性が増す、というかたちを好んでいるのだ、と。たとえば、その水たまりのなかで一日おきに繁殖する生命体は、二週間に一回、あるいは二年に一回繁殖する生命体を圧倒する。単純に言って、遺伝子プールは、繁殖能力に最もすぐれた遺伝子でみなぎる。死が増える統計的な可能性より重大だ。

ごく簡単にまとめてしまえば、メダワーの結論はこうなる。自然淘汰は老化を防ぐことよりも、生命の戦い、すなわち性行為を重視している。遺伝を伝える唯一の手段は、再生を通じてだ。そしてそういう性的な遺伝子が性と生のクライマックスであり、老化の問題を解決することには重きを置かない。生命が続いていくことのみを考える。つまりメダワーによれば、わたしたちの遺伝子は死に囚われる前になんとしてでも広がることに貪欲で、個体の老いなどどうでもいいのだという。若いうちに死なずに済んだ、運の良い少数派は、おのずと老化現象に見舞われて、結局は排除されてしまう。水槽内で生き長らえてきた義眼のロックフィッシュも、人間と同様、おおまかにみて捕食者がいないという特殊な生涯を送ったからこそ、老いを迎えた。これは注目すべきアイデアだった。メダワーは、この点で、科学者のある世代に影響を与えたが、自分のアイデアが現実世界にまだ当てはまっているのか、当てはまっているならどの程度までか、と疑問を抱いていた。老化とは、メダワーが描写したような単純なものだろうか。老いの現われとは、体内のメンテナンスがずさんなせいで、もはや修理不能ということか。自然淘汰は、性や再生に夢中で、老化には無頓着なのか。この点は現代でもまだ解明できていない。

一九六六年、著名な進化生物学者ジョージ・C・ウイリアムズは、あらたな説を唱えた。老衰はごく当たり前で、自然淘汰が排除しないのも不思議ではないという。ウイリアムズが提唱した説は〝多面発現〟と呼ばれる。それによると、生き物の体内には、スイッチのように入・切の切り替えができる遺伝子があり、そういった遺伝子は一つで複数の形質を発現させる。複数が同時に現われる場合もあれば、生きているうちにやがて現われる場合もある。若いころ、生殖行為を活発化することに精力を注いだ遺伝子が、その副次的効果、いわば代償として老衰を引き起こす。たとえば、カルシウムの代謝をつかさどる遺伝子があるとして、若いときには骨の強化に役立ち、老齢時には血管をふさぐとしよう。この場合、自然淘汰は、生殖能力のある若いうちに健康な骨をつくってくれる側面のほうをより重視するはずだ。なんと言っても性が重大で、老齢になってから罹《かか》りがちな病気を治す働きにはほとんど興味がない。本気で向き合えば、みなさん自身もこの偏った視点を反映していると実感するだろう。宇宙はあなたに、死ぬ可能性を付与した。自然淘汰は、あなたの成長度、脳の発達度、成熟度にもとづいて、相応の役目を果たしている。何もかも生殖活動を優先してプログラムが組まれており、安らかな老後は念頭にない。

けれども、だからといって、命に限りのあるわたしたちは、矮小な、取るに足らない存在だろうか？

正直な話、いくら追究していっても、老化の克服は非常に難しいとわたしは感じている。しかし、肩を落とす必要はない。輝かしい一時期があるわけだし、つまるところ、自然の摂理を眺めているにすぎないからだ。それに、わたしたちの加齢は、従来と違うかたちになってくる可能性もある。特定の種《しゅ》のなかでさえ、多くの個体が（進化の時間尺度に照らすと）急速に進化して寿命が延びる、というケースは珍しくない。とくに、捕食者がいない地域に生息している場合、そんな長寿命化が起こりやすい。捕食者が少ない島に住むフクロネズミは、数千年後、大陸にいる同種のネズミに比べて老化の速度が半減し、寿命が二倍になっているかもしれない。寿命は変動するものなのだ。カワマスは、さらに目をみはる実例といえる。カリフォルニア州シエラネバダの栄養に乏しい冷水のなかに放ったところ、群れの寿命が四倍に延びた。その前は六年間しか生きられなかったのに、いまでは二四年も生きる可能性がある。明らかな利点は、性的な成熟がゆっくり長くなることくらいだろうか。死の確率の変化に応じて、生き物はそれなりに進化する。何百万世代もかかるとはかぎらず、一〇世代、二〇世代、三〇世代のあいだにも進化は現われる。老化は、石に刻まれたみたいに定まっているわけではなく、壁にいちおう書いてあるようなもの。流動的なのだ。必要とあれば、自然淘汰は老化を操れる。ということは、老衰を左右する遺伝子の部品があるのかもしれない。カワマスやフクロネズミの例を考えると、驚くべき事実がわかる。ある種の遺伝子を操作すれば、老化に伴うさまざまな病気をすべて遅らせることができるらしい、と。そういう遺伝子を突きとめ、人の手で働きを大幅に鈍らせられるかもしれない。作用するタイミングを無限に延期できる可能性もある。当然ながら、老化の研究は科学界で人気のある分野だ。遺伝学者、動物学者、生化学者、分子学者、物理学者など、多方面の専門家が参加して、めいめいのアイデアを検証すべく、熱意を燃やしている。なぜだろう? 不老不死が、大昔から無数の人々を魅了してきたテーマだからだ。しかし、いまや現実味を帯びてきた。

3 バーチウッドの恐怖と嫌悪

Fear and Loathing in Birchwood

「誰か、死んだカササギはいりませんか」。ある女性がツイッターにそんなメッセージを載せていた。わたしは目を輝かせた。まさにわたし。欲しい。わたしが欲しいもの、ずばりだ。本気で欲しい。とにかく、鳥の死骸が欲しくてたまらない。初期研究の一環として、カササギかカラスの死骸がどうしても必要だった。カラス科（カラス、ジャコウ、カササギ、カケスなど）が同じ種《しゅ》の死骸に遭遇したときどう反応するかを知りたかった。計画は簡単だった。カササギかカラスかコクマルガラスの死骸を手に入れて、家の近所にあるカラス科の溜まり場のなかに置いてみる。近くの野原に木立が

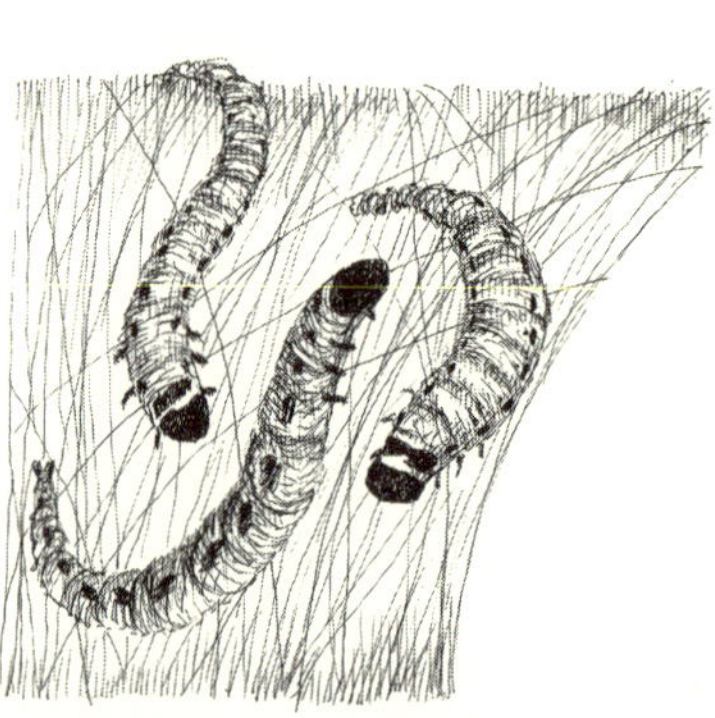

あり、そこのコクマルガラスの居留地のすぐそばには、カラスやカササギの小さな群れもいる。もし死骸を置いたら、どんな反応を示すだろう？　どんな行動をするだろう？　じっと観察するだろうか？　不安におののくだろうか？　非常に興味深い。もちろん、サンプルをじゅうぶんに無作為抽出した実験とはいえないが、出発点としてはかまわないだろう。カササギの死骸をぜひとも入手しなければ。なんとしてでも。なんなら、必要な場所まで旅してもいい。いや実際、相手の場所まで出向いた。

わたしがバーチウッドまで出かけたのは、アリソン・アトキンという骨の専門家かつ考古学者、自称〝地球解明家〟に会うためだ。バーチウッドは、リバプールとマンチェスターのなかほど、ウォリントンにある。バーチウッドまで出向いたのは生まれて初めてだ。行ったことのない土地を訪れるのは楽しい。わくわくする。列車がとまった場所は、清潔で秩序正しそうな町だった。バーチウッドは、イギリス人が〝ニュー・タウン〟と呼ぶような場所だ。歴史的な産業基盤がなかったせいもあり、ビクトリア時代には不規則なかたちをしていた場所も、一九七〇年代の土地計画担当者はなんなく整備できたらしい。結果、バーチウッドは建物その他がすべてきちんと直角に並んでいる。道に敷かれた石板も、完璧に平らで整然としており、きわめて配慮の行き届いた町という雰囲気を漂わせている。自転車専用道路と歩行者用道路もきれいに分かれている。七〇年代スタイルのアパートメントをはじめ、長方形の物体が多い。そして珍しく、並木道が続いている。イギリス国内は、なにしろ狭くて空間が貴重だから、立派な並木道はそう多くない。

列車のホームを歩きながら、アリソンがどんな女性なのか想像したが、見当がつかなかった。〝デス・サロン〟にいたたぐいの人物なのか？　同じように〝上品な葬儀屋〟の雰囲気を漂わせているのだろうか？　わたしがカササギの死骸で実験することを認めてくれるだろうか？　やりとりした範囲では、実験の詳細をまだ伝えていない。というより、細かい点はいっさい明かしていない。「カササギの死骸、誰か要りますか」。しばしの間。「希望します」と、ただそれだけ。ほとんどそれで全部だ。手はずはすべて、ツイッター経由で整えた。アリソンはこの種のことをしょっちゅうやっているのかもしれない。駅で見知らぬ他人とこっそり待ち合わせ、生き物の死骸を渡す……。わたしの手のひらが汗ばんできた。顔を上げた。回転式改札の向こうの、待ち合わせ所でまっているのはひとりしかいない。たぶんあれがアリソンだろう。やれやれ、笑顔を浮かべているし、人なつこそうで、ごく正常に見える。片手にバッグを持っている。いやに大きな、ビニールの買い物袋だ。あのなかにカササギの死骸が入っているにちがいない。袋の片側には、スーパーマーケットの買い物客に向けて、この袋は再利用しましょうという意味の文言が大文字で書かれている。「テスコ　一生ものの袋」と。カナダ人のアリソンは、わざとイギリスのスーパーマーケット「テスコ」の袋を持ってきて、イギリス流のユーモアだってちゃんと理解できる、とわたしにアピールしているのかもしれない。皮肉っぽい笑みを浮かべている。少なくともわたしにはそう見えた。

カササギの死骸の受け渡しにはどのくらい時間がかかるのやら、予想しようもなかった。受け取り時のエチケットなどもあるのだろうか？　すでに帰りの切符も買ってあり、こちらとしては、計二時間を見込んでいた。列車でバーチウッドに着いて、アリソンからカササギをもらい、早々に帰途につく……。ところが実際は、六〇秒あまりで手渡し完了。約一一九分も持て余す結果になったので、ふたりでバーチウッドを散歩しながら、アリソンがどんな研究をしているか、動物学的に死はどう考えられているか、といった話を聞くことにした。なにしろわたしはいままさにそういう分野の入り口に立っているのだ。アリソンは今後何かとわたしの執筆に役立ってくれるだろう。なんといってもわたしは、死の分野についてはわりあい素人だ――とはいえ、どう手伝ってもらえばいいのだろう？　わたしは、アリソンが死に広く関わってどんな学術上の経歴をたどり、経験を積んできたのかが知りたかった。科学に裏打ちされつつ死を議論する、理性的なアプローチ、かといって、グロテスクな描写や残酷な表現は使わないアプローチを知りたかった。

喫茶店へ向かう道すがら、わたしは、死に関する本を執筆することに、出版社側が当然ながら心配している、と打ち明けた。一般の人々は、死をテーマにした本を読みたがらず、買いたがらないのではないか、と。アリソンは何秒か黙り込んで考えたすえ、わたしをまっすぐに見すえた。「死は、現実に起こる」。まずは堂々と言ってのける。「わたしは、相当な時間を割いて、みんなにその点を思い出させているのよ。

死は、確実に起こる」。「ごもっとも」と言いながら、わたしはメモに書いた。死は確実に起こる。アリソンは、もっぱら骨を研究する考古学者で、つまり、おもに発掘に興味を寄せている。すなわち、ヒトの死体（骨）を掘り起こして、それを研究することに多大な興味を抱いている。アリソン自身の言葉によれば、研究の主たる興味は、たとえば流行病など、大量の死者が出る出来事だ。そうした惨事のあとは、膨大な数の死体が身元不明や身元誤認のまま葬られる。アリソンはそのような死体の身元を正しく明かそうと、力を入れている。大惨事のあとの埋葬地は、混乱をきわめたつくりであることが多いという（現代でも、突然の流行病や虐殺のときはそうなりがちだ）。そこでアリソンは、混乱した状態のまま分析していく方法論を追究している。

わたしたちは、駅からそう遠くない混雑した喫茶店に陣どって、コーヒーを飲んだ。「仕事で子供と関わったことある？」。腰かけながら、アリソンが訊《き》いてきた。わたしはうなずいて、このあいだ美術館で知り合ったハリー少年のことを考えた。「少しは」とわたしがこたえると、「子供って死が好きよねえ」と、考え深げに言う。「本当に大好き。学校や博物館に骸骨を持っていくと、たちまち子供たちに取り囲まれる。質問を山ほどぶつけてくる。『骨なんてどこで見つけるの？』『骨になっちゃったこの人、誰？』。教室の後ろで、授業参観に来ている親たちが眉根を寄せる……」。まさに先日、わたしはそんな場面を目撃した。ふとハリー少年に目をやったとき、わたしたちがさっきしていた死についての議論を細かく報告中で、聞いている祖父は実際、いくぶん眉根を寄せていた。「で、人骨の由来は子供たちに話すべきでしょうか？」と、アリソンに尋ねた。「もちろんよ。きれい事にするのはよくない。わたしは〝亡くなった〟とか〝逝去した〟とか、そういった言葉はいっさい使わないの」。この話題に入ったとたん、開放的な表情が、集中力を感じさせる真剣な顔つきに変わった。「職業上、子供たちと向き合うときは、〝死〟〝死んだ〟〝死んでいる〟〝死にかけている〟って言う」。どの言葉も飾り気がない。「正しく呼びたいのよ」。おそらくわたしへの助言なのだろう。「適切な枠組みにはめたい。でないと、死を誤ったかたちで伝えてしまう恐れがある。そうなったら、重大問題に発展しかねないでしょ」。アリソンはいま、本書を執筆するうえでの助言をくれている。じつにありがたい。アリソンの目から見ると、現代社会には大きな問題点があって、それは、死についておおやけに話さないことだという。死というもの全体を興味深くわかりやすくする必要が出てくるそうだ。アリソンはこの問題に取り組んで、時代の風潮を少し変えようと努力している。「社会として、死をもっと語り合うことが大切だと思う。子供がペットに死なれたとき、死骸を抱かせてやりますか？　そもそも、死骸を見せますか？」。わたしは考えたすえ、こたえた。「たぶん、ノーでしょう」。アリソンが続ける。「つぶれたカエルを見かけると、子供たちはいろんなことを知りたがる。でも、わたしたちはあまりこたえたがらない。だけど……どうなのかしら」。言葉を切った。片手のひらを広げ、目に見えないカエルの死骸を載せているようなしぐさをする。「見て！」。わたしは架空のカエルの死骸を見つめた。「このカエルは死んでいます！」。アリソンが宣言し、わたしはうなずいた。「若い子供にも、こんなふうに言うべきなの。このカエルは死んでいます！」。改めて強調する。わたしはまたハリー少年を思いやった。さらに、自分自身の子供たちを考えた。たしかにいままで、死について話すのを避け、ときには、死骸と出合っても、「寝てるだけだよ」のようなひどい言いつくろいをしてきた。かなり恥ずかしかったが、わたしはそのことをアリソンに白状した。しかし不思議だ。どちらかといえば科学や理性的な思考を重んじるわたしが、いったいなぜ嘘をついたのか？　最初からはっきりと真実を伝えなかったのだろう？　寝てるんじゃないよ。死んでるんだ、と。その点に関して、アリソンは責めるそぶりすら見せなかった。「幼い子にはそう言う人が多いわ」。たぶん、わたしのようなおとなだ。死を心底恐れるあまり、子供との話題にしたくない。じつはそういう単純なことかもしれない。自分が怖いから、子供たちを怖がらせたくない。

会話が進み、話題が鳥の死骸に移った。「ツイッター経由で鳥の死骸を譲るなんて、あなた、いったいどんな方なんです？」。わたしは尋ねた。ｅＢａｙのような大手オークションサイトの動物版といった感覚で、ツイッターで売り買いしているのだろうか？　常時さまざまな死骸の在庫あり、なのか？「どうなんです？　いろんな死骸をいつも扱ってるんですか？」と、問い詰めた。「信じてくれないでしょうけど、学界の人たちは死骸のサンプルをすごく欲しがってるの。参考資料として死んだ生き物の標本を集めることも重要視されてる。うちの研究室の地下には冷凍庫があって、なかにぎっしり入ってるわ。

魚の死骸、小型哺乳動物の死骸、鳥の死骸……」。言葉を切って、天井を見上げる。「いつだったか、アナグマの死骸もあったっけ……」。最後のあたりはつぶやくふうな、とても静粛な声だった。わたしは、その冷凍庫を想像しようとした。それぞれ丁寧にラベルが貼ってあり、清潔で、秩序だって並べてある……と、思おうとしたが、目に浮かぶのは、八〇年代の血みどろの映画に出てくる、おぞましい冷凍庫の棚だった。後日、奇妙な動物の死骸についてほかの知り合いにも訊いてみたが、やはりアリソンと同じく、自宅の冷凍庫に一時保管するという。名前が挙がったのは、ミソサザイ、ハリネズミ、トガリネズミ、ハツカネズミ、リス、キタハタネズミ、アカウソ、ドブネズミ、ヘビ、アリ、ゴカイ、ヒル、アレチネズミ、ハリモグラ、ジャコウネズミ……それどころかもっと大きめの死骸もあって、長年慣れきっているはずの配偶者でさえ肝を冷やす。わたしは想像だけにとどめておくが、妻が自宅の冷凍庫を開けたとたん、コヨーテの頭部やらネズミイルカの胴体やら、きれいに並んだいくつかの種《しゅ》のサルの脳がずらり……（もっとも、過去、わたしが自宅の冷凍庫に詰め込むことができたのは、せいぜいウサギコウモリだった）。

アリソンともども、コーヒーを飲み終えた。「ねえ、奇妙なものを見てみたい？」と、アリソンが尋ねてきた。「そりゃもう」。間髪入れずこたえた。どうせまだ一時間余裕がある。しかし、アリソンが数分後に見せてくれたのは、時間つぶしなどとは呼べない素晴らしいものだった。おかげでわたしは、まだ知らなかった動物学上の領域へ踏み込むことになった。この体験がなければ、調べようとも思わなかった領域。アリソンのおかげで、わたしは死と正反対の世界を目《ま》のあたりにできた。どこか別世界へ運ばれるような体験だった。かつて訪れたことのない場所へ。見たことのないものを見に。そしてここから、真の意味で、わたしの長い旅が始まった……。

「奇妙なものを見てみたい？」。五分前、アリソンはそう言った。そして五分が経ち、喫茶店を出て角を曲がったわたしたちの目の前には、奇妙な光景が広がっていた。絹で覆われたかのような木々がつくりだしたトンネル。まるで悪魔の洞窟だ。奇妙な光景としか言いようがない。もとは、ふつうの並木道だったという。しかしいまや、まったく変貌を遂げた。大通り全体が、完全に絹で覆われ、白のトンネルと化していた。まるで半年遅れの雪化粧。わたしは度肝を抜かれた。「これ全体が、ほんの数週間前に出現したばかりなの」。アリソンは、不可思議な光景に圧倒されるわたしの、漫画みたいな反応を楽しんでいる。「ほんと、素敵だと思わない？」と笑う。わたしの喉からは、感嘆のうめき声しか出てこない。

ふたり、洞窟の中をさまよった。わたしは言葉を失った。枝の先から絹のベールが垂れ、歩道に覆いかぶさっている。空洞の広さは、バスがなんとか通れるくらいだ。見事な白いカーテン。絹のシーツ。しかしこれは、何かの派手な宣伝でもなければ、屋外アート作品でもない。自然が離れ業でつくり上げたのだ。近寄って見上げると、まさしく壮観だった。よりによってバーチウッドに、なぜこんな天然の絶景が出現したのだろう？　わたしたちはカーテンの脇を進んでいった。いたるところが覆われている。そして大量のイモムシがいる。この壮観な光景をつくりだしたのは、クモではないのだ。絹のような巣を慎重に裂いて、内側を覗いた。黒と緑のイモムシが無数にいる。どれも体長一、二センチと小さい。とにかく数が多いだけに、合計の重さはたいへんなものだ。ところどころ、重みに耐えかね、全体からはみ出て垂れている箇所があった。天井から突き出す鍾乳石に似ている。イモムシの詰まった不気味な靴下がぶら下がっているようでもある。

幼虫の群れのあいだを縫って歩いていく。わたしはまだ光景が信じられず、口をあんぐり開けていた。気が遠くなりそうなほど見事だ。これほど不可思議な景色を目にすることは、間違いなく、人生のうちで数えるほどしかあるまい。しかもここは秘境ではなく、イングランドのバーチウッド。斬新な冬のおとぎの国みたいに感じられる。あらためて、絹を引っ張ったり突いたりしていた。糸が密接に絡み合い、ラテックス製のシートに近かった。何千匹、何万匹ものイモムシが、動きながらめいめい引き糸を残し、それが組み合わさったのだ。大量のイモムシが大量に動きまわった結果、メッシュ状のシートができあがった。一本ずつは糸だが、密に絡んで、もはや外見も質感も、白く薄いゴム。都会的なバーチウッドの街中にある裏通りを、イモムシたちが有機体の構造物に変えてしまった。誇張ではない。事実ありのままだ。ブロック敷きの舗道まで、かなりの部分が同様に白く覆われていた。わたしはアリソンといっしょに歩きまわって、写真を撮り、心を打たれた。「こんなにすごいものってある？　驚くしかないわ。

街の真ん中に、急にこんなものが出現する。驚異よね」。「驚異です」と、わたしは声を絞り出した。この時点でもまだ、ほとんど絶句していた。白いカーテンの奥では、イモムシがふだんの活動を続けている。ローマ兵集団のごとく、木々の枝や葉に猛攻撃をかけていた。もっとも、葉はもうあまり残っていない。わたしたちが光景に興味を示していると気づいたとたん、地元の住人たちが自宅から出てきて、あの絹のカーテンの内側を知っているかと尋ねてきて、奇妙な群れについてあれこれ話しだした。住人たちもおおかた魅了されていた。ただし同時に、嫌悪感も持っていた。うっとりしつつも、げんなり。イモムシの群れが、よそからやってきたのでは、と疑っていた。異国の雰囲気をまとっている。ここはイギリス。バーチウッドだ。ふだん、奇妙な出来事など起こらない。住人たちの気持ちは、わたしにも推測できる。人によっては、イモムシに警戒心を抱いていた。もし餌が尽きたらどうなる？　うちの庭に侵入してくるのか？　信用ならない……。わたしとアリソンは、そのあともしばらく、奇妙な構造体を触って調べ、メモを取り、写真に収めた。だがやがて、残念ながら帰る時間になった。アリソンといっしょに駅へ向かう道すがら、わたしたちは言葉少なだった。ふたりとも、さっきの光景になお呆然としていたのだろう。アリソンが、鳥の入った袋をくれた。別れのあいさつを交わし、これからも連絡を取り合う約束をした（事実、連絡し合うことになる）。

　バーチウッドから帰って、わたしはさっそく、先ほど見た光景の正体を調べた。エゾノウワミズザクラの木に発生するサクラスガの幼虫らしい。スガは、こぎれいで小さなガだ。雪のように白く、羽根に黒い斑点が並んでいる。絹のカーテンを思わせる保護膜をつくることで有名だという（正直、わたしは初めて見たのだが）。もっとも、何から身を守っているのかは、はっきりと解明されていない。進化が生んだ美しい糸の膜は、いわば〝避難部屋《パニックルーム》〟だとみられる。テントの下に身を潜め、道路付近からの侵入者を避けて暮らしている。木の原子を吸い取って同化し、イモムシのからだを形成する原子に変えて、やがて成虫のガになり、夏の盛りに外界へ羽ばたいていく。食料（エゾノウワミズザクラ）が豊富な年には、北欧のさまざまな地域にこのような絹のカーテンが出現するらしい。オランダの新聞のバックナンバーに載っていた記事には、サクラの下にとめてあった車やバイクの列が、春の終わりごろ、謎の白い膜に覆いつくされてしまった、と書かれていた。ほかにも、ロンドンのベルマーシュ刑務所の出入り口にあるサンザシの木立が巨大なラテックスの布で包み込まれ、訪れた人々や収監者たちはとまどっている、との記事も見かけた。そういった大発生は三、四年にいちど起こるらしい。最も派手になるのは幼虫からサナギになる前で、栄養分を求めるイモムシが膜のなか全体に広がり、葉を食い尽くす。

ときには、もっと派手な行動にも出る。「フィンランドで、何千匹もの幼虫が線路上を這っていく光景を見たことがある」。ハーバーアダムズ大学の昆虫学者サイモン・レザーは、人気ブログ『Don't Forget the Roundabouts』にそう記している（その続きには「やがてヘルシンキ八時五〇分発の列車が通過し、幼虫たちは生き残れなかった」と淡々と書いてあるが）。同ブログには、スガのイモムシがつくった絹のカーテンの下で雨宿りした経験もつづってあった。バーチウッドのこの路上なら、ハリケーンが来ても雨宿りできるだろう。何時間も雨が降ろうと、絹に守られて濡れずに済む。

これだけイモムシに荒らされても、ウワミズザクラの木は枯れないらしい。わたしたちが見たような規模の大群にやられようと、そう頻繁でなければ耐え抜くことができる（実際、襲われるのは数年に一回くらい）。翌年には、あらたな葉が生えてきて、ウワミズザクラの生命は続く。喜ばしい話だ。希望のかけらをくれる。もっとも、通りがかりの人たちのひとりは、怒りに近い感情を示していた。イモムシが木々の精力を奪い、春の景観を台無しにした、と。イモムシを〝害虫〟と呼ぶ通行人もいた。このふたりの言葉に、わたしはやや傷ついた。生き物に〝害虫〟というレッテルを貼ることには、抵抗を覚える。だいいち、栄養分を提供してくれる相手に致命的な被害を与えるような生き物は、そう長く存在できず、自然淘汰のなかで消えていくだろう。進化のすえ共存しているからには、依存する相手から適量の栄養分しか奪わないはずだ。わたしの目から見れば、スガは害虫ではない。まるで違う。いわば農業に従事し、葉を収穫しているのだ。なのに、害虫呼ばわりとは気の毒な気がする。そう、わたしは本気で、あの小さなイモムシたちを可哀想に思った。雪のように白い天蓋の下で、わたしの頭には〝生〟しか思い浮かばなかった。けれども、通行人の多くはそんなふうな見方をしていなかった。害虫と死を結びつけて考えていた。

当然の流れというべきか、二週間後、わたしの懸念は現実になった。アリソンから、あれが消えてしまったという知らせが入ったのだ。道沿いのウワミズザクラがすべて伐採されたという。地元の一部の住人から、スガの幼虫について苦情が出たせいだ。あのイモムシは健康に害を及ぼすと考えたらしい。イモムシもろとも並木すべてが切り倒された。一掃。消失。死滅。ワリントン・ガーディアン紙に、地元の住宅協会がこんな見解を載せた。「多くの住民から、あの群れの出現について通報が当協会に寄せられました。木立が住宅にきわめて近いことと、群れの規模が大きいことを踏まえ、完全に伐採するのが最善の策という決定にいたりました」。本来、わたしがバーチウッドを訪れたのは鳥の死骸を一つもらうためだったが、結果的に、死をめぐるわたしの物語の深い部分をなす、まったく別のテーマに巻き込まれた。初めて、人間という存在を見直さざるをえなくなった。人間は、地球上のほかの生命体に対して、奇妙な、ときには理に反する傲慢な態度をとる。自分の命が有限であることを思い出させるものについて、むやみに恐怖心を抱く。

カール・ジンマーが著書『パラサイト・レックス』で述べているとおり、かつて、寄生生物は厄介な居候というくらいにしか思われていなかった。邪魔者。下劣。進化の副産物。ところが最近、世間の態度が変わってきた。『エイリアン』シリーズ（など、寄生生物が登場する数々のSF映画）が相次いで上映されたうえ、きわめて重大なことに、寄生生物の働きがあらたに進化論の面から理解されるようになり、社会が寄生生物に向けるまなざしが変化したのだ。近年は、寄生生物の狡猾さが明らかにされ、不承不承ながらも感心する風潮が広がっているように思う。無理もない。関心を集めているのは確かで、好ましい傾向だと思う。食物連鎖や食物網の標準モデルに寄生生物が加わることにより、さまざまな驚くべき変化をもたらしているという、生態学的な新しい見解もさかんに議論されている。見逃されがちだが、わたしたちが差し迫った状況に置かれたとき、寄生生物は生死にかかわる役割を果たす。

一般には寄生生物は〝死の代理人〟とみなされているものの、とんでもない誤解で、もっとはるかに重大な存在だ。たとえば、あらたな生き物が誕生するきっかけになる。種形成という観点からみると、自然淘汰が生む新しい複雑な生命体には幾多の寄生生物が入り込む。もし、ほかの水源と切り離されてあらたな湖ができ、そこに棲むある種の魚が従来の環境から隔離されたとすると、その魚は新環境に適応すべく進化し、魚の体内にいる各種の寄生生物も姿を変えるかもしれない。混沌とした種形成のなかで、寄生生物は生まれたり消えたりする。そういった環境で新種の魚が誕生すれば、寄生生物のほうも一〇ないし二〇の新種が生まれるだろう。生物分類を眺めた場合、種形成が寄生生物と宿主の双方でおこなわれるとみれば、いくつかのパターンについて説明がつく。じつのところ、こんな統計がある。哺乳類、爬虫類、鳥類をすべて合計すると、ほぼ二万五〇〇〇種いる。けっこう多いと思うかもしれない。ところが、寄生生物に目を向けると、分類学者がこれまでに命名しただけで、なんと二五万種も生息している。二五万！　しかし宿主が死ぬと……むろん、寄生生物も死ぬ。だからこの世界は、不可思議なかたちで〝良性〟の寄生生物に満ちている。宿主の生を重んじる寄生生物たちに……。イモムシも同様で、いわば宿主である草木の死を願うわけがない。なのに人間は、ほかの命に寄生して暮らす生き物全般を忌み嫌う。

木々に被害を与えるので嫌い、という声もありそうだが、妥当とはいえない。木のほうも、やられる一方ではないからだ。イモムシと樹木の戦いは、おそらく五〇〇〇万年以上続いている。住宅協会のよけいなお節介とは歴史の重みが違う。木々は長い歳月をかけて進化し、イモムシと戦うための武器をそろえた。つらい対決を戦い抜くべく準備を進めてきたのだ。だから、木を哀れむのは筋違いだ。まず、たいがいの木は、みずからできる防御として、有毒性を高めている。樹木のみならず多くの植物が、土壌からミネラルを抽出し、他感作用物質を生成する。物質の一部は、特定のイモムシを標的にしており、イモムシを殺す作用か、少なくともイモムシが葉などを食べたくなくなる作用を持つ。そうなると当然、たいがいは本格的な戦争へ突入する。イモムシの側も、反撃したり、知恵をつけたりする。たとえば、ある種のイモムシは、ひとまず葉脈をかじって、そこから有毒物質が流れ出きったあと、葉を食べ始める。大半のイモムシが、大きな葉脈を避けて葉の端を食べるのも、端っこのほうが有毒性が低いせいだ。

もちろん、木々はほかにもあの手この手を使い、侵入してきたイモムシの群れを退治しようとする。愕然とするほど意外で賢い方法も使う。くわしい仕組みは解明されていないものの、多くの木は、いま葉を食べられていると察知できるらしく、イモムシへの報復として、また別種の化学物質の混合物をつくり出す。こんどの狙いは、イモムシ本体ではなく、イモムシの寄生生物だ。こちらの物質が木から発せられ、宙を漂うと、寄生バチが集まってくる。通りがかりの寄生バチに向かって、見えない旗を振っているも同然だ。気づいた寄生バチは、急降下してきて、特定の種のイモムシの体表や体内に卵を産みつける。どの寄生バチがどのイモムシを好むか、進化によって決まっている。驚くべきことに、たいていの木は、みずからの葉を食い荒らすイモムシの種を正確に知っていて、駆除するにはどの種の寄生バチを引き寄せればいいのかまで把握している。おそらくこれが、スガの幼虫がクモの巣のようなカーテンをつくる理由だろう。一見すると、鳥から身を守るためと思うかもしれないが、おそらく寄生バチから逃れるのが目的だ。まだ確実な裏付けはとれていないものの、そういう意味合いである可能性が高い（自然淘汰がわたしたちの予想どおりに働くなら、いずれ、あのカーテンを噛み切る顎を持つ寄生バチが、現在の地質学の時期のうちに出現するだろう）。

しかし、木の持つ武器はこれだけではない。一部の木は、自然界のウイルスを操って、イモムシ退治に役立てる。この仕組みは、寄生バチを呼び寄せる手よりもさらに巧妙で、素晴らしい。第二化合物を漂わせ、イモムシがバキュロウイルスに感染する率を押し上げるのだ。バキュロウイルスとは、DNAが二重膜に包まれたかたちの興味深い存在で、特定の宿主に感染する。これが、イモムシを効率的に殺すスマート爆弾として作用する。まずは、食欲旺盛なイモムシが偶然、このウイルスを口に入れてしまうところから始まる。バキュロウイルスはイモムシの内臓に潜り込み、付近の細胞のなかで増殖したのち、イモムシの気管を経由して、からだじゅうに広がる。広がった先々で、ウイルスに冒された細胞が増えていく。間もなく、イモムシは、せっせと働くウイルス製造工場と化し、やがて、数知れないウイルス粒子のせいで、からだが膨れあがって破裂しそうになる。が、すぐには破裂しない。バキュロウイルスが次にやることは冷酷だ。二つの面からイモムシの生理を操る。まず、イモムシの成長を止め、脱皮しなくする（これによって体皮を硬化させ、あとで破裂しやすくしているらしい）。さらに、イモムシの意思をコントロールする。脳内のタンパク質を変化させるのだ。そのせいでイモムシは光を欲するようになる。まるでゾンビのように、イモムシは木を登り始める。体内でウイルス粒子が増殖して丸々と太った姿で、陽の射すほうへ向かって這う。光を求めて、上へ、上へ、上へ。やがて、体内の膨張に耐えかね、イモムシは動きを止めて……ついに最終段階。ぱんぱんに張った体表が破裂する。圧力が一気に解放され、何億個にも増殖したウイルスが下方に降りそそいで、葉や花弁に付着する。それをほかのイモムシが食べ、感染が広がる。こんどははるかに急速にウイルスの数が増えていく。早い話、樹木に安易に手を出すと痛い目に遭う。まるでNATOだ。自身は戦争を始めないが、駆け引きに長《た》けていて、ときに信用ならない。要するに、けっして被害者ではない。にもかかわらず、世間はすぐ木々を被害者として扱う。

寄生する生き物を〝死の代理人〟と決めつけるのは見当違いだ。スガを殺す必要はなかった。木を伐採する必要も……。イモムシにしろ木々にしろ、みごとな世界を展開していた。バーチウッドにかぎらず、その年はヨーロッパ全域でサクラスガが大発生したという。わたしは、つかの間、スガの絹の魔法にかかった。その時点では気づかなかったが、この偶然の出来事のせいで、わたしはさらに深く死の魔力にとりつかれる結果になる。それが良かったのか悪かったのかは、本書を執筆しているいまもわからない。

アリソンと別れて、帰りの列車の席にすわったとき、わたしはふと、膝の上に不安定にのっているスーパーマーケットの袋の中身を思い出した。胸元に引き寄せ、抱きかかえた。カササギの死骸を、無事、イングランドの西側から東側へ運ぶ責任がある。うっかり袋をひっくり返して、床の上か、他人の膝の上か、ベビーカーのなかに、死骸を落としてしまったら大騒動だ。駅に停車するたび、警備員の鋭い眼光がこちらに向けられているような気がした。わたしはゆっくりと深呼吸した。袋の中身について説明を求められないことを祈った。どうか、没収されませんように……。この死骸を使って、だいじな実験を行なう予定があるのだ。傷一つ付けずに持って帰れますように……。さいわい、わたしの祈りは通じた。

4 遊離基の謎

Free Radicals and the Secrets Within

老化度は、本当に遺伝子に左右されるのだろうか？　わたしはまだ、カワマスやフクロネズミのことを考えていた。いつの日か、老化を人工的に操作できるときが来るのか？　この考えが数カ月間、わたしの頭を支配し続けた。やがて急に、じつに奇妙な話に遭遇した。ヒトをめぐる、なんということのないエピソードだ。ニック・レーン著『生命の跳躍』に出てくる話で、第二章でヒトが老いる原因についていくつか紹介したうちの二つ目、つまり、遊離基（フリーラジカル）に注目した説にかかわっている。きわめて反応性が高く短命な分子が、細胞内に蓄積し、大被害を引き起こす。

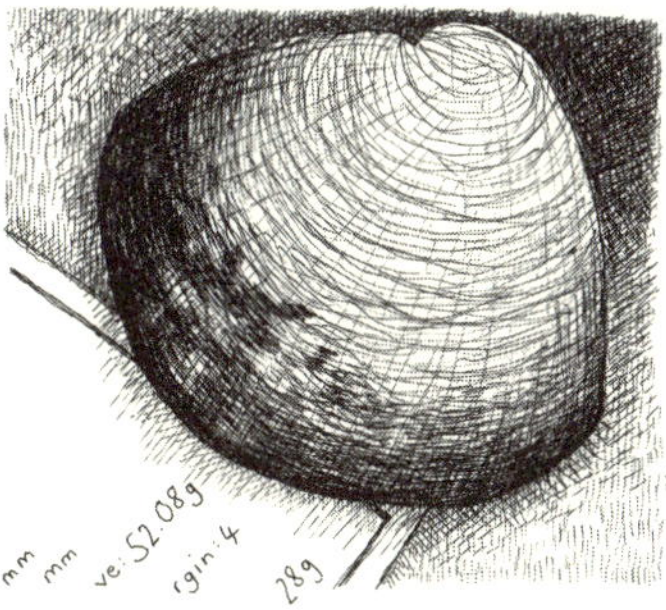

レーンの本のエピソードとは、こんな話だ。日本人の一部には、ミトコンドリアDNAにある共通した変異がみられる。DNAの文字が一つだけ異なるのだ。そのせいで、遊離基の漏出がほんのわずかだけ減少する。しかし、そのささやかな違いが、劇的な結果をもたらす。この〝変異〟遺伝子を持つ者は、八〇歳になるまでに何らかの理由で通院する可能性が通常の半分しかなく、一〇〇歳まで生きる確率が二倍だった。もういちど強調しておく。たった一つの変異遺伝子が、どうやら、通院の可能性を半分にするのだ。たった一つの変異遺伝子が、一〇〇歳まで生きる可能性を二倍にする。めまいがしそうな統計だ。愕然としてしまう。遊離基を制御すれば、世界じゅうのさまざまな医療の危機を救う鍵になるのか？……かもしれない。事実、多くの生き物たちがまさにこの遊離基の制御をおこなっている。しかも、寿命をみるかぎり、かなり有効らしい。それどころか、とある種《しゅ》には、じつに有効で……。

目の前に、祭壇のようなものがそそり立っている。アクリルの展示ケースに入れられ、実験室の黒光りする柱のうえに鎮座するものは、明朝《みんちょう》時代の貴重な壺のように見える。事実、それと同じくらい、値段をつけられない貴重な、過去の遺物。じつは古さも明朝の壺と同じなので、〝ミン〟と呼ばれている。ミンが戸棚から取り出される気配を察して、各種の顕微鏡を覗いていた学生や博士課程修了者が、動きを止めた。学生たちの反応からみて、あの遺物はめったにケースから出されないのだろう。なかば敬意を払うかのように、全員が動きを止めた。「写真を撮ってもいいですか？」と、わたしは、今日午前の案内役を引き受けてくれたポール・バトラー博士に尋ねた。「もちろんだとも」。照明がよく当たっている場所へわたしを導いた。ミンを取り上げて、研究室の隅、日が差し込む窓に置いた。自分は後ろに下がって、きれいな写真が撮れるように構えてくれた。その物体はまばゆく光っていて、磨き込まれた古風な石鹸入れにも見える。わたしたちは立ったまま無言で見入った。殻に沿って、統一感のある縞模様がついている。絵の具に浸した櫛《くし》で描いたかのようだ。ほどんどは幅一ミリほどの溝で、平行かつ等間隔に殻全体を覆っている。いくつか、やや太い色あせた溝が交じっていて、レコード盤に刻まれた溝を思わせる。しかも、ベテランの科学者ともなると、レコード盤の溝と同じように〝読める〟。「群体動物を除けば、ミンはいまのところ世界最古の動物なんです」とポールが説明した。おかげで世界的に有名になった。比較的最近わかったミンをめぐる事実――1．ミンは死んでいる。2．ミンはアイスランドガイという二枚貝で、高度な認知能力は持っていない。――には、たいして注目すべきところはない。しかし、驚くのは年齢だ。ミンの殻の成長輪をあらためて調べた結果、ポールのチームは二〇一三年、ミンが死亡時になんと五〇七歳だったと結論した（過去の分析では四〇五歳と推定されており、それでも記録破りだが……しかしまあ、五〇七歳とは！）。ミンはいま、バンガー大学海洋学部のポールの研究室の特別な棚にしまわれている。たいがいの学術機関は七月はひっそりしているが、ポールの研究室は違う。わたしがいるあいだじゅう、どの廊下も大学院生が旋盤を使う音が響いていた。軟体動物の殻を研ぎ、さらなる分析がしやすいよう破片にしているのだ。何台も並んだ顕微鏡には学生や研究者がひしめいていて、めいめい、軟体動物の検体を観察し、細い溝を数えたり、計測したりしている。わたしが滞在したのはほんの数時間だったが、許されるなら何日か居続けたいほどだった。本心からそう思った。わたしはポールのことが気に入った。二五年以上もソフトウェアコンサルタントを務めていたポールは、一〇年前、ロンドンから北ウエールズに引っ越してきて、科学者として新生活を始めた。その判断はみごとな成果を生み、いまではチームのリーダーとして、軟体動物の殻を活かして一〇〇〇年間にわたる海温の変化を割り出し、気候変動を解明したり、近年、海温が海洋環境にどのような影響を与えているか（与えてきたか）を調査したりしている。

わたしと教授は足を止め、学生たちと話をした。大半は、話しながらも目は顕微鏡を覗いたままで、溝の測定を続けていた。顕微鏡で見る貝殻は、美しいとしか言いようがない。ある意味、木星の表面に似ていて、ほんのわずか、より秩序正しい。雲を思わせる灰色、橙色、茶色が平行した縞模様を描いており、レンズの奥で虹のようだ。樹木と同様、殻にあるこの色つきの縞模様が、一本あたり一年の成長をあらわし、成長輪と呼ばれる。それぞれの成長輪の太さが、餌の豊富さをじかに表わし、餌の量は海温に明らかに影響される（ポールのチームは、この殻の性質を利用して海温を測定する）。膨大な数の殻を分析することにより、ポール率いるチームは、殻の成長をデータベース化し、ここ一〇〇〇年間にわたる極洋の海温変化を把握できるようにした。アイスランドガイの殻は、いわば気候変動の記録所で、世界の天候がたしかに変動しているというさらなる証拠になっている。

二〇一三年一〇月、ミンの記録破りの寿命が世間に発表されると、新聞各紙はあの手この手の表現を使って、いかに長生きだったかを歴史的な側面から報道した。デイリーメール紙は、歴史上の大きな出来事——イングランド内戦、啓蒙運動、産業革命や二度の世界大戦など——を並べたてて、ミンはそのあいだずっと海底にいたのだ、と書いた。ミンはコロンブスがアメリカ大陸を〝発見〟した七年後に生まれたことになる、と表現した新聞もあった。名前が同じなので、自由民主党の政治家メンジーズ・〝ミン〟・キャンベルとの類似点を挙げる向きもあった。わたし自身は……ミンとともに過ごしているあいだ、そういったことは何一つ頭に浮かばなかった。わたしに言わせれば、人類の歴史をミンに押しつけるのは不適切に思える。ミンの生涯を別の角度から見るなら、もっといい方法がいくつもある。もっと動物学的な解釈が……。わたし自身が思いいたって驚いたのは、ミンが生まれて以来、わたしの先祖は一六ないし一七世代も交代したということだ。生殖し、死亡した。海底にある岩のかたまりのうえにミンが生まれて以来、カエルは一六九世代も抱卵し、変態し、死んだ。カゲロウは五〇七世代にもわたって処女飛行を経て、はかなく死んでいった。このように見ると、生き物の生命の連続性として、ミンは異色の存在だ。しかしわたしたちは、大きく見れば主流派に属している。どのヒトも、遺伝的な寿命を組み込まれ、自然淘汰によって少しずつ減らされ、与えられた生命の歴史を進んでいく。予知しようがないが、ある日生まれてある日死ぬ。メダワーの仮説にはむしろ二枚貝がよく当てはまる。進化上の都合で長生きするということはほぼ無視できるからだ。なにしろ、固い殻に覆われ、海底でもたいして動かないとなると、二枚貝がたった一日で死ぬ可能性はかなり低い（海底をごっそり浚《さら》う漁船でも来ないかぎり）。死の可能性が少ないとなると、急ぐ必要はないから、寿命が延びる。とはいえ、二枚貝がここまで極端に長寿命なのはなぜだろう？　老化に関わるとみられる問題をどうやって回避しているのか？　たとえば、何十年も遊離基の漏出にさらされていながら、どうして死にもせず衰えもしないのか？　二枚貝の場合、どうやら遊離基をうまく操ることができるらしい。なぜか、遊離基を制御できる側に立っている。二枚貝だけではない。寿命が長い生き物の多くは、生命の系統樹のかなり外れに位置するケースが多く、いずれも何らかの同じ特殊な能力を進化させてきた。その能力の具体的な内容は、いずれ解明できる日が来るだろう。それを応用すれば、ヒトもはるかに長生きできるようになるかもしれない。

遊離基のせいで細胞が損傷することに関しての研究は、デナム・ハーマンという名のアメリカ人が始めた。特許に自分の名を刻む人物は少なく、三五個もの特許に名前を入れる学者はめったにいない。ハーマンは、化学研究者としてシェル石油に入った。産業界で石油製品が大人気になるまさにそのタイミングだった。経歴の最初のころ、ハーマンは、何カ月も何年も、石油の副産物の利用法を探していた。簡単に言えば、廃棄物を有効利用してもうける方法を模索していた（面白いことに、ハーマンが持つ特許の一つは、黄色いハエ取り紙に使われている化合物だ）。ハーマンがとりわけ関心を持っていたのが、石油製品の生産中に生じる遊離基にどう対処すべきかだった。そしてこの興味が高じて、ハーマンは産業界を離れ、学問分野に踏み込んでいく。ハーマンは、ミトコンドリア内のエネルギー反応から漏出した遊離基がなぜか体内に蓄積していき、やがてだいぶあとになって致命的な結果を引き起こすのではないか、とひらめいた。この時点では、研究を進める余地はなかった。ただの直感だ。こうした遊離基——簡単に言えば、電子を一個失って変異した有害な分子——が細胞内を動きまわり、ほかの分子に悪影響を与えるのではないか、とハーマンは考えた。ときには、遊離基がほかの分子から電子を奪い取り、その分子のほうを遊離基に変えて、問題をそちらに渡し、細胞内で電子の奪い合いの連鎖が始まる。さらには、そのような変異した遊離基が、きわめて重要な分子——細胞内では重要な役割を果たす分子——の内部にある電子に作用するのかもしれない。もしそんなことが頻繁に起こったら、細胞はトラブルに見舞われるだろう。重要な分子が遊離基で再三傷つくと、細胞が老化する。ハーマンは自分の仮説を支える証拠を見つける作業に取りかかった。

遊離基の影響を実験的に観察するため、放射線を当てた短命のネズミを使って観察した。そのようなネズミに抗酸化物質を注入すると、効果が現れ、全般に、より長生きした。しかし、想像したほど単純ではなかった。ハーマンの実験では、最高寿命を変えることができなかったが、おもに抗酸化物質ブチル化ヒドロキシトルエン（ＢＨＴ）——遊離基の働きを抑制して燃料の酸化を防ぐため、石油業界では広く使われている物質——を利用することで、平均寿命を三〇パーセント、さらには四五パーセントも延ばすことができた。科学が最も効率よく発展するのは、大きなアイデアを持った人物がどこからともなく現われるときで、ハーマンはまさにそんな科学者だった。まるで白血球が、あとから侵入してきた生意気なバクテリアにたちまち囲まれるように、学界はすぐさまハーマンを取り囲み、ハーマンのアイデアを検証し、難癖をつけて、つぶしてしまおうとした。ところが実際はむしろ、ハーマンの仮説が興味深く、検討に値するとわかってきた。遊離基が何らかのかたちで細胞の老化に関わっているのは確かのようだった。研究者たちは、細胞の死と遊離基との関係についてきわめて慎重な態度を崩さなかったが、両者の関係を示す証拠が見つかるにつれ、支持に傾く者が増えた。もし遊離基による損傷を減らすことができれば、老化を遅らせることができる。それがハーマンの遺した発見だ。

さて、ミンや同様の生き物の話題に戻ろう。アイスランドガイは、遊離基を何らかの方法で制御しているのだろうか？　答えはイエス。何らかの方法で制御している。極地に棲む二枚貝と、温暖なところに棲む二枚貝（たいてい寿命がより短い）を比較して、エバ・フィリップ（ドイツのキール大学の分子細胞生物学者）が二〇〇七年に報告したところによれば、極地の生物は、代謝が遅いうえ、遊離基の生成が少なく、酸化防止の機能が高い。すなわち、ミトコンドリアの機能が鈍く、年齢につれて酸化のダメージが蓄積するのも遅い。言いかえれば、そういう生き物は遊離基を抑え込むすべを知っている。さらに、二枚貝に限った話ではないらしい。ごく最近判明しつつあるところだが、遊離基を制御できる生き物はほかにもたくさんいる。とりわけ意外なのが鳥類だ。海底に棲んであまり動かない二枚貝とは違い、鳥類は、非常に代謝のさかんな生活を送っているにもかかわらず、たいていの哺乳類と比べものにならないほど長生きする。わたしと同い年（三四歳）のツノメドリに出くわしても不思議ではない。これは驚くべきことだ。ツノメドリは非常に小さいが、ある野生のコアホウドリは、六三歳という高齢にもかかわらず、いまだミッドウェイ環礁に子供を産んでいる。

＊二枚貝は、おおまかな分類としては軟体動物であり、蝶番でつながった二枚の殻のなかで生きる。カキ、ホタテガイ、ハマグリ、ザルガイ、ムールガイなどが含まれる。多くの種《しゅ》は巣穴に隠れているが、ハマグリやイガイなど、一部の二枚貝は（成長後は）海辺近くの岩や、海底のうえで暮らす。

飼育環境下にいる鳥類のうち最年長はクッキー（イリノイ州のブルックフィールド動物園にいるクルマサカオウム）で、八三歳だがまだまだ元気だ。これは、地球という惑星の基準に照らすと、驚くべき長寿といえる。ハトは運が良ければ一〇年から一五年生きるのに比べ、似たような大きさの哺乳類――たとえばネズミ――は三年生きればいいほうだ。鳥類はきわめて例外。とくにハチドリには驚かされる。小さなからだで花から花へ飛びまわる際、心臓が一分間に最大一〇〇〇回脈打つ。自然界でも最高レベルの激しい代謝だ。そんな極端な生き物の寿命は数週間だけだろうと思うかもしれないが、なんと一〇年も生きる。その間、推定で五〇万リットルもの酸素（一キログラム当たり）を消費する。ふつうの理屈でいえば、それほどの代謝をすれば、体内に大量の遊離基がたまるはずだ。……が、どうやら違うらしい。ニック・レーンの著書『生と死の自然史―進化を統べる酸素』は、わたしには手が及ばないほどうまく数字を挙げている。それによると、ハチドリの酸素消費量と寿命をもとにすれば、平均的な鳥類は、同じような大きさのネズミなどの哺乳類に比べ、一〇倍の遊離基にさらされているはずだという（ヒトと比較しても、おそらく二倍程度）。間違いなく致死レベルの遊離基をため込んでいるのではないか？

スペインのマドリードにあるコンプルテンセ大学で生物学者グスタボ・バルサが率いるチームは、ハーマンが行なった初期の研究をもとに、鳥類の遊離基を研究した。ハトを調べたところ、ハトの細胞内のミトコンドリアは、ネズミのミトコンドリアに比べ、三倍も酸素を取り込むことがわかった。それでいながら、その反動として生じる遊離基の量は、はるかに少なかった。なんと、ハトが生成する遊離基の量は、ネズミの一〇パーセントにすぎなかった。たったの一〇パーセント。どんな方法でそんな芸当を実現しているのか、いまだ推測の域を出ない。しかも鳥類だけではなく、たとえば二枚貝なども、なんらかの手段で遊離基の破壊力を弱めている。どういうわけか、多くの生き物では、遊離基を扱うメカニズムが進化している。そのうえで、自然淘汰の結果、強い力を持つようになる生き物もあれば、空を飛ぶ生き物（捕食者がほとんどいない）や、ほぼ動かず独自の生き方をする生き物など、ニッチな世界で暮らす生き物もいる。二枚貝、フクロネズミ、一部のカメは、どれも、程度の差こそあれ、進化の道具箱から抗酸化作用を持つ何かを得て、長寿を実現している。なぜ？　どうやって？

研究者たち（すでに数千人にのぼる）が、この問題に答えるため、徐々にめざましい成果を上げつつある。遊離基の制御は、空を飛ぶこととどくに関係が深いらしい。というのも、仕組みはわからないものの、コウモリも、遊離基の漏出を抑えているようだ。飛翔と遊離基の制御に関連性がありそうだという、もう一つの注目点は、飛ばない鳥（ダチョウなど）は、もはや、飛ぶ鳥と同じようには遊離基を制御できなくなっていることだ。地上に棲む似た大きさの哺乳類と大差ない（もっとも、鳥以外のほとんどの生き物よりは制御がうまく、健康なダチョウは四〇年くらい生きる）。

遊離基の制御に長《た》けた生き物はほかにもある。うち一つは、将来、ヒトの寿命を延ばすことに応用できるかもしれない、画期的な手段を備えている。そういうきわめて興味深い例が、カワシンジュガイの幼生だ。生まれて最初のうちは、タイセイヨウサケの鰓《えら》の内部に寄生して暮らす。したがって、自分がすっかり成長するまで、寄生しているサケが生き続けてくれる必要がある。まだじゅうぶんな証拠は固まっていないが、どうやら、カワシンジュガイの幼生は、なんらかの方法でサケの細胞内に遊離基を取り除くペプチドを注入し、サケの寿命が延びるようにしているらしい。それにより、この小さなカワシンジュガイの幼生は、自身の生命サイクルを完了し、成熟期まで生き延びる。寄生生物はサケに長生きしてもらいたい。カワシンジュガイに寄生されたサケは、腫瘍に対する抵抗力が強まり、傷の治りも早い。この小さな軟体動物がサケの寿命を延ばすメカニズムは正確には解明できていないものの、間違いなく、この小さな幼生を遺伝子操作して人間に寄生させようとする研究者が現われるだろう。わたしも、そんな研究が進むことを期待している。『銀河ヒッチハイク・ガイド』に出てくるバベルフィッシュと似た感じで、数年に一回ずつカワシンジュガイの幼生を肺に吸い込むだけで、なんと、四〇年多く健康な生活を楽しめるわけだ！　もちろん、ばかげた考えに聞こえるだろう。しかし、不可能とは言い切れない。そんな治療を受けられるとしたら、いくら払うだろうか、と想像せずにいられない。カワシンジュガイの幼生を分けてもらうのに月々五〇ポンドくらい払っても惜しくない気がする……。

さて、ここまでの時点では、わたしは遊離基が老化の原因であり、この理論こそ、わたしたちがなぜ、どう老いるのかをすべて説明してくれる、と言っているように、読者のみなさんには感じられただろう。ところが、違う。少なくとも完全な説明にはならない。まったく逆の証拠も存在するからだ。たとえばカイチュウ（回虫）を使った二〇〇九年の実験では、抗酸化物質（遊離基を退治するはず）の自然発生を妨げるほうが、じつは寿命が延びた。さらに、本章の最後の例としてハダカデバネズミを挙げよう。このネズミはあらゆる意味で不可思議で、これを最後に取り上げたいのは……遊離基の仮説を粉々にしてしまうからだ。

ドイツの博物学者兼冒険家のエドワード・ルペルは、ハダカデバネズミを新発見したとき、外見があまりに変わっているため、病気にかかっているのかと勘違いした。体毛がなく、老いていて、落ち着きがなく、気性が荒い。誰にもらったのか思い出せない珍しい冷蔵庫用マグネットのように、生き物の系統樹のなかにへばりついている。地球上の生き物とはとても見えない。しかしもちろん、実在の生き物だ。結局のところ、自然淘汰がこの生き物に居場所を与えたのだ。地下にこのネズミが棲むニッチな環境がある。生き物としては、自然淘汰のいたずらでどんな奇妙な醜い姿になろうと、文句は言えない（人によってはこのネズミを「歯の生えたペニス」と呼ぶ）。性の仕組みについても同様だ。アリやシロアリと同じく、ハダカデバネズミは、進化のすえ、複雑な社会的生活を送っており、地下の集団営巣地《コロニー》に暮らすほとんどの個体はひたすら働き、たった一匹だけ、子孫を産む女王がいて、威張ってほかの個体を監視している。もし興味があるなら、ハダカデバネズミを見てみるといい。やつれて老いたようすに見える。その理由の一つは、多くが実際、やつれて老いているから。つまり高齢なのだ。同じくらいの大きさの哺乳類は三年ないし五年も生きればいいほうだが、ハダカデバネズミは（飼育環境下に置くと）その六倍生きることがわかった。つまり、多くのハダカデバネズミは三〇年近く生きる。ミンに迫るほどの長生きぶりだ。そのせいで、ハトやハチドリと同様、老化研究で興味深い典型的な生き物になっている。そのうえ、実験室の環境で飼育するのがわりあい簡単で、観察しやすい。捕食者が比較的少ない環境の生き物（空を飛ぶ脊椎動物や、ホンビノスガイのような殻を持つ無脊椎動物）の場合、自然淘汰はどちらかというと器官やメンテナンスを重視するらしい。おそらくその理由は、生き物に複数の生殖の機会を与えることだろう。メンテナンスの優秀さからして、ハダカデバネズミはまるで低燃費車のようだ。ミンと同じく、系統樹のなかで異端の存在といえる。だが、ハダカデバネズミの研究が進めば進むほど、奇妙な事実が明らかになる。第一に、このネズミの細胞は遊離基による酸化のダメージにたしかに被害を受けているようすなのだが、とくに実害につながっていないらしい。研究によると、脂質、タンパク質、DNAとも、遊離基によるダメージはハツカネズミの最大八倍にのぼる。にもかかわらず、まったく平気らしい。正常に生き続けている。第二の奇妙な点は、ハダカデバネズミの細胞は不可思議なタンパク質を含んでいるらしく、仕組みは不詳だが、ほかのタンパク質を活性化し、良い状態に保っている。第三に、ハダカデバネズミはどうやら癌に罹らない。まったく罹らないのだ。これはきわめて特殊なことで、ほとんどあらゆる生き物の体内で癌が発生し、ほとんどあらゆる生き物が癌を抑え込むための武器を――たいがい、非常に効果的な武器を――備えている。なぜか、ハダカデバネズミはさらに強力な武器を持ち、癌を打ち倒す。絶対確実に勝てる、戦いの武器を秘めているのだ。どうやって癌を避けているのかは判明していない。もしその方法を応用すれば、ヒトも、病と戦う力が増し、わたしたちから愛する人や知人の多くを奪う、憎き癌を打ち倒せるかもしれない。

メダワーからハーマンまで、コウモリから鳥類、ハダカデバネズミ、ミンまで——生き物たちはわたしたちにそれぞれの生活形態を教えてくれる。永遠ではないまでも、より長く生きる方法を示してくれる。より健康的な生活を送り、生涯、めったに病院へ行かなくても済むかもしれない方法を……。ただし、遊離基は興味深いとはいえ、実態についてのヒントをほんのわずか与えてくれるにすぎない。現実に重大なことが起こっているのは、細胞のなかでも、遊離基が生成される場所、すなわちミトコンドリアだ。老化の始まりから終わりまでの物語は、ミトコンドリアの内部で進行する。ミトコンドリアこそ、老化の本当の鍵を握っている。

だから当然、おおぜいの学者がいま、ミトコンドリアに的を絞って研究し、答えを探している。ミトコンドリアはわたしたちの体内に入り込んでいるわけだから、秘密の城に入る鍵も体内にあるはずなのだ。問題は、その鍵を見つけられるかどうかにかかっている。

This is a Dead Frog

5

これは死んだカササギです

「このカエルは死んでいます」。死について教えてくれたアリソンは、そんな直接的な言葉づかいを勧めてくれた。小脇に鳥の死骸を抱えてイギリス北西部にある自宅に着いたとき、わたしの頭のなかには、アリソンの物言いがこびりついていた。死んだものについて子供たちともっと積極的に話をすべきだという意見に関してもじっくりと考えてみた。従来、自分の子供には、死んだものに出合うと「眠ってるだけだよ」とごまかしたものだ。それを思い出すと、身の毛がよだつ。アリソンの声が耳奥でこだまする。「死んだ生き物に触れる機会を与えるべきよ。生と死の概念に慣れ

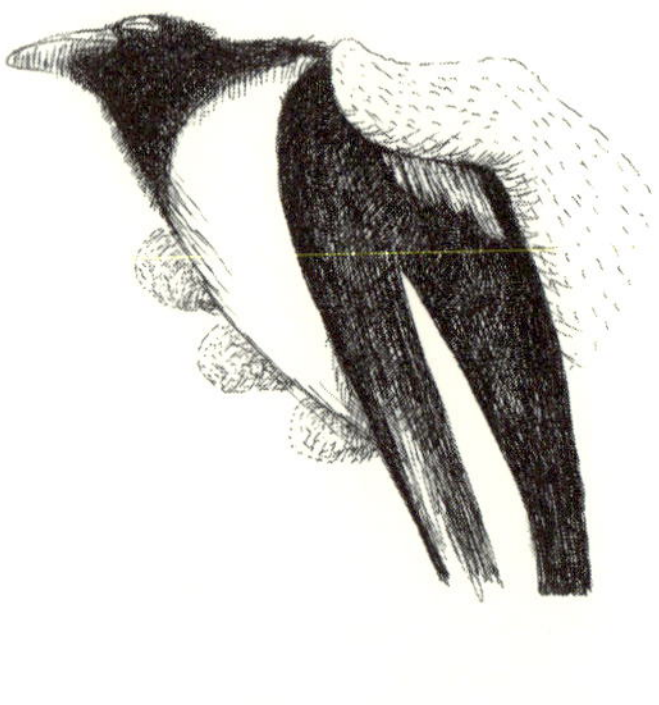

させなくちゃ」。

わたしは袋を取り、胸に抱えた。おそらくこの鳥の死骸が、わたしにいい機会を与えてくれるだろう。絶好の機会だ。現在、わたしの長女は三歳半。〝人間らしい認知力を完全に備えた状態〟とわたしが考える姿に近づいていた。脳内のニューロンが結びつき、自分自身とは異なる他人の考えや感情を理解しつつある。死について教えるには絶好のタイミングだ。いましかない。わたしは、裏庭へ行って、テラスにアリソンの袋を置き、娘を手招きした。「それ、なあに?」。遊んでいた娘のレティーが寄ってきた。わたしは袋を開き、説明を始めた。「これは、知り合いからもらった生き物だよ」。明確かつ静かな口調。取り出したものは、アイスクリーム容器がセロハンで厳重に密封され、さらにキッチンタオルで巻いてある。わたしは低くかがみ込んだ。一メートルほど離れて立つ娘は、若干、不審そうな顔つきをしている。わたしは梱包を解き始めた。「んー、何かなぁ」。わたしは、何重ものセロハン紙を剥がし、ゆっくりと手を入れて、一見穏やかそうに見えるカササギの死骸を両手でつかみ出した。からだのなかほどを持ってみると、意外に、ぐにゃりと柔らかい。持ち上げるにつれ、頭部が反り返って、少し腹を立てているような表情に見えた。びっくりするくらい温かく、命がまだ残っているかのようだった。いや実際、命の名残があるのだろう(カササギ自身の命ではないにせよ)。しかしとにかく美しかった。本当に美しかった。暖かい陽射しに照らされて、翼や首の緑色がみごとに輝いている。死を彩るかのようだった。なぜか調和していた。素晴らしい死骸が、わたしの両手に包み込まれている。目を閉じて、くちばしを固く結んだまま。出血はない。平和な物体。まさにそう思えた。さて、ここからだ。わたしは、三歳半の娘の目を見つめて言った。「これは鳥の死骸なんだ」。明るい声で言う。娘はこたえない。もういちど、少し大きめの声で言ってみた。「これ、鳥の死骸なんだよ」。反応なし。娘は無言で、ただ見つめている。けれども、考え込んでいる。第一歩を踏み出したのだ。数秒間、黙って混乱している。死骸のほうが何かしてくれるのを待つかのように……。やがて笑みを浮かべ、すっかりわかったとばかり、「あー、そっか」と、誇らしげな声を出す。「おねんねしてるのね」。起こしちゃだめよ、とばかり、唇に人さし指を当ててみせる。「いや……違うんだ」。わたしはあらためて、娘の目の奥を覗き込んだ。「この鳥は、二度と目を覚まさない」。娘は黙っている。「この鳥は、二、三年生きた。だけど、もう生きるのをやめた。死んだんだ」。

しまった！　わたしはすぐミスに気づいた。三歳児は自分の年齢にしか考えが及ばない。その数字に強くこだわっている。ひょっとして、自分が四歳の誕生日を迎えられないということを父親が妙に遠回しに伝えてきた、と勘違いしたのではないか？　カササギみたいに、あたしも三歳で死ぬのかしら。しかし娘は押し黙り、逃げ出そうとしなかった。たいしたものだ。三歳の子供がすることは山ほどある。ソファーに飲み物をこぼす、走りまわる、物を散らかして片付けない……。だが娘は、そういう行為は選ばなかった。父親と鳥の死骸といっしょにいることを選んだ。いい兆候だ。わたしは死骸を人さし指一本で優しく撫でてやった。後頭部から、背骨、長い尾の羽根……。相変わらず、娘は口を開かない。ここでもう一押ししなければ。せっかくの機会を台無しにはできない。怖がらせないように用心しつつ、死についてもっと話すべきだ。もっと近くにおいで、とわたしは促した。なおもカササギを撫で、やってごらんと手振りで示した。とても清潔そうに見える。驚くほど穏やかな雰囲気をまとっている。娘は、死んだカササギを撫でることは気が進まないらしい。ただ、カササギの顔をまじまじと眺めた。「目を閉じてる。やっぱり、眠ってるのよ」。わたしは落ち着いて笑みを浮かべた。「違う」。わたしは静かにもういちど言い、真実を告げた。生き物はみんな、しばらく生きて、結局は死ぬ。「眠っているんじゃなくて、死んでる。生きることをやめたんだ」。娘も徐々に理解し始めたようすだった。「そうね、死んでる」。一分くらいして、そう言った。「死んじゃった。死んでるんだ」。わたしは静かにこたえた。順調だ。娘ともどもも、さらに観察した。優しい手つきで翼を広げてみる。みごとな姿に驚嘆した。さすがは空飛ぶ恐竜の子孫だ。わたしは恐竜の運命を教えた。ほかの恐竜たちが何らかの理由で死滅した一方で、カササギの先祖は驚異的に生き残ったのだ。このあたりに差しかかったところで、よくあることだが、娘は興味を失い始めた。退屈そうな目つきになる。そろそろやめどきらしい。わたしは慎重な手つきでカササギをアイスクリーム容器へ戻した。

「あのカササギ、これからまだ大きくなる?」。その日、あとになって娘が言った。まだカササギのことを考えてくれたとはうれしい。「いや、もう成長しないよ」と、わたしは言い切った。「死んだものは成長しない」。少し黙り込んだあと、娘は「もう成長しない」と、わたしの厳粛さを真似て言った。「死んだから、もう成長しないのね」。賢い子だ。理解してくれた。「じゃあ、あたしも、死ぬまで成長しないのね」。静かに付け加える。わたしは虚を突かれた。「えっ、何だって?」。娘のもとに駆け寄った。「違うよ、レティー。もちろん、まだ成長する。だって、死んでないんだから!」。心から真剣な声で言う。自分は生きている、死んでなんかいない、とじゅうぶん納得させてから寝かせたかった。四五分後、わたしは明かりを消した。どうやら予想より難航しそうだ。

　わたしはカササギの死骸を使う本来の計画に取りかかることにした。アリソンからこれを譲り受けた理由は、ほかのカラス科の鳥（カラス、カササギ、ミヤマガラス、カケス、ワタリガラスなどのたぐい）がこのカササギの死骸を見たとき、どんなふうに、どの程度の反応を示すかを知ることだ。侵入者とみなすだろうか? 餌として食べるだろうか? 見ただけでストレスや不安をあらわにするだろうか? 一部の学者が考えるように、死を悼んで〝葬儀〟のようなことをするのか? あるいは、完全に無視するか? わたしの予想は〝無視〟だったが、実際に試してみるのは興味深い。隠しカメラを買ってきて、カササギの死骸をむき出しで野外に放置したらどうなるか、録画することにした。さて、どこに置こう? わたしたちが住んでいるのは、ニシコクマルガラスの巨大な集団営巣地《コロニー》に囲まれた小さな一軒家だ。ときにはカササギの群れも現われて、物音を立て、鳴き声を上げながら、うちの車を駐めてある場所の上の木々を通り過ぎていく。むき出しの小高い場所にちょっとした木立があり、その下で鳥たちがよく戯れている。鳥の死骸を置いてカメラを据えつけるには絶好の場所だろう。

わたしはその夜、カササギを置いて、隠しカメラを設置した。以後、日にいちどずつメモリーカードを回収して再生し、二四時間単位で何が起こったかを確認することにした。こういう観察作業は初めてで、胸が高鳴った。毎朝、わたしはベッドから飛び起きて、前夜のどんなドラマが記録されているだろうと期待した。鳥類は社会性を持つから、カササギの死骸の周囲を慌ただしく動きまわり、もしかすると、なんとも奇妙で独特な弔いのような行為をするのかもしれない（と、わたしは勝手に想像した）。ともあれ、わたしはそんなことを期待していた。が、現実はそうはならなかった。まったく違う展開になった。メモリーカードには、一定時間ごとに一〇秒のビデオクリップが記録される。初日は九個のビデオクリップが得られた。わたしは胸を高鳴らせた。世界初の映像が見られるのではないか？　画期的な事実を本書で報告できるのでは……？　わたしはビデオクリップを再生した。……残念。驚くような映像はなかった。一個目のビデオクリップには、モリバトが一羽、木々のあいだをうろつくようすが映っていたが、カササギの死骸に気づいたようすはなかった。二個目のビデオクリップにも、おそらく同じモリバトが一羽、映っていた。葉のあいだを飛びまわりながら、あちこちに落ちているものを突っついている。三個目の映像には、モリバトが二羽。それぞれ反対方向から歩いてきて、ビデオクリップのフレームの中央部分に入った。だが、カササギに気づいたようすは一回もなかった。四個目のビデオは完全に空振りに終わった。よくわからないが、チョウ（蝶）か何かがカメラを止めたのかもしれない。五個目も収穫なしだった。まあ、明日があるさ、とわたしは自分を慰めた。どのビデオクリップでも、カササギは、台座に横たわってロミオを待つジュリエットさながらだった。そよ風に吹かれて、羽根が黒いショールのように揺れていた。いろいろな意味で、美しい映像だった。黒い外套に身を包んだ女性が倒れ、その姿を少しずつ夏の落ち葉が覆っていく……。

次の二四時間も、隠しカメラがとらえたのは、ほとんどがモリバト。たまにリスが一匹出てきて、木の実を探しまわっていた。三日目は、まだましだった。もう少し大きめの生き物の動きを観察できた。ネコだ。早朝の薄明かりのなか、ネコの目が燃えるように輝いて見える。ネコはまず不審げにカメラを眺めてから、忍び足でカササギに近づいた。匂いを二、三度嗅いで、用心深く周囲を見回す。わたしは、カササギをもてあそぶなり、少し引きずるなりするかと思ったが、さにあらず。ふとした間のあと、驚くべき行動に出た。脚を丸めてからだの下に入れ、まったく意外にも、カササギの隣に横たわった。ゆっくりと目をしばたたかせる。満足げだ。少し眠るつもりらしい。ビデオクリップ終了。ふむ、まあ、いいだろう。次のビデオクリップは数時間後の昼間だった。カササギはまだ元の場所にいて、いつもの目障りなモリバトがいつもどおり目障りな感じで動きまわっている。ソファーのクッションのあいだに落ちてしまった財布を捜す、退屈そうな目つきの学生のようだった。

そして五日目、カササギがいよいよ腐臭を放ち始め、近所から苦情が出るのではと心配していた矢先に、ある出来事が起こった。朝、いつものように隠しカメラの場所に行ってみると、カササギが居なくなっていた。消えてしまった！　わたしの胸が高鳴った。隠しカメラからメモリーカードを取り出すのももどかしく、キッチンへ急いだ。カササギの死骸に何があったのか？　期待を上回る出来事が映っているのを期待した。娘はシリアル朝食の最中だった。わたしはその横にノートブックパソコンを置き、メモリーカードを挿入した。ビデオクリップは一個しかなかった。これが決定的瞬間をとらえているのか？

娘のレティーが朝食を終え、わたしの膝の上に乗ってきた。再生、開始。初めは何事もない。静寂。カササギはいつもの場所にいる。わずかな間。そのとき、映像の奥から一匹のキツネが現われた。中央まで来て、空港にいる警察犬のように地面に鼻を付けている。やがて動きを止め、長い胴体が画面にくっきりと映った。カササギを突き止めたのだ。フレームにきれいに収まって、不気味だが堂々としている。ふさふさした尻尾は絵筆のようだ。カメラに向けた目が、松明《たいまつ》のように燃えて見える。カササギに近づき、少し匂いを嗅いだあと、不意に、ライオンが子を優しくくわえるかのようにカササギの胴体の中央部をくわえ、ゆっくりと持ち上げた。そのまま持ち去るのだろうと思ったが、違った。くるりとカメラに背を向け、レンズに尻を押しつけた。尻尾をもたげ、ややかがみ込んだかと思うと、肛門から大量の糞をした。こちらの目を意識しているかのようだ。すっかりからだが軽くなったキツネは、カササギを口にくわえ、楽しげな足どりでカメラの視野から消えた。ビデオクリップが停止した。やれやれ。わたしは軽い笑みを浮かべた。一連の動きはまったくみごとで、興味深かった。だが、膝にのった娘は不愉快に感じたらしい。すわったまま、動かない。表情が凍りついている。「あれは……あれは……うちの……」。小声でつぶやく。目に涙があふれてきた。「うちの庭にオオカミがいたの?」。わたしは優しく抱きしめた。「オオカミじゃないよ。キツネだ」。気さくな声色。「キツネは怖くない。可愛いよ。死んだ動物を食べる。自然を助けているんだ」。たいした慰めにならなかった。「あれ、うちの鳥よ!」。急に憤慨した声で言う。

どうこたえればいいいか、わからなかった。そもそもが、うちの鳥ではない。誰のものでもないのだ。短い沈黙。娘の頭から不公平という感情が薄れ、恐怖がよみがえったらしい。イギリスでは、キツネはオオカミと同じくらい評判が悪い。娘のこれまでの短い人生で、小さな脳に入っている文化情報はすべて、キツネもオオカミも怪物として描かれていた。絵本でもテレビ番組でも――『ピーター・ラビット』『ちいさなあかいめんどり』『ドーラといっしょに大冒険』『ブレア・フォックス』など――キツネはたいがい悪者だ。そのうえ、いまのビデオで、キツネが家の近くに棲んでいる事実を知った。自分の寝室のすぐ外にいて、大切に思っていた鳥の死骸などを奪ってしまう。わたしを見上げる瞳に、世界観が一変したことが表われていた。気持ちがおさまるまで、数日与えるべきだろう。せかす必要はない。妻には、わたしの失態を告げないことにした。最初はカササギの死骸。こんどは、死骸を食らうキツネ。今回、死について娘と話す二度目の機会だったが……うまくいった気がしない。もっとじょうずな方法があったはずなのに。しくじってばかりだ。これがテストで、アリソンが試験官なら、わたしはおそらく不合格だろう。もちろん、今回の件をアリソンに報告する気はいっさいなかった。

六カ月後、わたしにもういちど、死を正しく娘に教えるチャンスがめぐってきた。三度目の正直。しかも、こんどは本当に大きな出来事だった。あいにく、高齢の近親者が亡くなったのだ。娘レティーの曽祖母にあたる。家族一同、悲しみに暮れた。娘はわたしたち夫妻とたびたび曽祖母のもとを訪れていた。初めのうちは、イーストミッドランド地区の自宅アパートメント、高齢になってからは老人ホーム。夕食後、娘に訃報を伝えた。「悲しいね」。娘が寝る準備をしながら、わたしは言った。「みんな悲しんでる」。「そうね」と、娘はこたえた。容態がだいぶ悪いことは伝えてあったから、娘なりにいろいろ覚悟ができていたのだろうか。逝去を知らせた際、それなりに悲しげだったが、本心でどう感じていたかはわからない。曾祖母が、ある種のゲームとしてみんなの反応を見ようと芝居をしている、と考えているのではないか。わたしは心のどこかでそんな気もした。娘の声色には、芝居がかった軽々しさがあった。「ひいおばあちゃんが死んでちゃった」。いたってまじめな顔つきで言う。伏し目がちで、顔には死を悼む表情が浮かんでいる。わたしは咳払いした。「死んじゃった、だな。ひいおばあちゃんは死んじゃったんだ」。「そうね、死んでる」と、娘が言う。「たしかに、もう死んでる」と、わたしは悲しみを込めてこたえた。パジャマを着せてやっているあいだ、娘は寂しそうに首を振り、床を見つめていた。「うん、死んでる。死んでちゃってる」。わたしはふたたび正しい言葉づかいを教えることにした。死について正しく言えることが重要に思えた。一瞬の間を空けて、ひと呼吸したあと、「ひいおばあちゃんは死んじゃった」と正しく言ってやる。娘が悲しみにくれた目を向けてきた。「そうよ、死んじゃったる」。涙があふれそうなようす。わたしは何度か深呼吸した。「うん、死んでる」。言葉を根気強く直す。「ひいおばあちゃんは死んでる」。娘はうなずいた。わたしに対抗して娘が声を張り上げるので、ずいぶん大きな話し声になっていた。わたしは眉を撫でて、心を落ち着かせた。ふたたび深呼吸。「うん」。わたしは落ち着いて言った。「うん」と繰り返す。言葉づかいを正すのは、後日でいいだろう。わたしはしばらく口を閉じた。

布団の準備をしながら、わたしは娘ともういちど死の話をしようとした。眠る前に娘が何か言いたいのでは、と思ったのだ。精神衛生上のことが心配だったし、非常に興味深い展開になってきたと感じたせいもある。「ひいおばあちゃんに、もういちど会いたい」。娘はそう言って、枕の横にお気に入りのクマのぬいぐるみを並べた。「みんな寂しくてしかたないよ」。わたしは静かに言った。「死んじゃった」。悲しそうにまたつぶやく。わたしは娘の腕を撫でた。「残念だけど、でも、ひいおばあちゃんは生き続けている……みんなの頭のなかで」。自分の側頭部を軽く叩いて、微笑んだ。娘にキスして、部屋を出た。明かりを消して、振り返ると、娘はベッドの上にすわったまま、頭を両手で抱え込んでいた。混乱と恐怖が顔に浮かんでいる。わたしは、曽祖母が死んだと告げたくせに、舌の根も乾かぬうちに、頭のなかに生きていると言った。怖くてたまらないのも無理はない。わたしは慌てて明かりをつけ、大笑いしながら娘のもとに戻った。「心のなかに生きているって意味だよ！」。狼狽した声色になっていた。「心のなか、だよ。ごめん、ごめん。言いかたが悪かった。みんな、心のなかでひいおばあちゃんのことを覚えてる、と言いたかったんだ」。もはや大声になっている。「心のなか！」。なおも繰り返した。娘がわたしを見つめる。何か妙なことが起きていると感づいたのだ。この瞬間、自分たち夫婦の最初の子供の情緒的な発育を台無しにしてしまったのではと戦慄した。

数日後、死について家族全員であらためて話し、こんど行く葬儀に多少とも備えることにした。この葬儀は、娘が死を理解するうえで大きなハードルになるだろう。ただ、正直、娘はいま、死で頭がいっぱいになっている。わたしたちが死をめぐる議論ばかりしているせいで、日ごと、一気に知識を増やしつつある。わたしの死の師匠、アリソンが誇らしく思ってくれるにちがいない。本当だ。事態はだいぶ好転しつつあった。娘は文法的に正しい言葉づかいを覚え、悲しみを表現できるようになり、驚くような慰めの言葉を口にした。成功だ、とわたしは思った。実際の葬儀の場でも、模範的な弔問客だった。

進行中はずっとうつむいてすわっていた。賛美歌の『オール・シングス・ブライト・アンド・ビューティフル』を、適度な寂しさと喜びのかけらとを組み合わせて歌った。適切なタイミングで両手を合わせ、真剣に祈っていた。献花の美しさをほめ、終了後、外で遺族たちと抱き合った。弔問客のお手本。まさにそうだった。大人たちはみんな、そう言い合った。全員、車で移動し、死者を悼む場を設けた。曾祖母が二四時間介護の老人ホームに入る前に住んでいた、古い介護つきアパートメントの外のラウンジだ。娘がほかの子供たちと遊んでいるあいだ、大人たちは近況を報告し合い、曾祖母の長く穏やかで幸せな生涯についてしみじみ語った。

事態が変化したのは、その午後遅くだった。一時間ほどして、娘が寄ってきて、トイレに行きたいと言った。とそのとき、死をよく理解していたはずの娘が、急に認識を変えた。ふたり連れだって廊下を歩き、来客用のトイレに行ったのだが、あいにくふさがっていた。「なあ、レティー。トイレが空くまで、廊下の向こうまで行って、ひいおばあちゃんの古いアパートメントの玄関を見てこないか?」。「いいよ!」。力強い返事。「すごく見たい!」。娘がふと足を止め、考え直す。そう、考えていた。わたしに顔を向け、もちろん見たい、そうするのがふさわしい、という表情だった。そこで、ふたり歩きだした。長く曲がりくねった廊下を歩くうち、曽祖母のアパートメントのドアが見えてきた。いま、入居者はいないらしい。いよいよドアに近づいたとき、ふと、娘がいないのに気づいた。どこへ行った? 振り返っても姿はない。どうしたんだろう?　そのとき、娘が角を曲がってきた。忍び足になっている。爪先立ちで歩き、わたしのそばまで来た。「どうした?」。やや不安になって尋ねた。「レティー、何やってるんだ、いったい何を……どうしたんだい?」。娘が、信じられないという顔つきになった。わたしが声を出したこと自体に、むっとしている。唇に人差し指を当てる。「しぃいい、パパ」。玄関口に近づきながら、娘が言った。「ひいおばあちゃんが目を覚ましちゃうでしょ!」。

参ったな。わたしの試みは失敗だったらしい。というより、失敗したのは娘だ。死とは何かを理解しきれなかった。ただ、わたしにも非がある。楽観しすぎていた。娘が死を正しく理解できたと思い込んでいた。自分が死者を悼むときの体験を、娘に当てはめて考えていた。アリソンがこの場に居なくて良かった。この姿を見たら、頭を抱え込んだだろう。ただ、さもすべてを理解しているように大人たちを勘違いさせた点はとても興味深い。死を理解しているふうだった。曽祖母が棺に安置されていると了解しているようすだった。けれども、いちばん基本のところがわかっていなかったのだ。曽祖母は世を去り、もはやベッドに寝ていないことを。いま棺のなかで、もう存在しないことを(漠然とした電子のかたちで空や遺骨のなかを漂っているかもしれないが)。曽祖母は亡くなったことを。死んだのだ、死んでいるのだということを。もしカラス科の鳥がわたしのカササギの死骸を見つけても、カラスが死を理解できるかどうか、疑問に思えてきた。生き物の頭のなかを理解するのは至難の業だと再認識した。なにしろ、自分の子供の考えさえ見抜けなかった。死の認識は複雑らしい。この研究の道のりはまだ長い。

Part 2

実験用ブタたち

THE EXPERIMENTAL PIG PHASE

6 テントの下のサーカス

The Circus under the Tent

人生には、防水ズボンを穿かなければいけないときがある。たいがい、心躍る場面だ。急流のなかを歩いたり、池の内部を探ったり、潮だまりを調査したり……。そんな経験が、心温まる思い出を残してくれる。しかし、防水ズボンを穿く必要が出てくる局面はほかにもある。たとえば、ごくまれに、腐敗しかけたブタの死骸の溜まり場に身をかがめなければいけないこともある。きょうはたまたま、そんな日だ。「死に関する本を書いているんなら、TRACESのピーター・クロスにぜひ会っておいたほうがいいわ」。それが、カササギの死骸をくれたアリソン・アトキンの最後の助言だっ

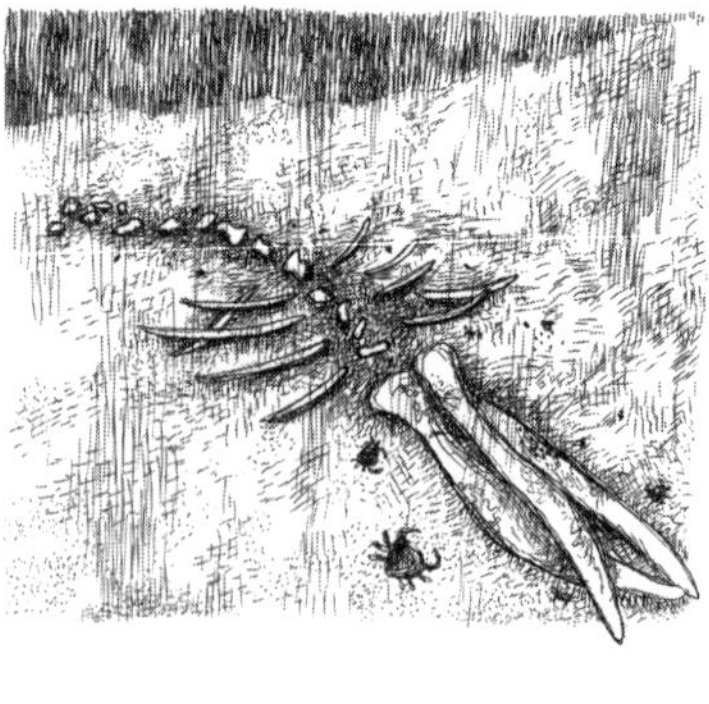

た。「TRACESってなんです？」「まあ、いわば死体農場ね」。死体農場ならテレビドラマ『CSI：科学捜査班』で観た。アメリカには実際あるらしい。イギリスにもあるなら、ぜひ行く必要がある。アリソンが手はずを整えてくれた。

そんなわけで、わたしはいま、北イングランド近くのある〝秘密の場所〟にいる。今回の案内役はピーター・クロスという男性だ。著名な法医学人類学者で、法医学捜査科学スクールで講師を務める一方、セントラル・ランカシャー大学が設立したTRACES（化石人類学研究センター）の責任者として活躍している。もっとも、一見すると、ピーターは講師の世界に身を置く人物に見えない。初めのメールのやりとりでは、講師より開業医のような印象を受けた（あとで聞いた話によれば、講師の資格を得たのは二〇一三年だそうだから……まあ、当然かもしれない）。最初に会う約束は、やむをえない事情で延期になった。ロシア国境近くの東ウクライナで飛行機の墜落事故があり、遺体の身元確認の手伝いをしなければならなくなったそうだ。TRACESの功績はほとんどピーターの努力のたまものだ。ごく簡単に言えば、TRACESは、広い敷地のなかで、一定の条件下のもとブタの死骸を腐敗させることを目的にしている。条件を変えながら腐敗率を測定し、腐敗の進み具合を記録して、いわば〝腐敗時計〟をつくっているのだ。人体の法医学に役立つ可能性がある。たとえば、野外で何カ月も水浸しになっていた死体が発見された場合、水浸しで放置したブタの死骸に関するTRACESの研究が法医学チームに役立ち、死亡時期を推定できるかもしれない。

TRACESのような研究施設に足を踏み入れるのは、どう考えても初めてだ。理解できるだろうかというかすかな思いと、全体に関するかすかな不安とが入り交じった。なのに、なぜ来たのか？　みなさんは不思議かもしれない。死んだ動物からどんな生態系が生まれるのか、知っておくべきだと思ったからだ。ピーターはこころよく案内役を引き受けてくれた。ただし条件は、自分のゴム長靴を持参すること、携帯電話で写真を撮らないこと、自前で洗える防水ズボンを用意することだった。現地へ向かう車のなかで、ピーターが背景を説明する。「死体が発見されたとき、解明すべき重要なポイントは、『この人物はいつ殺されたのか』です。そこでわたしたちは、腐敗に影響を及ぼす各種の条件を理解し、検死時になるべく正確な推測ができるようにしたいわけです」。唐突にブレーキを踏み、ランドローバーを降りて、研究施設の門を開く。車内に戻るなり、静かに付け加えた。「死亡時刻の特定は、CSIが視聴者に印象づけているのより、はるかに微妙な問題なんです」。そう言いながら、目に鋭い光を走らせた。人気テレビ番組『CSI』が好きではないのだろう。いっしょにいるあいだ、その手の話題は出さないように気をつけよう、とわたしは心のなかにメモした。

きょうはブタに集中すればいいわけだ。多くのみなさんが知っていると思うが、北米の一部では、法医学者が本物の人間の遺体（献体されたもの）を使ってこの種の法医学研究を行なう。遺体が置かれた場所は、俗称〝死体農場〟。しかし、人体を使うことは、イギリスでは社会的に受け入れられていない。そこで代わりにブタを使う。「法律が変われば、イギリスでも可能になるかもしれませんが……」と、ピーターが言う。「まあ、そのあたりはいろいろと問題があって、人類学者のあいだでも意見が分かれています。だって、人体の腐敗を研究するなんて、倫理的にどうなんでしょうね?」。わたしはわからず、肩をすくめた。いずれにしろ、ブタを使うことには長所もある。とくに、ブタで代用すれば、大量の実験データが得られる。「第一に、ブタのほうが実験用の個体が集まりやすい。数の面でいえば、うちの実験は……いや、かなりの数だとだけ言っておきましょう。二〇、三〇、四〇頭の群れに、同じ実験を繰り返すことができます。どんな実験でも。ブタを使えば、われわれは仮説を大胆に試せる。非常に貴重な点です」。ブタを利用する相対的な長所を訪問者に語るのは、これが初めてではないのだろう。楽しげな声で続ける。「このたぐいの事柄には、いつだってブタが役立つ余地があるんですよ」。

車が停まった。TRACES研究所じたいは、敷地の入り口付近の小さな中庭にある。駐車エリアの隣には、何も入っていないバスタブが点在し、いくつか空っぽの水槽もある。ホースが随所に設置されていて、おそらく、作業が終わったあとに身を清めるためだろう。ピーターが、大きな金属製の倉庫へ向かう。その内側に研究所があるのだ。わたしを手招きする。入ってみると、テーブル一式、キッチン、検査台二つ、ブタを移動するとき使う巨大なトラクター一台。整然としている。すべてが収まるべきところに収まっている。壁には衛生管理を促すポスターがあり、引き出しにはそれぞれラベルが貼られ、白衣やレインコートを吊すハンガーがあり、ゴム長靴の置き場がある。ピーターが靴を履き替えるあいだ、各種の豚の骨が大量に置かれた作業台に近寄った。骨をつぶさに眺める。脊椎骨の各部はすぐに見分けがつく。当然ながら、肋骨も（夕食の皿のうえでおなじみだ）。いくつか顎骨もある。頑丈な大腿骨。肩甲骨。歯も数多い。ピーターが防水ズボンを穿き終えるまでのあいだ、下顎の断片を組み合わせて、もとのかたちに戻そうとしたが、無駄だった。ふたりで雑談を続けた。大学院生、論文、学究的な環境、所蔵品……。ピーターとしては、ある程度の事前知識を与えてくれようとしているようだ。わたしが『ＣＳＩに極秘潜入！』といった陳腐な文章を書くことを恐れているのかもしれない。あるいは、冷徹な目をした科学者が、ブタの骸骨から推定した死亡時刻、歯型の記録、発砲時の残留物などを組み合わせて推理し、仕事の片手間に殺人事件を解決する、などというストーリーをでっち上げることを……。ピーターの懸念に反して、そのときわたしが胸中で考えていたのは、ブタにも乳歯があってヒトと同じように生え替わるのだろうか、という点だった（あとで調べたら、乳歯はあるそうだ）。

「準備はいいかな？」と、不意にピーターの声。すでに歩きだして、部屋を出て行く。慌ててあとを追い、部屋を出て、農場の長い通路を進んだ。両脇に太いブラシが並んでいる。急な上り坂だったので、少し息が切れるほどだった。両脇には低木の林があり、いろいろな動きがある。カササギのカップルが、わたしたちが通り過ぎていくのを見つめている。シジュウカラとアオガラが交じった群れが頭上を飛び、エナガたちが通路の周辺や木々のあいだを飛びまわり、どうやら獲物を探しているらしい。そのさまは、詮索好きのチンパンジーの一群のようでもある。進行方向にある大きな門をピーターが開け、その音がわたしたちの到着を告げるかたちになった。眼前の斜面の途中に、平らな場所が広がり、部分的にはすり鉢状になっている。本物の自然保護区のような風景だ。草原と低木林がモザイク模様をつくり、一部はブナやサンザシに続いていて、その奥の手入れしていない場所には、花をつけた雑草が茂り、あらたに植えられた木々で境界線がつくられていた。境界線内は、五万平方メートルあまりの敷地の半分ほど。そよ風が吹きすぎ、草地を撫でていく。出入口が一カ所しかない閉鎖空間だ。ブタの死骸をどう研究しようと、ピーターの言う〝人の目〟を気にせずに済む、完璧な環境といえる（そのあたりくわしく訊こうと思ったが、不愉快な顔をされそうで遠慮した）。

入り口から、ごく平らな部分を見渡すと、金網の付いた木枠がいくつもある。長い列になって並んでいて、それぞれの木枠に一体ずつブタの死骸が収められている。ここに三、四カ月以上置かれたままの死骸もあるという。いちばん近くの木枠は約二〇メートル先。ふたりでそこへ歩いて行った。「この時点でたいがいの人が嘔吐するんですよ」。ピーターが真面目そのものの口調で警告する。丈の長い芝を踏みしめ、だいぶ前に死んだブタに近寄った。近寄るにつれて悪臭がひどくなるのだろう、と覚悟した。しかし、そうでもなかった。平気だ。わたしは耐えられた。そばまで行ったら死骸が横たわっているのかと思っていたが、そうではなかった。肉の塊のようなかたちではなく、有機堆積物の山だった。肉や皮の断片が大量に積まれている。そのとき、臭いが襲っていた。ブタの死骸の真上に立った瞬間、突然、鼻孔を刺激された。臭いが見えない霧となって、口、鼻、毛穴に入り込んでくる。服にも染みつく。不快とはいわないが——とにかく……強烈な臭いだ。が、吐き気は感じなかった。というより、三カ月のあいだ日にさらされたブタの死骸は、まさしくポークスクラッチングズ——イギリスのパブのメニューによくある、ブタの皮と脂肪を油で揚げたスナック——にそっくりだった。おなじみのポークスクラッチングズの匂いなら、とくに驚くに値しない。シート状の皮と脂肪を見下ろしていると、たしかに日光にさらされて乾いた死骸とわかる。横たわったありさまは、アイロン台の大きさにいい加減に切った灰色のカーペットのようだ。もはや、あまりブタに見えない。そのカーペットから、長い剛毛が突き出している。けれども、骨がまったく見当たらない。歯もない。これには少々驚いた。

それが、その日たくさん出会うブタの死骸の最初だった。もし誰かが偶然この光景に出くわしたら、分厚い濡れた布が何枚も入った、油っぽい水たまりくらいに思うかもしれない。わたしはできるかぎり専門家ふうの声色を使った。「ところで……頭部はどこに?」。脇にしゃがみながら尋ねた。わたしが嘔吐しないとわかって、ピーターがこの先、少し好意的になってくれるのを祈った。ある種のテストに合格したと思いたい。「いや、それには理由がありましてね」。わたしの隣にしゃがみ込む。「頭部は真っ先に内部へ入り込みやすい場所なんです。ヒトも同じですが。ハエは真っ先に開口部に惹《ひ》かれ、とりわけ、目、耳、鼻に産卵したがる。したがって頭部はたいがい真っ先に骸骨化するんです」。開口部。骸骨化。予想より急速に会話が専門化しつつある。ほんの少しうんざりしたが、精いっぱい隠そうとした。ピーターは気づかないふりをした。気づいていたが……。

ふたりでそのブタをまじまじと眺める。暖かな陽射しのもと、皮はプラスチックのように見える。ワセリンに似た光沢で全体が覆われている。蠟《ろう》のようなこの覆いは、〝死蝋〟と呼ばれているそうだ。脂肪酸が嫌気性バクテリアによって変性したもので、湿度の高い環境下で生じやすい。法医学者にしてみれば、この死蝋は厄介な存在で、外部環境と内部環境を隔ててしまう。腐敗を促す物質が入り込みにくくなるため、死亡日時の推定がさらに難しくなる。要するに、ミイラのような状態になるわけだ。わたしたちはその場に腰を下ろし、しばらく観察した。アオバエが数匹、行き来したものの、たいして何も起こらない。さらに少し待ってから、目を近づけた。すると、くっきり見え始めた。無数のごく小さなハエが飛びまわったり、皮膚にとまったりしている。本当に小さいハエだ。何匹かは、とまってから素早く動きまわっている。黒っぽいゼリー状の死蝋から、ところどころ太い体毛が突き出ていて、ハエは体毛にぶつかると大きく迂回する。ハエの正体は、世界じゅうにいるチーズバエだ。ほとんどが体長三、四ミリほど。間近で見ると、まるで金属製のようで、非常に美しい。きわだった二つの目が頭部のほとんどを占め、二つの羽根は、行儀よく背中に折りたたんである。見た目の上品さに反して、ややあわただしい。基本的には死骸をあさっている。死蝋に着地したあと、わたしたちからは見えない奥へもぐり込むハエも二、三匹いた。明らかに、ひそかな産卵場所を探しているのだ。チーズバエの幼虫は、英語では〝チーズスキッパー〟と呼ばれることが多い。からだを大きくのけぞらせ、勢いよく戻すときの反動を使って、遠くまで飛び跳ねる能力を持つので、スキッパーすなわち〝飛び跳ねる虫〟の名がついた。このチーズバエの幼虫は一般に三週間で蛹《さなぎ》になるため、解剖時、死亡からどのくらいの時間が経過しているかを知る目安の一つとして使われる。こうして巨型動物類の死骸に棲みつき、時計代わりになってくれる生き物はほかにも数多い。

わたしはさらに目を近づけた。チーズバエ以外にも小さな虫がいる。死骸の表面を動きまわっている。ますます接近して観察すると、緑色の甲虫の群れが、死蝋の下の暗がりにつながる穴を落ち着きなく出入りしていた。極小のハチが巣穴を出たり入ったりするさまに似ている。わたしは、光沢のあるこの緑の甲虫を写真に収めようとしたが、うまく撮れなかった（ピーターが、フェイスブックに載せないという条件付きで、撮影を許可してくれたのだ。もっとも、こんな写真を載せたら、家族や友人がすぐさま〝不適切〟と通報するだろう）。ピーターが、ミイラ化したブタの皮をずらして、下のようすを見せてくれることになった。わたしは少し後ずさった。下に何があろうと目をそらすものか、と腹をくくった。ピーターがブタの皮の両端を強くつかんで、引っぱった。きれいに敷かれたテーブルクロスをさっと引きはがすような動き。突然、皮の下で慌ただしい動きが起きた。まるで、ピーターがいきなり蓋を開けて、小さなノミのサーカスを失礼にさえぎったかのようだった。ミニチュアの世界のなかで、たちまち大混乱が始まった。無脊椎動物が入り乱れている。小さな甲虫の群れが、位置をずらされた皮の下へ逃げ込もうとする。多くが交尾の最中らしかった。五、六匹の大きめの甲虫は、わたしたちの足元に生えている草の陰に隠れた。極小サイズのガが二匹、わたしたちをかすめて飛び去る。チーズバエたちは、低速で飛びまわり、どこかほかに餌になる死骸がないかと探している。皮をずらして初めて目に入ってきたものは、それだけではない。ようやくブタらしく見えてきた。かたまりの片端に、ブタの歯や顎骨が確認できる。並びはだいぶ乱れているものの、かつては鎖状につながっていただろう脊柱骨とおぼしき物体もあった。散らばった肋骨が、逃げ遅れた甲虫の行く手を阻んでいる。

何もかもおぞましいけれど、と同時に素晴らしい。わたしは前々から、落ちた木の枝や葉をひっくり返して、その下に潜む無脊椎動物の生活を観察してきたが、これほどひしめいている光景を見るのは初めてだ。大混乱の真っ只中に、フットボール大のかたまりがある。粘性があり、黄色っぽい。ねばねばした原始のサーカステントのような外見だが、泡立ち、うねっている。わたしは目をこらし、この物体がブタの一部なのか、あらたに誕生した生命体が波打っているのか、見定めようとした。しばらく凝視しても、まだ正体がつかめない。カメラを持って近づいた。かすかに動いているのは間違いない。ピーターがわたしの表情を読む。「あああ……それは……」。いくぶん仰々しく告げる。「……それは、ウジの群れですよ」。なるほど、ごもっとも。ピーターがふたたびわたしの横にしゃがみ、群れを観察し始める。「ふうむ……むむむ……どうやら第一齢らしいな……うん、第二世代のウジだ」。急にそう確信して、立ち上がる。「ウジの第二世代が、胸腔に残っている細胞を食べている」。言葉を切って、こちらの表情をうかがう。わたしはやや呆然とし、感情が落ち着くまで待ってから言った。「ほう……何千匹もいますね」。なるべく専門家の声色。もちろん、演技にすぎない。わたしが吐き気を催しているのをピーターは感じとっていた。それでもわたしはさりげなさを装った。なにしろ、吐き気は反射的に催したわけで、いたしかたない。理由は定かでないが、ウジはどうも苦手だ。落ち着かない気分になる。わたしは生物学に没入して人生を送っているから、そんな好き嫌いを言うべきではないのだが、ウジだけはどうにも馴染めない。ウジと大型のクモ。いや、ウジと大型のクモと、餌をたらふく食べて膨らんだダニだけは……。ピーターはとくに表情を変えず、何も言わない。しかし、わたしにとって、ウジの群れはどう考えても気味が悪い。

しばらくは間を取ったあと、群れをよく観察するため、いったん立ち上がって近寄った。じゅうぶん心を落ち着けてから、膝を折った。こんどは気分が悪くはならなかった。むしろ心を惹かれた。本当だ。

ウジ一匹は、爪切りで切った爪くらいの大きさだが、腐敗物に群らがって巨大なかたまりとなり、からみ合い、意図を持ってうねっている。ピーターによれば、アオバエのウジだという。何千匹もが死骸のなかに守られている。餌はじゅうぶんにあり、遠くへ移動する必要はないらしい。ウジはそれぞれ、全方位をほかのウジに囲まれ、支えられている。ともに餌にありついた結果が、この泡だった群体なのだ。わたしはあらためて間近で観察した。ほとんど見きわめられないものの、時計の分針くらいの速度で群体そのものが動いている。回転している。木星などの巨大ガス惑星みたいに……。みなさんには理解してもらえないだろうが、わたしは突然、この群れが愛おしくなった。とてつもなく美しい、と思えたのだ。正直、ほんのわずかのあいだ、すべてが美しいと感じた。が、急にまた——ううっ——空嘔《からえずき》がこみ上げてきた。ピーターは咳払いして、違う方向を見るふりをした。

いやしかし、ブタの骸骨の見かけは、想像とまるで違っていた。事前には、はっきりとかたちを持った、完璧に保存された博物館の標本のようなものを思い浮かべていた。ところが実際は……原型をとどめていなかった。「これほどの量のウジがひしめいて、よくも動きがとれるものだ、と思うでしょう?」。ピーターが微笑みながら言う。「あのう、どうしてこんなに泡だってるんです?」。わたしは尋ねた。「それはね」と、ピーター。「ウジが活発に栄養を摂取する際、腐敗した液体と空気をかき混ぜるんです。だから、こんなふうにずいぶん泡だったかたまりになる」。そう言ったあと、かたまりに指を突っ込んで、カーテンを開くかのように左右に押し広げる。現われたものは、またあらたな、絡み合ったウジたちで、外側の群れよりこぎれいに見える。ピーターによれば、腱や関節のあいだをうごめくことによって、ウジは死骸の骨格を緩めようとしているのだという。そうやって接合箇所をある程度まで緩めると、あとは重力の働きで骸骨はおのずと分解する。

ここでわたしは、ウジの群れがゆっくり回転しているような気がするのだけれど、と先ほどから疑問に思っていた点を持ち出した。遠近感のせいだろうか（あるいは、めまいのせいか）？　いや、違う、間違いなく、ウジの群れはおもむろに回転している。ひどく遅い速度とはいえ、たしかに感じとれる。ピーターの説明によれば、この現象は、群れの中心から熱を逃がす目的らしい。運悪く中心部にいるウジは、群れの外端より摂氏二〇度も高い状態に置かれる。利己的な遺伝子が働いて、中心部で暑くてたまらないウジは涼しい外端へ向かい、入れ替わって、外側で涼んでいたウジが内部の灼熱に引き込まれる。ウジの群れの内部でどんな物理学が作用しているのか、解明にはさらなる研究を待つほかない（ウジ一匹ずつに印をつけて追跡するなどの手法が考えられるが、きわめて難しい）。

わたしは無言でウジの群れを見つめた。かたわらでピーターが別の作業を進めている。不意に、わたしは思いついた。いま眺めている何千匹ものウジは、ほんの数週間たてば、成虫のアオバエになるのだ、と。

そのうちの一部は、なおもここを飛びまわり、このブタの死骸にさらなる卵を産みつけるだろう。少しだけ離れた場所に産卵するハエもいるはずだが、だいぶ遠くまで移動して、周辺の民家や、道路沿いのマクドナルドへ向かうかもしれない。鳥に食われる、車に衝突する、ハエ叩きでつぶされるといった可能性もある。このブタの細胞内にあった電子は、多くが成虫のハエのからだに取り込まれ、運ばれる。

わたしたちは立ち上がって、ほかの〝実験用ブタ〟のようすを眺めていく。どの死骸も、同じように混沌とした状態にある。悪臭を放ち、陰になったあたりで生き物が入り乱れ、骨が散乱し、ウジの群体がうごめいている。もっとも、買い物客の混雑を高みから眺めるのと同様、初めはまったくの混沌に見えるが、じっくり長く観察すると、ある程度一定の秩序が見えてくる。チーズバエ、小さな緑色の甲虫、ガ……。ヌーやキリンやゾウの群れと同様、いずれもそれなりの秩序を保っている。水飲み場があり、足場があり、隠れ場所、日光を浴びる場所、埋葬の場所もある。あとで調べたところ、緑色の甲虫はハネカクシの一種だった。ハサミムシにやや似ていて、ハサミはないものの、短い前翅（翅鞘《ししょう》）と細長いからだを持つ。頼りない羽根ながら、飛ぶことができるらしい。餌場（ここの場合はブタの死骸）から別の餌場（といってもまたブタの死骸）へ移動しつつ、生活し、繁殖し、産卵する。じつは、ハネカクシの種《しゅ》はそうとう多いことが最近わかってきた。生半可ではない。魚類、哺乳類、両生類、爬虫類をすべて合計したよりも種類が多いらしく、最新の統計によれば六万種以上にのぼる。アメリカでは、甲虫の五分の一がハネカクシだ。この虫をみなさんはご存じだろうか？　腹部を上下左右に動かして、隠し持った化学物質を噴射し、敵から身を守ったり、擬態したりする種もいる。また、なかには深緑色やメタリックブルーの翅鞘を備えた美しい種もいる。イギリスで最も大きいのはアクマサビイロハネカクシ（成虫は二、三センチ）。邪魔をされるとひどく腹を立てるしぐさをするが、いたって無害な虫だ。実験用のブタにたかっていたハネカクシは、かなり光沢があり、カリスマ性すら醸《かも》し出していた。蛍光剤を塗った飾りが死を彩っているかのようだった。参考文献によれば、死後まもない生き物に集まってくる無脊椎動物の第二波に属するらしく、しばらくのあいだ死骸の周辺にとどまる。

このあたりで、ブタなどが死んだあと、どんな無脊椎動物がどんな順に寄ってくるかを簡単に説明しておこう。なにしろ、そうそうたる数の無脊椎動物が集まる。最初に到着するのはクロバエ科（アオバエなど）の一群だ。よく知られているとおり、死骸を見つけてたかることにかけては地上の生き物のなかでも屈指の活動量と素早さを誇る。死後数時間たたないうちに、何百匹、ときには何千匹も現われかねない。クロバエは死を知っている。死の臭いを嗅ぎつけられる。非常に鼻がきく。次に姿を見せるのが、チーズバエ、ニクバエ、イエバエ。いずれも、死が生み出した栄養豊かな場所に子孫を残そうと本能的に集まってくる。一部の甲虫も、かなり早い段階で死骸にたどり着く。たとえばシデムシ。成虫も幼虫も熱心に死骸から栄養をとる（どうやら幼虫は、親が吐き戻したものを食べているらしい）。結果として、おおかたのシデムシは、クロバエのウジと餌を奪い合うかたちになる。どっちが先に新鮮な死骸にたどり着けるか？　個体間や異種間で過酷な競争が起こると、自然淘汰は新しい武器を生み出す。シデムシの大半は、驚くべき化学受容の能力を備えるようになった。いまやシデムシとクロバエは、進化を通じて武力の増強を競っている。生死を賭けた二種間の戦い。宙を飛びつつ、腐敗時にバクテリアがきまって発する硫化水素の臭いを嗅ぎつける。その点は両者とも同じ。しかしなんと、シデムシの種によっては、助っ人を雇ってある。クロバエの卵を食べるごく小さなダニ類を寄生させているのだ。真新しい死骸を取り合ううえで、敵を抹殺するのに役立つ。

クロバエ、チーズバエ、シデムシがやってきたあと、当然、それらを食べる虫が姿を現わす。多くはハネカクシだ。TRACESでわたしは、むくんだブタの死骸の内側でハネカクシがクロバエの卵や幼虫を食べているのを見た。勝ち誇ったように獲物を顎でくわえ、ブタの死骸の蓋に隠れた暗がりへ向かっていった。まるで、ヒョウがアンテロープをくわえて木陰に入り、食べるまでの一部始終を、はるか上空のヘリコプターから見下ろしている気分だった。死骸の内部をあさるのはハネカクシだけではない。腐敗が進んで、やや乾燥してくると、小型の違う捕食者が登場する。小さなからだのカッコウムシ（細長く、鎧《よろい》のようにしっかりとした体表を持つ甲虫）が飛んでくるかもしれない。これもまた、熱を放つウジの大群に惹かれてやってきて、好機とばかり、ありがたくブタの死骸に子孫を託す。エンマムシという立派な名前の虫も、仲間に加わる。哺乳類の死骸にはツヤホソバエ（〝腐肉をあさる黒いハエ〟とも呼ばれる）も群がってきがちだが、TRACESでは見かけなかった。近くの草むらで互いに羽根を震わせ、仲間を呼び寄せながら、次の交尾の機会をうかがっていたのかもしれない。一方、何種かの寄生バチがまもなく飛来し、空中からウジに襲いかかるだろう。一匹ずつ順に動けなくして、寄生した体内に卵を産みつける（種にもよるが、ウジ一匹で寄生バチの子孫が一二匹ほど育つ。なかなか割のいい見返りといえる）。フンコロガシもやってくる可能性がある。この虫はとりわけ草食性の哺乳類の腸が腐敗する臭いに惹かれ、糞に含まれる未消化の食材をせっせと集める。まあ、その名のとおりだ。

そうこうするうち、死骸全体はやがて〝高度な腐敗段階〟を迎える。あらゆる部分に生が宿り、何百もの種が死骸に養われている。あらたに花開いたこの局地的な生態系には、バクテリアや菌類も交じっている。腐敗の過程ではバクテリアがきわめて重要な役割を果たす。生命体の複雑な分子を分解して、炭素、窒素、硫黄などを生み、それが植物や菌類に吸収される。死骸はじつに素晴らしい、生命豊かな場所といえる。栄養に満ち、地球上のどこよりも謎めいた無秩序から、あらたな食物網が生まれる（ただ、謎を追究したい人は、臭いに平気で、吐き気など催さないという、ピーター並みの強靱さを持ち合わせていなければいけない）。

ブタの死骸を舞台にしたサーカスには、この期に及んでもまだ到着していないメンバーもいた。たとえばカツオブシムシ。からだが楕円形で、小さな鱗《うろこ》のようなもので覆われている。幼虫は、骨や腱にへばりついている乾いたタンパク質の屑を食べる。この働きに目をつけて、博物館は、骨格標本を一般公開する前の掃除に役立てている。カツオブシムシのあと来るのがイガ（衣蛾）だ（幼虫はみなさんのスーツ、ドレス、ジャケットなどを食べ、やがて糸を吐いて筒状の鞘をつくり、そのなかで暮らす）。まだそのあともいろいろな生き物がやってくる。季節が変わるころ、死骸はたんなる栄養源ではなくなる。残った骨と死蝋の膜とが足場になって、あらたな生き物がよじ登ってくる。外敵から見えづらく乾いているので、卵を産みつけるのにも適している。サーカス団は去ったものの、放置されたテント小屋が活用されているわけだ。そのうち、略奪者が訪れる。ザトウムシ、ムカデ、大型のオサムシ。加えて、さまざまなハネカクシや、遅まきながら到着した生き物が、何かまだありつけるものはないかと、うろつきまわる。

それにしても奇妙なサーカスだ。風変わりな生き物や奇怪な生き物がつどう、すてきな場。どれもが、かつて生きていた何かの電子を再利用して生きている。わたしの眼前でも、ブタたちのタンパク質などが変性し、自発的に別のものに姿を変えつつある。かつて生きてきたほぼすべてが、同じ道をたどったのだ（ごく最近までは……。ヒトだけが傲慢にも火葬を好むようになり、何千匹もの美しいハネカクシが育つ機会を握りつぶしている）。

意外な気がするのだが、死後、独自の生態系が栄える生き物は、ほんのわずかの種類しか確認、研究されていない。また、何の死骸かによって、集まってくる顔ぶれも多少（ときには大幅に）異なるらしく、死骸といっても一様ではない。そんななか、腐敗の過程がきわめて詳細に記録されているのは、海の巨型動物、おもにクジラの死骸だ。死んだあと、クジラはゆっくりと深い海底へ沈んでいく。その巨体に起こる事柄も、〝実験用ブタ〟の死骸の場合とそう大きくは違わない。昆虫が寄ってこない代わりに、サメという要素が加わる。クジラは、生物学上の駆け引きをきわめて活性化する存在だ。エピソードが多いのも無理はない。さんざん語られているとはいえ、本書でも取りあげるに値するだろう。なにしろ……あのブタと同様、並外れた役割を果たす。

深い海底は、外気の影響がなく、おもに浅瀬を餌場にする捕食者もまず潜ってこない。クジラの死骸は、数年どころか数十年にわたって多様な生き物のエネルギー源になる。そのような生態系は〝鯨骨生物群集（ホエール・フォール）〟と呼ばれ、とくに北米のサンタクルーズ海盆にある群集について優れた研究がいくつか発表された。水深二キロメートルの海底に横たわるクジラの死骸が、少しぼやけた映像に収められ、ネット上に公開されている。水中カメラの照明のなか、その巨体はまるで宇宙探査機のようだ。巨大な目をむき、大口を開けている。生命を失ったいま、クジラはあらたな言語で周囲と対話する。死骸から栄養をとる生き物たちへの歌。体内でバクテリアが繁殖して分解を進めるにつれ、臭いが発生し、この臭いの化学物質が深海の海流に乗り、四方に広がっていく。これがいわばメッセージとなって、ほかの生き物たちに伝わる。

　数日もしくは数週間にわたって、ヌタウナギがいち早くメッセージをとらえてやってくる。その数は何千匹にものぼり、まるでリボンのように、クジラの死骸の表面をくねりまわる。体表全体がのたうっているふうに見えるほどだ。ヌタウナギにはしっかりした背骨がなく、わりあい原始的な魚類といえる。顎《あご》もなく、まともな鰭《ひれ》もなく、単純な感光器官だけ備えている。ただ、だからといって、簡素なつくりだと軽んじるのはヌタウナギに失礼だろう。脊椎動物と無脊椎動物が枝分かれして間もないころの生命体の姿を表わしていて、それなりの有利さもある。両方のグループの特長を合わせ持っているのだ。イモムシのように身をくねらせて、狭い開口部に潜りこめる。必要とあれば、皮膚や鰓《えら》から有機物を取り込むこともできる。ヒルと同様、餌なしで何カ月も生きられる。特殊な化学受容体を組み合わせて餌のありかを突きとめるのだが、詳しくはまだ解明できていない。ナメクジやカタツムリに似て、粘液で身を守る。昆虫と同じく、アンテナ（触鬚《しょくしゅ》）があり、口から触覚を持つ器官を出す。このような性質を持ちながらも、やはり魚。無顎類という魚の一種に分類される。わたしたちはつい、イモムシと魚など縁遠いと思いがちだが、ヌタウナギを見ると、双方には共通の祖先がいるとわかる。間違いなく、ヌタウナギは地球上でもきわめて影の薄い生き物だろう。みなさんがこの文章を読んでいるいまも、深い海底にいて、あらゆるクジラの死骸に群がっている。捕鯨船の銛《もり》で仕留められたり、夜中に船の舵《かじ》に巻き込まれたりしなかった、幸運なクジラの死骸に……。

もちろん、ヌタウナギだけではない。さまざまな生き物が寄ってくる。たとえばヨロイザメ(魅力的なネーミングその一)。目だけが妙に大きく、ゾンビのような雰囲気を漂わせている。ほとんどつねに冷静さを失わない。ゆっくりと下降して、色あせたクジラの肉に食らいつき、ぐいっと頭をねじって腐肉を噛み切り、かたまりを丸呑みする。ほかに、ソコダラ——残忍な顔つきの深海魚——も姿を見せる。さらには、エビに似た端脚類や、カニ。ほどなくしてゾンビワーム(魅力的なネーミングその二)も参加する。

腐敗の初期段階で、このクジラの死骸をあらたな家と定めた各種の生き物たちによって、一日あたり六〇キログラムの肉が消費されていく。また、死骸の周辺でさかんに繁殖行為がおこなわれる。多くの、じつに多くの生き物が、このありがたい恵みにあずかるわけだ。しかし、時間は流れる。クジラの状態が変わり始める。数カ月にわたってほかの生き物に栄養を与え続けた巨体が、崩れて、散らばり始める。骨格があらわになる。内臓がはみ出して裂け、さらなる有機物を海底にまく。この時期、生き物の棲みかとなる場所があらたにできて、栄養を摂取したがる有機体にも新顔が現われる。スネール、ワーム、バクテリア。ワームとしては、たとえばスノットワーム(魅力的なネーミングその三、スノットとは鼻水の意味)。マリンワーム(その四)は、多毛類に属し、長い毛で覆われている。いずれもクジラの骨に入り込み、バクテリアの力を借りて骨を砕き、含まれている脂肪やたんぱく質を消化する（どうやってクジラの死骸を見つけるのかは不明だが、幼生のころ泳いでやってくるらしい）。以後数十年かけて、こうしたワームが、バクテリアとの共同作業により、膨大な量の骨をほぼ食い尽くす。一方で、また別のバクテリアが群れをつくり、死骸の表面全体を覆う。このバクテリアの覆いの上に、さらにほかの生き物が集まる。イガイ、ハマグリ、カサガイ、ヨーロッパガイなどが、何十年、いやおそらく一〇〇年以上にわたって、栄養分を摂取する。たった一頭の生き物が、憩いの場をつくるのだ。たった一つの命から多くの実がなる。

深海におけるこの奇妙な生態系は、何億年も前から存在するとみられる。いま骨となって生態系を支えているクジラは、生前、もはや絶滅した海洋性の爬虫類——プレシオサウルス、モササウルス、イクチオサウルスなど——を餌にしていたのかもしれない。もしクジラが理解できるなら、自分が死んでからも末永く多くの生き物に役立つことができるのを誇りに感じるはずだ。しかしどうやら、待ち受けている将来を知っているとすればマッコウクジラだけだろう（かなり深いところまで定期的に潜っている）。クジラの亡骸が海底に横たわり、さまざまな生き物に屠《はふ》られている光景に出くわし、恐怖に打たれるのだろうか？　それとも、仲間と寄り集まって、死を悼むのか？　それとも、踊る？　歌う？　踊りや歌の可能性は低そうだが、定かではない。

ピーターに付き添われて研究所を二時間ほど歩いたあとも、いろいろな内臓や、乾燥しつつあるブタの肉には、どうしても慣れることができなかった。もちろん、吐き気を催している姿をまたピーターに見られてしまうといった失態は避けられたが、一歩手前の状態をたびたび味わった。TRACES訪問を終えるころには、ブタ肉の臭いが肺の奥深くまで染み込んでいた。帰宅後、家族に健康被害がおよばないといいのだが……。服もひどく臭い。全身が臭っている。「ピーターさんは、臭いには慣れっこなんですか?」。ある時点でそう尋ねたところ、「気にならないですね」と、平然たる返事がかえってきた。「感じるには感じる。強い臭いだと思う。だけど……」。軽く肩をすくめる。「若いころ農場に住んでいたし、いままでの仕事はどれも、何らかのかたちで死に関係していた。人生たえまなく死の臭いを嗅いできたんです」。農場で働いたのち、一五年間、食肉処理場に関わり、基準にのっとって安全に食肉がつくられているかを監督した。そのあと長らく、法医人類学を活かして、グアテマラの合同墓地の調査などを行なった。続いてニューヨークに場を移し、死亡現場の司法捜査に携わるかたわら、法医人類学を推し進め、ニューヨーク検死局長を務めた。やがてイギリスに戻り、死をさらに深く追究している。かねてからの念願だったTRACESのような研究施設も稼働し始めた。

ピーターに関してとくに好ましく感じられる点は、人間の死や苦しみに話が及ぶと、とたんに厳粛な態度を示すことだ。木にぶら下げて腐敗させている最中のブタの前で、以前立ち会った死亡現場について語った。人間の遺体が木からぶら下がっている光景はじつに悲しかった、と。うなだれて、急にぼそぼそと死者を悼むような口ぶりになった。人間の死が話題に出るたび、憂鬱な表情を浮かべた。しかしどんなときも、自分の仕事の過酷さを口に出すことはなかった。残酷な面やおどろおどろしい面を強調することもなかった。人を感心させようなどとは考えていないのだ。これがみずからの職業で、死は研究の対象と割り切っている。テレビドラマ『CSI』の世界を嫌う理由も、わたしはようやく理解できた。ドラマと結びつける軽率な発言をしなくてよかった。そういえばアリソンも、疫病の犠牲者について研究した経験を明かす際、声に深刻さをにじませていた。何百年も経った白骨にすぎないとはいえ、アリソンは冷淡な態度では臨まない。人間の死体は、やはり人間。人間らしさのかけらが残っている。アリソンの研究対象は人間であり、生命なのだ。ピーターもアリソンも、研究している分野は容易ではない。ときには、強く感情を揺さぶられる場面にも出合うだろう。殺人の現場や苦悶の跡、疫病流行や大虐殺の地……。ピーターやアリソンのような専門家の研究のおかげで、この世界はよりよい場所になっているのだと思う。ふたりにはおおいに敬意を払っている。

現実世界に復帰する途中、ブタ見学はどうだったかと、おおぜいから感想を求められた。「どんなようすだった？　臭いはひどい？　死骸の見ためはどう？」。二週間ほど、戦地から帰国した兵士のように、みんなに囲まれ、みやげ話をねだられた。わたしは、おぞましい内容には触れなかった。

どうにかアリソンやピーターの態度を真似ようと努力した。理性的で、あくまで……冷静。しかし、どうしてもあれこれ思い出さずにはいられなかった。とくに、泡だったウジの群れを前にして吐き気がこみ上げてきたのは、生物学者として恥ずかしい。その姿をピーターに見られたのも参った。赤面せずにいられない。正直に告白すると、わたしはあの光景に一時的ながらも身の毛がよだったのだ。無意識の反応で、みずからの意思では抑えきれなかった。どうしようもない。その後もずっと慣れることができないままだ。ウジはどうにも苦手。なぜか……神経を逆なでされる。本能的な嫌悪を覚えたのは、あれが初めてだった。理由を探りたい衝動に駆られ、実際、幾度となく考えをめぐらせている。

もっとも、記憶の大半を占めているのは、新しい生命の数の多さだ。わたしがいちばん愛情を抱けた生き物は甲虫で、非常に心を惹かれた。本当に種類が豊富だった。ブタの残骸の臭いは洗い落としたが、甲虫に関しては、色あせながらもあの日の記憶や体験に染みついている。テントの下のサーカス。活発な動き。どの一匹にしろ、ほかの生き物の死を貴重な土台にして、代々にわたる生命を受け継いできた。「神は、甲虫に並々ならぬ愛情を注いだらしい」と古くからいわれる。ただ、ハネカクシだけで膨大な種類が存在するのを考えると、「神は、死に並々ならぬ愛情を注いだ」と表現すべきかもしれない。個人的には、結構なことだと思う。にもかかわらず……吐き気を催したのも事実。実験用ブタは、わたしの心に複雑な感情を残した。

7

性と死——死神との契約

Sex and Death: The Contract Killer

野生生物について語り、初めてまともに報酬をもらったときの話をしよう。もともとは、短時間ではあるがカエルとその病気を研究してもいい、とのオファーだった。ただ、条件が一つだけあった。『フロッグ・ヘルプライン』なる電話相談サービスを担当することだった。当時は二〇〇〇年代のごく初めで、イギリス人のほとんどがまだどんなかたちにしろインターネットにはアクセスできなかった。だから、飼っているカエルに関して助言をくれる場を求めていた。それも、大急ぎで……。というわけで、『フロッグ・ヘルプライン』には需要があった。わたしは、電話さえかけてくれれば無

料でカエルの相談にのるという、世界でもまれな人物になったわけだ。非常にやり甲斐のある仕事だが、同時に、苦労も非常に多かった。

割に合わない印象がぬぐえない。しかし全体としては、電話主たちが集めた裏庭のカエル、イモリ、ヒキガエルとの関係をテーマにして話をするのは楽しかった。たまには感傷的になったり、説教くさくなったりしたが……。いずれにしろ、わたしはこの仕事のおかげで一つだいじなことを学んだ。このとき初めて、自然界における死の規模を実感したのだ。死といっても、大半がカエルがらみだ。毎年、カエルの死をめぐって何百件もの相談がヘルプラインに寄せられた。時季としては春に集中していた。年一度の繁殖期に死んだ〝うちのカエル〟を悼み、泣いている人もいた。「二〇匹以上もカエルが死んじゃったです!」。電話口で大声を出す。「池のあちこちに浮いてます。どうしたんでしょう? どうすればいいんでしょう?」。悲鳴に近い。そんな状況で、どうこたえるべきなのか。上司からのアドバイスはないに等しく、返事の内容はわたしにまかされていた。わたしに研修が必要とは誰も考えていなかったのだ。そこでわたしの返事は……よく覚えていないけれど……死んだカエルを網で池からすくって、土に埋めてやりなさい、だったと思う。カウンセリングのあと、たいていの人が、カエルの奇妙な死にかたは両生類の不可思議さ——飛び跳ねる、皮膚呼吸する、歌う、ときには体色を変える、毒を持つ種類もある、など——の一つとして受け入れていた。場合によっては、いっせいに死んでしまうのだから、不思議に思うのも無理はない。結局、カエルは本当に奇妙だ、という結論になる。生きているあいだも奇妙だったし、また一つ不可解さが加わった、と。電話をかけてくる人の多くは、自分が何かまずいことをしたせいで大量死したのでは、と心配しながら深く悲しんでいた。きっと自分のせいにちがいない。罪悪感に苦しめられていた。水を入れ替えたのがいけなかったのか、前年に池を掃除しなかったせいか、万全の注意を払っていれば大量死などしなかっただろうに……。わたしは、飼い主のせいではないと教えた。

いくらかアドバイスをもらえればそれで気が楽になる人もいたが、誰もが納得するわけではなかった。こういった出来事は珍しくない、多くの生き物が繁殖を終えると死ぬのだと、わたしがいくら言い聞かせても、頑として受け入れない人もいた。「違います！　きっと病気ですよ。何か理由があるはずです」。そう主張して譲らない。ときには湿った郵便小包がわたし宛に届き、開けてみると、かろうじてカエルとわかる物体がひどい悪臭を放っている、などというはめになることもあった。そういう小包の表には決まって、興奮しているらしい乱暴な字で「ジュールズ・ハワード様　これがサンプル!!」といったことが書いてあった。そうすればわたしが喜々として社内の郵便室で解剖に取りかかるとでも思っているらしかった（生死を扱う本とはいえ、そんな小包の中身のおぞましさは描写しかねる）。しょせん、カエルに関する真実はとてもシンプルだ。謎などない。いや、ほとんどないと言ったほうが正確だろうか。つまり……。

簡単に言えば、こうなる。ほかの生き物と同じく、カエルも死と契約を交わしているのだ。やがて死ぬという契約を。どんな経緯をたどるにせよ、契約内容は単純明快。いずれ死ぬ。そこで、カエルは次善の策を選ぶ。まずは、いますぐなるべく多くの性行為をこなすことに全力を注ぐ方法（本章では〝Aタイプのカエル〟と呼ぶことにしよう）。結果として、疲れ果てて死ぬ危険性がきわめて高い。もう一つは、いまはある程度多くの性行為をこなすものの、体力を温存し、翌年さらに性行為を行なう方法（〝Bタイプのカエル〟）。なかなか難しい選択だが、カエルが死ぬ原因は、日照り、病気、捕食者などたくさんあるから、自然淘汰は必然的にAタイプのカエルを残すのがふつうだ。そんなわけで、この世には、性行為の最中（できれば行為の完了後）死ぬことを厭わないカエルであふれている。合理的で、妥当な資産運用といえる。それがカエルなのだ。もちろん（少なくともカエルの場合）、実際には〝みずから選ぶ〟わけではなく、純粋に自然淘汰のなせるわざで、この傾向は今後も続くだろう。カエルにとってもつらい現実だが、性生活を通じて精いっぱいの努力をしている。それに、カエルが死ぬ原因は本当に本当に数多い。ヘルプラインを担当するなかで、いくつかきわめて奇妙な経緯を聞いた。そんな一つが、カエルが爆死した、というものだ。その現象は、二〇〇五年以降、わりあいよく耳にするようになり、ニュースでも珍事として報じられた。

「ドイツ北部のある地域のヒキガエルが謎の死を遂げている――破裂死しているのである」と、BBCニュースは興奮ぎみに伝えた。「ごく最近、ハンブルグのアルトナ地区にある池で、数千匹の両生類が死んだ。いずれも腹部が異状に膨らんで破裂していた」。地元民によれば、少なく見積もっても一〇〇〇匹のヒキガエルがわずか数日のあいだに同様の死を遂げたという。腹部が通常の三倍半に膨らみ、立ったまま破裂したという。いったいどんな原因なのか？　誰にもわからなかった。研究所でサンプルを調べたものの、結論は出ずじまいだった。ウイルス感染ではない。菌類に感染したようすもなかった。近隣の野原で飼われている競走馬と何か関係があるのでは、との奇妙な噂が流れたものの、具体的な証拠は見つからなかった。不可解にも、ヒキガエルが自殺したのではないかとの説を持ち出す者まで現われたが、さいわい、そんなことを裏付ける証拠はどこにもなかった。いろいろな憶測が数日間飛び交ったあと、ドイツ当局はその場所を閉鎖し、マスメディアは〝死の池〟と名付けた。

真実が判明したのは数週間後だった。この謎を解こうと熱意を持ち続けたひとりの男性のおかげだ。生きているサンプルと死んだサンプルを比較研究した結果、地元の専門家フランク・ムチマンは、死んだカエルのほうにだけ妙な特徴があることに気づいた。ヒキガエルの肝臓を摘出したところ、円形の穴のような傷が見られた。噛み傷やひっかき傷はないので、アライグマやクマネズミに襲われたとは考えがたい。だいいち、その手の捕食者なら、カエルをまるごと食べてしまうはずだ。二〇〇五年五月、ムチマンはインディペンデント紙上でこう述べた。「明らかにカラスのしわざです。カラスは賢いので、ヒキガエルの皮膚に毒性があることを知っていて、肝臓のあたりだけを食べたのです」。一件落着。ただし……なぜヒキガエルが破裂したかのように見えたのか？　今回の謎のこの部分の答えは、ヨーロッパヒキガエルが敵を脅すときに見せる興味深い行動にある。捕食者に遭遇した際、ヨーロッパヒキガエルは素早く鼻孔を開いて息を吸い込み、風船のように膨らむのだ。この作戦は、ヘビなど（とくにヨーロッパヤマカガシ）に対しては有効だが、からだを突かれて穴を開けられると、空気が抜ける勢いで、腸などの内臓が飛び出てしまう。おそらく、ここの土地のカラスはたまたまこの弱点を知り、何らかのかたちで仲間内に情報が広まって、〝内臓食い〟が流行したのだろう。次の朝にヒキガエルの姿を目撃した人は、どう見ても破裂したように思えたはずだ。しかし、実際は違う。カラスに食われたにすぎない。いちばん驚いたのは、この件がだいぶ昔から世界各地で話題になっていたことだ。とくに新しいニュースではなかった。〝ヒキガエルの破裂現象〟は、一九六八年にドイツで記録され、以後、ベルギー、デンマーク、アメリカでも報告されている。ヘルプラインを担当していたころ、破裂したヒキガエルに何度か出くわしたが、とくに深く考えなかった。自然なことなのだ。ごくふつう。当たり前。温帯のほとんどの地域で、春は年に一度、カエルやヒキガエルが集合する時期だから、捕食者が獲物に目を光らせるのは当然の成り行きだろう。サギは、ここぞとばかり腹を満たす。フクロウは、夜の池を狙っている。ネコも、たくさんのカエルに大喜び。ジャックラッセルのような乱暴なイヌも虎視眈々だし、カラス、カササギ、コクマルガラス、そのほか捕食者は枚挙に暇がない。カワウソは、ヒキガエルの食べかたがとりわけ興味深い。

ときどき入ってくる報告によれば、カワウソは、繁殖行為中のヒキガエルを如才なく大量に集め、慎重に（無毒の）両脚をかじって、残りは川岸あたりに積んでゴミの山をつくるらしい。一部のカワウソは、毒のあるヒキガエルの皮を剥いだあと、骨や内臓を食べるようだ。その場合は皮だけが小さな山と積まれて残る。

次の朝方、そういう残骸に遭遇した人は、たいていぞっとする。だが、それを見つけたのが生物学者なら、見方が違うはずだ。明確きわまりないメッセージと受けとるだろう。「ここは死の可能性がずいぶん高い。腹を満たした動物は、さぞ性的な魅力を増しただろう」。『フロッグ・ヘルプライン』に寄せられた質問の数々から学んだとおり、両生類の生活は本当に厳しい。繁殖期に途方もない数のカエルが集まるような、死の危険に満ちた環境では、生き物はわりあい素早く性行為を済ませる方向へ進化する。ダーウィンふうに言えば、恋をいちどもせず終わるよりは、恋して死んだほうがまし。もっとも、ヨーロッパヒキガエルは、ぜったいに生涯一回しか繁殖行為をしないわけではない。タイヘイヨウサケやカゲロウと違って、いちど生殖行為を終えたら必ず死ぬとはかぎらない。が、たいていの種《しゅ》のカエルは一回のみで終わる。一回で「死ぬかもしれない」か「確実に死ぬ」かは、それぞれの生態的な地位による。結局は、自然淘汰がどう決めるかという要素が大きい。ただ、事態は必ずしも単純ではない。死は、ときに密かなカードを用意する。生涯に一回しか繁殖しない理由は、一つとはかぎらない。

たとえばタイヘイヨウサケを例に取ろう。たしかに、オオカミやクマなどの捕食者がひしめくなか、川の上流をめざすとなれば、死の危険性が確実に大きく増すが、このサケが生涯一回のみ繁殖するように進化したのには別の理由があるようだ。卵を大きくすることに、ありったけの力を使い果たすせいらしい。なにしろ、大きな卵のほうが強い魚が生まれ、生き残って海へ出て、成魚まで育つ可能性が高くなる。体内のエネルギー量は限られているから、タイヘイヨウサケのメスは、卵に命のすべてを投資するのかもしれない。あるいは、この事情と、カエルなどとも同じ理由とが、融合した結果なのか。いずれにしろ、タイヘイヨウサケも、死の揺るぎない契約を結んでいる。契約書の文言がひどく読みにくいフォントで書かれているにしても……。

生涯一回だけ繁殖する昔から知られている例は、ネズミに似た有袋類、アンテキヌスの小さなファミリーだ。ここでもまた、例の契約が風変わりなかたちをとる。アンテキヌスのオスに対して自然淘汰がしたことは、グロテスクに近い。ほぼあらゆる種《しゅ》のなかで、アンテキヌスのオスは、年末になると男性ホルモンを全開にし、あらゆるものを犠牲にして性行為に励む。自分の脚で行ける範囲内で、ありったけのメスと性行為を試みる。この期間中、オスのからだはメンテナンスをすべて放棄している。メスを求めることに夢中になって、からだのあちこちが壊疽《えそ》したり、毛がごっそり抜け落ちたりするときもある。それでもやめようとしない。オスは、なおも機会を求め続ける。免疫系がほぼまったく働かなくなるが、それでもメスあさりを続ける。体内で出血し、主要な臓器が完全に壊れても、オスは相変わらず、性行為に固執する。そんな調子で何日間も何週間も過ごしていると、多くのオスは、じつはメスにとって病気を移される危険をはらんだ存在になる。もはや、ゾンビに近い。それでも、性行為をやめない。あくまで続ける。やがてついには体内の何もかもが悪化し、どのオスも死ぬ。自分はもうおしまいだが、子孫が元気に暮らしてくれることを願う。生涯一回のみの繁殖行為でも、遺伝子は残る。しかし、アンテキヌスは、どうして生涯一回しか繁殖の機会を持たなくなったのだろう？　アンテキヌスの場合、死との契約はどんなふうになっているのか？

アンテキヌスのオスが生涯一回しか繁殖しない理由をめぐって、仮説が三つある。いちばん人気のある説は、オスが大量に死ぬことで、次世代が餌に恵まれるというものだ（契約にもとづいてオスは死ぬが、子供たちに良質な遺伝的形質をもたらすことができる）。続いて、第二の説。メスが長く生き残る保証はないので、オスは無作為に性行為の回数をこなせるように進化した（オスは契約により死ぬが、長生きするメスと性行為できたのを祈ることができる）。さて、第三の仮説に移ろう。第一、第二と違って、無欲さや男らしさは皆無だ。第三の仮説は、アンテキヌスが生涯一回しか繁殖行為をしないように進化したのは、捕食者が理由ではなく、メスの事情による、というものだ。エド・ヨンの優れたブログ『Not Exactly Rocket Science』で、好奇心をそそられるこの仮説についてくわしく知ることができた。二〇一三年、クイーンズランド大学のダイアナ・フィッシャーが率いる研究チームが、一二匹のアンテキヌスの生活様式を観察し、さらに、昆虫を食べるほかの有袋類も調査したという（合計で五二種）。気づいたのは、赤道から遠い場所ほど、季節によって個体数が変化しやすく、生殖行為を終えたオスは死ぬ可能性が高いということだ。全体的に見て、〝自滅するオス〟を持つ種《しゅ》は、虫の数が増える夏に増え、冬には死んでしまう傾向がある。逆に、年間を通じて虫がじゅうぶん多い地域では、〝自滅するオス〟が少ない。フィッシャーたちは、アンテキヌスの祖先は赤道のあたりから北上してきて、進化のすえ、繁殖の機会が変わったのではないかと考えた。一年じゅう繁殖するのではなく、季節的に虫が大量にいる時期に合わせて繁殖期を迎えるようになった。すなわち、繁殖期が大幅に短くなった。この観察をもとに、フィッシャーは独自の仮説をたてた。この第三の仮説によれば、アンテキヌスのオスが生涯一回しか繁殖行為をおこなわない理由は、メスが子を宿す時期が非常に短くなったせいだという。数カ月単位ではなく、数日間、数週間しか受精の機会がない。したがって、性の争いがとても激しい。オスからみれば、まったく交尾ができないよりは、死を覚悟してでもいちどは挑戦したい。となると、精子間の争いも熾烈を極める。オスは命がけで一回に賭ける。チャンスはいちどだけ。齧歯《げっし》動物が複数回の繁殖行為を行なうのに対し、アンテキヌスが生涯一回だけなのは、有袋類の血統である点に原因がある。ハツカネズミやクマネズミは環境さえ整っていれば、複数の子を同時に産めるのに対し、有袋類の場合、ごくごく小さな赤ん坊を一匹産む仕組みになっていて、子が成体になるまでかなりかかる。四カ月ほどかかって成体に育ったオスは、生殖に使える時間がそうとう限られている。死との契約のせいで、ゆとりがない。哺乳類のなかでは、このような有袋類の小集団（および関係性の高い種《しゅ》）だけが、命がけで積極的な性行為をおこない、結果として死に至る。哺乳類としては例外だ。すると当然、いろいろな点で興味が尽きない。たとえば、このような生態が哺乳類では珍しいのはなぜか？　脊椎動物に限ると、ほぼ皆無なのはなぜだろう？　ある種の生き物が一回のみしか繁殖行為をしない背景にはさまざまな進化上の要因が潜んでいるはずとみて、学者たちはいまだ議論を続けている。真相の大半は、少なくとも現時点では決めがたい。ただ、この脊椎動物をめぐる疑問はきわめて興味深い。どうして脊椎動物はたいがい繁殖行為を複数回行なうのか？　生涯で本当に一回しか繁殖しない、陸に棲む脊椎動物は（アンテキヌスを別にすると）一部のアマガエル（ローゼンベルグアマガエルなど）と数種類のトカゲだけだ。ずいぶん少ない。なぜ少数派なのか？　おそらく、脊椎が理由だろう。まるでドイツ車に似て、頑丈な脊椎をつくるのには多大なコストがかかる。簡単に捨てて買い替えるより、どうにかして長く乗ったほうが得策だ。本当のところはわからず、脊椎動物と無脊椎動物を比較しての推測にすぎない。無脊椎動物の場合は、脊椎動物と逆になる。つくり直したほうがずっと安上がりらしい。げんに、繁殖行為を一回しかしないのは、多くの昆虫（とりわけチョウ、セミ、カゲロウ）、クモ、軟体動物（一部のイカ、タコなど）だ。植物も、全般には〝使い捨て〟が安上がりらしい。植物の種《しゅ》の多くが、生涯一回のみの繁殖で終わる傾向にある。一部のタケ（竹）は、なんと何十年も待ったすえ、急に開花し、その後いっせいに枯れてしまう（その地域に棲むパンダにとっては悪夢だ。だいじな食料源が目の前で突然、しおれて枯れてしまうのだから）。穀物や野菜も、ふつうは一回しか繁殖期を持っていない。生き物の性行為のありかたは、現実世界にある死の可能性に直接の影響を受けている。死は逃れられない契約であり、生き物は、みずからに最も適した抜け穴を探り、遺伝子を広めようとする。とはいえ大雑把に分類すると、いちどだけの大勝負に賭けるか、賭け金を少なめに抑えて隣の賭場にも行けるようにするか、の二択になる。いずれにしろ、勝つのは店側と決まっている。そういう契約なのだ。いままでわたしが出合ったほぼあらゆる動物が、死の契約を忠実に守り、遅かれ早かれ、暗い冥界へ旅立っていった。圧倒的多数の生き物がこの基本原則に従う。確実に、すべてが死ぬ。それでも、たいていは最善を尽くすべくからだを進化させている。長持ちするようにするか、命がけで臨むか。地球外に生物がいるかどうかわからないものの、こうした死の契約はどの惑星でも同じだろう、と推測する者もいる。わたしが『フロッグ・ヘルプライン』を担当していたのは一〇年以上前だが、いまだに当時をよく思い出す。生物学的な用語を使いながら生き物の死を定期的に論じたのは、それが初めての体験だった。自宅の庭で飼っていた生き物の死に遭遇した人たちを、本当に気の毒に思った。死じたいに心から動転している人もおおぜいいた。生き物が死ぬのはまったく自然で何の問題もないし、飼い主に非はないと説得したが、納得してくれた人がどのくらいいたか、自信がない。永遠にわからないだろう。わたしの接しかたがまるで間違っていたという気もしてならない。電話主のいらだちや不安、悲しみをだいじにして、残酷さや無関心さや無神経さを排し、もっと理性的に、科学的に死を論じることもできたのではないか。じつのところ、知りようがなかった。一般の人々が次々に電話をくれたが、わたしはとまどい、混乱してしまった。現在でもそうだ。死は、世界でいちばん理性的なテーマらしい。なのに、ときには頭では理解しきれないほど難しい。しかし、やはり、きわめて意義深い問題だと思う。

8 ゴケグモ記者とコーヒーを

Coffee with the Widow-maker

泡だったウジムシの大群の姿が、長いあいだわたしの脳裏を離れなかった。問題は、ウジそのものではない。個々のウジではなかった。骨や皮でもない。忘れがたかった理由は……たぶん、あの群れだ。泡だった群れ。あれが嫌悪をもたらした。深い嫌悪感。あらゆるヒトの遺伝子にもともと組み込まれているのか？　世間で言われるように、ウジ、ヘビなど（おそらくウジに似たイモムシのたぐいも含め）、自分に死をもたらしかねない生き物を避けるべく、嫌悪感が進化したのだろうか？　わたしは考えあぐね、疑問はそのあと何週間も解決に向かわなかった。スガ科のイモムシが嫌われるのは自業自得

なのか？　死を連想させるから殺されるのだろうか？　嫌悪感のせいで退治されるのか？　こうした思いが頭から離れなかった。やがて、嫌悪感を催す出来事にふたたび遭遇した。数カ月後、わたしはあるプロジェクトでクモの世界に関わることになり、とりわけクモについて考え始めた。やはりクモも嫌われ者だろうか？　クモを忌み嫌う気持ちは、どの人も同じくらい進化しているのか？　そんなおり、幸運が訪れ、わたしはこの幸運を通じて、クモやウジをまったくあらたな、多少ぞっとするような観点から見るようになった。本章では、その出来事を紹介したい。

北半球の温暖な国では、おもに九月、いろいろなクモの種《しゅ》が最も多くなり、人目につく。そのため、毎年必ず、少なくともイギリスでは、ばかげた怖い話がささやかれる。ディナー皿くらいの大きさのクモを見た、人間の口や耳や鼻から体内に入るクモがいる、などなど。しかし最近は、この手の話に新しい展開が生まれてきた。ある新種のクモについて新聞や雑誌にくわしく報じられるようになり、ときには第一面を飾ることさえある。すっかり有名になったゴケグモモドキだ。毒性を持ち（もっとも、どのクモも多少の毒を持つ、と心得ておくべきだが）、人を死なせたり重傷を負わせたりすると騒がれている。現実には、誰もいない台所の食器棚に針と糸が放置されている、という程度の危険性しかないのに……。しかし、話題はとどまるところを知らず、近年、マスメディアがこの哀れなクモをやたらと取り上げる。それだけ世間の関心も高いにちがいない。イギリスには毒性を持つ生き物がめったにいないので、物珍しさがみんなを煽っているのかもしれない。いずれにしろ、名高いこのゴケグモドキが〝現代の恐怖〟になっている。嫌悪の対象。個人的には、こうした誤解にもとづく嫌悪はどうも感心できない。つねづねそう感じる。意地が悪いし、知識にも乏しいと思う。だから、ここ二年間、わたしはだいぶ声を大にしてこのクモを擁護し、ゴケグモモドキの危険なんてほんのわずかだと一般の人たちに伝え、クモを好きになる（せめて、受け入れてやる）気持ちを持ってほしいと主張し続けてきた。

正直に告白すると、わたし自身、べつにクモが好きなわけではない（じつのところ、恐怖症ぎみですらある）が……なんと言うか……原則論のようなものだ。たかがクモとはいえ、正しい根拠もなしに嫌い嫌いと騒ぐようすは目に余る。今年、わたしがゴケグモモドキに関する記事をガーディアン誌に掲載したあと、奇妙な出来事が起きた。突然、連絡を受けたのだ。とある男性から……。本人のメールによれば、ゴケグモモドキに関する記事をいち早く大々的に書き始めたジャーナリストだという。「わたしが騒動に火を付けた張本人なのです」。本当だろうか？　これは面白い！　わたしはさっそく返事を書いた。「ぜひともお会いしたいです！」。「喜んで」と先方も乗り気だった。そんなわけで、わたしはその男性と対面することになった。名前は〝ジョン〟としておこう。世間に誤った風潮をもたらしたジャーナリスト。ジョンのせいで、おおぜいの人が、毎朝目覚めるたびクモの怖さを思い出し、その恐怖で頭がいっぱいになり、ひどく神経質になってしまった。ジョンは、できれば匿名にしてほしい、でないと、元の雇い主が「あいつ、企業秘密を漏らしたな」と腹を立てるかもしれない、と伝えてきた。匿名でかまいませんよ、とわたしはこたえた。ロンドン東部の喫茶店で会う約束をし、その日を楽しみに待った。

実際、じれる思いだった。いまやイギリスじゅうの人々が、ゴケグモモドキに神経をとがらせている。悪評がすでに国内の隅々まで知れわたった。このクモの目撃談も広まっている。誰もが不安を抱いていて、その責任のほとんどはジョンにあるらしい。そんなジョンがなぜこころよくわたしに直接会いたがっているのかは、どうも釈然としなかった。そもそも、どうしてわたしに連絡する必要があると思ったのだろう？　あえて顔を合わせたがる理由は何なのか？　わたしはむしろ論敵ではないか？　クモを擁護する立場にいる。ひょっとしてジョンは、いままで間違っていたと認めたいのかもしれない。罪を贖《あがな》いたいのかも……。一般大衆に恐怖とパニックをもたらしてしまったと、後悔の念に苛《さいな》まれているのか？　懺悔《ざんげ》したいのだろうか？　じつのところ、わたしは不安でもあった。ジョンは何らかの手を使って、クモに関する新事実を聞き出すつもりでは……？　ささやかな事実でも、ジョンの文章力で大反響を呼ぶ可能性がある。しかし、杞憂だった。実際に会ったジョンは、いたって愛想のいい、好人物だった。ネズミみたいに歯が突き出して、口元に残酷さを漂わせた男を、なかば予想していたのだが、喫茶店でわたしの隣に腰を下ろしたジョンは、開けっぴろげで温かく友好的な人物だった。うさん臭さのかけらもない。わたしと同様、スニーカーを履き、デニムのフード付きトレーナーを着ている。テーブルに置いた手荷物は、大手スーパーマーケット、センズベリーズの素敵な小袋で、なかには母親に渡す花が入っているのだという。じっと観察すると、むしろ恥ずかしがり屋のほうらしい。事前の想像とまったく違う。それどころか、とりあえず雑談するうち、わたしとの共通点もいくつか見つかった。おたがい、仕事が不定期にしか入らない業界で働いていて、幼い子の子育てと仕事との両立に苦労している。こんな出会いになるとは予想外だ。映画『ヒート』でアル・パチーノとロバート・デ・ニーロがコーヒーを飲む場面のように、緊張感あふれる対決になると思っていたのに。向こうは悪事を企んで嘘をでっち上げ、クモの忠実な擁護者であるわたしの評判を落とそうと狙い――ところが違った。どちらかと言えば、コメディードラマ『フレンズ』に出てくる喫茶店にいるみたいだった。

ジョンが大衆の不安に火を付けたゴケグモモドキは、もともと外来種だが、イギリスに入ってきて一世紀以上になる。このじつはたいして害のないクモは、窓枠や戸口で頻繁に見かけるニワオニグモに比べ、体形その他いろいろな点で小さい。ここ数十年、一部の地域特有の条件下で繁殖している（クモにとって、人家は魅力的な洞窟なのだ）。まあ確かに、ゴケグモモドキは、扱いを誤った場合は人を噛む。このクモの鋏角《きょうかく》は皮膚を貫通できるので、開いた穴から何らかの菌に二次感染する可能性はあり、よほどたちの悪い菌なら、その人が死ぬこともありうる。そう、そんなレベルの話だ。このクモが死の原因になる確率は、指先の化膿が悪化して、そのまま不潔にしておくと、深刻な感染症にかかりかねない、というケースと大差ない。危険と言えば言えるが……統計的にみて、きわめて低い（イギリス国外の読者は、このクモが不潔な縫い針程度しか危険ではないと知って安心するだろうし、イギリス人が毒を持つ生き物にひどく警戒心を持つことを愉快に思うにちがいない）。このつつましい小さなクモが、イギリス人に見えない恐怖をもたらし、伝染病のように恐れられている。そして、いまわたしに笑顔を向けているジョンが――全部ではないにしろ――ある程度の責任を負っているにちがいない。

「始まりは面白かったんです」。指先でコーヒーカップを叩きながらジョンが言う。「二年ほど前の仕事中、ロンドン東部で発見されたクモの記事を見つけて、興味をひかれました」。コーヒーに口を付け、まるで本当に懺悔でもするように、効果的な間を空ける。「じつは、僕はインターネットをあっちこっち見回ってただけなんです。そのうち偶然、小さな記事を見つけました。ほんとにちっちゃな、ゴケグモモドキを扱ったささいな記事でした。あのクモがエセックス州に出没し、少し増えているとのことでした。まあ、それだけです……」。わたしを見上げる。「僕はそれを記事にした。その話を書いた。それだけだったんです、ほんとに」。わずかに肩をすくめる。「本当に？　そんな単純な経緯だったんですか？」。ジョンがうなずく。「僕は新聞のウェブサイトに短い記事を書きました。たいした長さではなくて、ほんの数段落です。編集者に読んでもらったら、気に入ったようすで、僕を見つめてこう言ったんです。『うん、これをもっと大々的にしてくれ。話を膨らませてほしい』。だから僕はそのとおりにしたんです」。ジョンが微笑む。思い出して懐かしくなったらしい。「さっそく、ウェブサイト上でこの話がほかのニュースを抑えてトップを飾りました。初めの記事は、ロンドン東部だけに言及した内容でした。そこで考えたんです……対象をイギリス全土に広げたらどうか、と」。ふたたびコーヒーをひと口飲む。「僕はあらためて編集者と話しました。すると『よし、範囲を広げよう。このクモがイギリスじゅうで暴れまわっていることにしよう！』と言われて、僕は指示に従ったんです」。「暴れまわっている？」。わたしは思わず小声で復唱した。「その後、図版の担当者に会いました」と、ジョンが続ける。「イギリスじゅうの各地にこのクモが生息していることを示す地図をつくってもらいました。それだけです」。ただそれだけ。記事は大反響を呼んだ。「大見出しは『ゴケグモモドキ、全英で猛威』。小見出しは『ひと噛みで人を死なせる殺人グモがイギリスで猛威』。それが出発点です。この話は、たちまち広がりました。テレビニュース、ネットニュース、フェイスブック、ツイッター、一流新聞、大衆紙……こぞってこの作り話に食いついたんです」。「だけど……待ってください」。わたしは、けんか腰に聞こえないように気をつけて言った（反論するつもりなどさらさらないから、難しくなかった）。「殺人グモ？ ゴケグモモドキは人を殺したりしませんよ！」。「わかっています」と、ジョン。「僕たちみんな、わかっていたんです。でもまあ、アレルギー体質か何かだったら、死ぬ場合もあるんじゃないか、と。結果的に……クモが人を死に至らしめた……となるのでは」。しばし沈黙。ジョンは、安心させてほしいとばかり、見つめてきた。わたしは笑顔としかめ面の中間あたりの表情を浮かべて、その場を収めた。「まあ、とにかく」。ジョンが続ける。「その時点から、〝殺人グモ！　大量発生！　全英に蔓延！〟となったんです」。恐怖の表情をつくって、両頬を覆う。けっして、ふざけているわけではなかった。たしかにその時点から、このニュースは随所に広がった。爆発的な速度だった。デイリースター紙は何週間もトップニュースで扱った。要するに、以後の展開はいたって予想通りだった。「だから……」と、ジョン。「担当編集者は、この話題を繰りかえし取り上げたがったんです。当然かもしれませんが」。そこで繰りかえした。何回も。

『ゴケグモモドキ警報――無数の人殺しグモが英国で野放し』（二〇一三年一〇月八日）
『わたしはゴケグモモドキに脚を噛まれた！』（二〇一三年一〇月一〇日）
『五〇匹のゴケグモモドキに追いかけられた主婦の恐怖！』（二〇一三年一〇月一三日）
『幼い娘に襲いかかった殺人ゴケグモモドキ』（二〇一三年一〇月一七日）
『ゴケグモモドキに噛まれた高齢者、命がけの戦い』（二〇一三年一〇月二三日）

「さらに続けました。するとほかのマスメディアもゴケグモモドキをさかんに話題にするようになったんです。ミラー紙、デイリーメール紙……スポーツ専門のはずのスカイニュース誌まで仲間入りしました」。ジャーナリストの立場として、他紙が話題にただ乗りするのをどう考えるか、と尋ねてみた。「いらつきました。でも、僕が火付け役だと思うと、誇らしい気もしました。わかるでしょう？」。ふたたびわたしは、笑顔としかめ面を交ぜた複雑な表情でうなずいた。また、短い沈黙。「僕たちがやればやるほど」と、ジョンが続ける。「あのクモをしょっちゅう一面に載せるほど……」。ジョンがまた一瞬口を閉じた。何か深い洞察に満ちたことでも言うのだろうか。「続けて」と、わたしは笑みを浮かべて促した。「ええ、その……一面にクモの記事を載せると、売上げが一一パーセント上昇するそうなんです」。「一一パーセント？」。こらえきれずに声を出した。「なんと、一一パーセントです！」。おたがい、さらに何度か「一一パーセント」と繰りかえした。わたしは呆れ顔になった。「一一パーセントですよ」と、ジョンがなおも言う。わたしの反応を見て、自分はどんな表情をすればいいのか迷っているようすだ。なかば誇らしげで、なかば恥じている。だが、誇りのほうがまさっているように思えた。「その新聞社のウェブサイトにある年間統計を見たら、おぞましい記事トップ一〇のうち三つくらいがクモの記事でした」。気味の悪い記事にそんなに需要があると知って、わたしは呆然とした。心底、驚いた。ふたりとも黙り込み、窓の外の慌ただしい人や車を眺める。もしこの手の話題が販売数を一一パーセントも押し上げるなら、もっとクモの記事があふれてもおかしくない。ゴケグモモドキの件が過去あまり広まっていなかったのが不思議なほどだ……。

わたしは当初、ジョンが世間の騒ぎを面白がっているのではないかと思っていた。記事の影響力を軽く見て、たいした意味はないとみているのでは、と。けれども実際は、自分が書いた記事が社会に影響を与えた事実に気づいているようすだ。じつは、一連の報道を受けて、ある出来事が起きた。ゴケグモモドキがさかんに報じられた週のあと、二〇一三年一〇月二二日のことだった。イングランド南西部の〝ディーンの森〟――ウエールズとイングランドの境界――にある学校が一時閉校すると発表したのだ。敷地内でゴケグモモドキが一匹見つかったらしい。地域的に広く存在するクモだから、いてもおかしくない。すぐさま保護者たちへ手紙が送られた。「間違いなくゴケグモモドキが一匹は見つかったので、噛まれる危険性があります」。その学校は二日間閉校せざるをえなかった。クモは退治された。サボテンくらいの脅威しかないクモ一匹のせいで、そこの敷地内に棲む何百、何万という無脊椎動物が、消毒のため燻でいぶり殺された（やれやれ、消毒の煙の残留物のほうが生徒には有害だろうに）。これも結局すべてジョンの責任だ。もちろん、ジョンの記事のせいで死んだ者はいない。だが、おおぜいの生徒が授業の時間を奪われた。たくさんの親が、想像を絶する不安に駆られ、子供の面倒をみてくれる人を自主的に探さなければいけなかった。すべてジョンのせいだ。こういう怖い噂なんて実害にはつながらない、目に見えるような影響はない、クモが踏みつぶされるケースが多少増えるとしても重大な話ではない、と考える人も多い。しかし、現実に被害があったわけだ。二日間の教育の機会が失われた。パニックが起きた。人々が誤った情報に踊らされて恐怖心を煽られ、スズメバチやミツバチが大量に殺された。わたしは、学校閉鎖の件をジョンに伝え、責任を感じるかどうか尋ねた。「まあ、ちょっとはね。不可解な話だなあ――

罪悪感は覚える……」。いちど言葉を切った。「でも……いまさっき、僕がゴケグモモドキの話題に火をつけたと言ったけど、僕が書かなくても、どうせいつか噂になってたんじゃないかな？　誰かが、僕が見たのと同じ記事を見つけて。遅かれ早かれ、誰かがあのクモのことを知って、似たような記事を書いたと思う」。そう言って、コーヒーカップに目を落とす。あらたな告白が始まりそうな予感。ジョンがまたしばらく言葉を途切らせる。「新聞社側がはめを外しすぎたとき、僕はもうやめようと、いったん決めたんです。さすがにやりすぎた。クモを利用しすぎた」。ジョンはわざとふざけた声色で、両腕を軽く振りながら言った。「ゴケグモモドキに脚を囓《かじ》られた！　足先を食べられた！　手を食いちぎられた！」。ふたりとも思わず吹き出した。「最終的には同じ噂話が隅々にまで届く。ほかにもいろんな新聞があのクモを利用してましたからね。どれもみんな……代わり映えがなくなってきました」。ため息一つ。「それでも、確かに後ろめたさを感じます。ほんとですよ」。こちらに真剣なまなざしを向けてくる。ジョンは、慎重に言葉を選んだあと続けた。「結果として、妙な展開になって、僕の品位が失われつつありました。近々、ピューリッツァー賞を獲ってやろうなんて狙っているわけじゃありませんが、とにかく、当初の意図とは違う記事になってしまったんです。僕は真実を書きたかった。でも……ウェブサイトのアクセス数という誘惑もあって……」。小さな笑み。「誰だって誘惑には弱い」と、わたしは言った。ジョンがうなずく。「最終的に、僕はもう手を引きました。やめどきだったんです」。静かな声。よそのメディアは引き続き報道し続けるにちがいないとジョンは考えていて、わたしも全面的に同感だった。これからまだ何年も、ゴケグモモドキの話題を目にするのではないか。ジョンが始めたつくり話をほかが報じ続ける理由は、ごく単純。クモの恐怖を描写すれば、売れ行きが一一パーセントも上がるからだ。わたしは帰り支度をしながら、もう一つ質問を投げかけた。どうしてあの話がこれほど世間に受けたのか？なぜ関心を集めたのだろうか？　ジョンは即答した。「みんな、悪役が好きなんです」。当然と言わんばかり。「物語をつくって、悪役を、人を殺しかねない危険な悪役を登場させれば、世間の人たちは耳を傾けるんです」。ジョンにしてみれば、クモが一面を飾るのは必然で、もしピーター・ベンチリーが『ジョーズ』を書かなかったら、誰かが似た物語を書いたはず、というのと同じ理屈だと感じているらしかった。

車で帰途についたわたしの頭のなかには、複雑な思いが渦巻いていた。ときに人は不思議な相互関係を持つ。ジョンのようなジャーナリストとわたしのように。ジョンは、わたしみたいに科学の素養があって発信力のある誰かに、自分の発言を取り上げてもらい、権威づけをしてもらいたがっている。しかしわたしのほうは、ジョンをはじめとするマスメディア関係者がおおげさに怖い話をでっち上げ、それに対して、クモはけっして怖くない、みんなもう少し愛情を持つべきだ、というコメントを書きたい。今回のような騒動でも起こらないかぎり、わたしがマスメディアでクモを話題にするきっかけがない。妙なものだが、騒動を迷惑がってばかりいられる立場ではないわけだ。ずいぶんと厄介な状況とはいえ、昨今、多くの博物学者や動物学者が似た立場に追い込まれている。いわばクモの巣を張って、発言の機会を待つ。まるで罠。クモ騒動があってこそ、わたしは反論として記事を書くことができた。次にまた似たような場面が生まれてほしい。しかしともあれ、わたしの心の奥には、例の学校閉鎖の一件が引っかかっていた。気に入らない。一〇〇〇人の若者の教育が、さらにはその家族が影響を受けた。まったくひどい。「非常に難しいとは思うけれど、自然界の生き物がヒトの生活へときに厚かましく侵入することを、わたしたちは受け入れるべきだろう」。わたしは数週間前、ガーディアン紙にそう寄稿した。「認めがたいのはわかるが、生活環境のすべてを消毒してクモを排除することはできない」。しかし、例の学校の対応をみても、真実を受け入れるのは難しいとわかる。世間はあらゆるものを消毒しようとし始めている。スガ科のイモムシを片っ端から殺したがるのと同じように、ゴケグモモドキの全滅を願っている。純粋に命の危険があるからか、もっと深い理由があるのだろうか？

ジョンと会ったのは絶好のタイミングだった。バーチウッドの地方議会がスガ科のイモムシに対してとった措置に、わたしはいまだ腹を立てていた。クモやウジに似たイモムシはどれも、そういう仕打ちが当然なのか？　よく言われるように、そういう生き物を忌み嫌う仕組みがヒトの遺伝子に本当に組み込まれているのか？　死と関連のある生き物を怖がるのは自然なのか？　個人的には、可能性はあるがおそらく違うだろう、と考えている。ヒトがある種のものに共通して嫌悪を感じることについては、ダーウィンもいち早く気づき、『人及び動物の表情について』（一八七二年）のなかで、こんなふうに書いている。

顔つきの面では、中程度の嫌悪は多種多様なかたちで示される。たとえば、攻撃的な思いの一部を吐き出すかのように、口を大きく開ける。唾を吐く。唇を突き出し、息を吐き出す。咳払いする。喉奥から「わっ」「うっ」といった音を発する。それとともに、肩をすくめる、両腕を脇につける、両肩を上げるなど、恐怖を経験した場合と同じしぐさをする。

ダーウィンの記述はおおかた現代人にも当てはまる。グーグルで〝disgusted face〟と検索してみれば、みなさんもわかるだろう。何列となく表示される画像の多くは、英米人特有なのか、少しのけぞり、上唇を上げて鼻に近づけて、まぶたをやや閉じ、うなり声でも出しそうなようす。顔を片側に歪める人もいる。昔ながらの〝うわっ〟という表情だ（雰囲気を出すため、わたし自身、いまそんな表情をしている）。こういう反応は、明らかに進化の結果と考えられる。病原体になりかねないものとなるべく接触しないように、本能的に反応しているわけだ。あちこちの開口部や、脳の延長部分（目）をその危険なものから守ろうとしている。しかしこれも、後付けの理屈にすぎない。そう考えればつじつまが合うというだけだ。

実際は、もっと複雑かもしれない。もっとはるかに……。ヒトが嫌悪の表情を浮かべる大きな要因は、どうやら臭いらしい。とくに、死の臭いが嫌悪感を生む。死んだもの（植物にしろ動物にしろ）から漂う臭いの成分の代表格が、カダベリンとプトレッシンだ。腐敗しつつあるからだの主要なタンパク質が分解される際、これら二つの単純な分子が、大量に空中に漂いだす。単純に言えば、その生き物が持つタンパク質が多ければ多いほど、生成されるカダベリンとプトレッシンの分子が増え、わたしたちが臭いに気づきやすくなる。ブタの死骸に遭遇したときわたしが身をもって知ったとおり、カダベリンとプトレッシンは、生き物にとって死の指標となる。腐肉をあさる生き物はそういう物質に引き寄せられるし、多くの生き物は逆に避けようとする。とりわけ興味をひかれるのは、魚類もカダベリンとプトレッシンの感知器官を持ち、ヒトの感知器官とだいたい似た構造になっていることだ。死を避ける工夫には深く長い歴史があり、（おそらく）共通の祖先から仕組みを受け継いでいるのだろう。嗅覚器官の重要な受容体はふつうTAAR（微量アミン関連受容体）と呼ばれる。たとえばゼブラフィッシュも、TAARがカダベリン分子を察知し、脳に電気信号を送る。魚はそれを臭いとして記憶する。ヒトの受容体でも、同じくTAARがよく似た作用をする。それどころか、おそらく無脊椎動物もTAARのようなシステムを備えているらしい。とりわけクロバエは、みずからの感覚器官を（逃げるためではなく）死骸のありかを突きとめるために使う。こうした洞察を深めると、このような信号システムの太古の由来をある程度推測できる。ヒトはみんな何百万年も前から死を好ましくないものと感じてきたが、現代になってようやくその原因を理性で理解できたわけだ。

ヒトに死の臭いを敏感に嗅ぎつける感覚器官が備わっているのは、自然淘汰のせいと考えられる。そのだいじな器官のおかげで死にまつわるものを察知し、相応の行動をとって、生き残る可能性を高めることができる。ただ、まだ明確でないのが、もっと具体的に、死に関係する何がこの反応の進化を促すのかだ。死骸は生き物に病原体に感染する危険をもたらすせいなのか？　あるいは、死骸を避ける行為は、生きている自分も同じ運命——捕食者と出くわす、病気など未知の脅威にさらされるなど——にならないようにする目的なのか？　一部の生き物の場合、いま挙げたどちらか、または両方なのかもしれない。そのへんは今後も明確に突きとめられない可能性がある。だが、排泄物——やはり病原体が育つ土台になりかねないもの——の臭いに対し、たいがいの生き物がよく似た反応を示すという事実が、謎を解く鍵になるかもしれない。腐った食べ物、排泄物、死、病気——いずれも、おおまかに括れば同種であり、そういったものを可能なかぎり避けろ、という認識ソフトウエアが進化したのだろう。排泄物を避ける行為は、ヒツジ、カラス、ウマなどにもみられ、排泄物のなかに潜んでいることが多い寄生虫の幼生を、うっかり口に入れないようにしているにちがいない。霊長類の多く（および野生のトナカイ）も、排泄物を避ける同様の行動をとるといわれる。死の臭い——あるいは寄生虫——が原因と考えられる。

ヒトが抱く嫌悪感は、本当にヒト全般に共通して進化するのだろうか？　こんにち、共通進化論を先頭に立って支持している人物が、ペンシルバニア大学のポール・ロジン教授だ。げんにヒトは誰しも、病原体が潜んでいる恐れのあるもの——血液、腐敗した肉、排泄物、嘔吐物など——を摂取したがらないではないか、と主張している。もしロジンの仮説が正しいとすると、わたしが初めてウジムシの群れを目にしたとき吐き気を催したのは、べつに恥ずべきことではないわけだ。逆にもしロジンが間違っていたら、わたしはたんなるひどい臆病者だと身を恥じるはめになる。ロジンの説どおりであれば、スガ科のイモムシに対する世間の反応もしかたない。身もだえするウジムシに似ていて、絹製の鍾乳石みたいに、通行人の頭上からたれ下がっているのだから。なにしろウジムシに酷似している。もしかすると、ウジムシと混同して、殺したくなるのか？　このあたりは永遠の謎かもしれない。

さて、クモはどうか？　わたしたちは、生まれつきクモが嫌いなのだろうか？　マスメディアによれば、そのとおりだという。ヒトはクモを嫌うべく進化してきたとの説が、ここ数十年、支持を集めている。ジャーナリストはその説を鵜呑みにして、もはや裏付けをとろうとすらしない。けれども、本当に正しいのか？　遺伝子に嫌悪感が組み込まれているのか？　ヒトはクモを嫌うように進化したのか？　ありていに言えば、確かなところは誰にもわかっていない。そこで、この話題を締めくくる前に、わたしなりの意見を二つ示しておこう。

クモ嫌いはヒトの進化の結果であり、世界共通の文化だとする説は、根本的に説得力に欠ける。クモへの反応はいろいろあり、つねに嫌われ者ではないらしいからだ。すべての文化圏で嫌悪の対象になっているわけではない。全人類がクモを忌み嫌っているとはいえない。クモを恐れない人々もいる。だいいち不思議なことに、わたしたちのクモ嫌いは、自然淘汰の理屈に反している気がする。毒グモに嚙まれることが多い生態環境なら、クモに反感を抱く人たちが多くて当然だろう。しかし、今回の騒動はそれとは異なる。イギリスには、嚙んだだけでヒトを死なせるほどの強力な毒グモは存在しない。なのに、一匹見かけただけで、椅子の上に立って避難し、とんでもない悲鳴を上げるイギリス人が多い。ほかの国の人々は、わたしたちを笑うにちがいない（とくにオーストラリア人は、全般に、有毒な生き物と共存するすべを知っている）。進化の結果だとすると説明のつかない事実がほかにもある。たとえば子供は、まだからだが小さく、毒が体内に入ったら死ぬ危険性が高いから、クモをひどく怖がって当然のはずだ。だが、現実は違う。わたしの知るかぎり、子供たちはクモを怖がらない。わたしは教育の場で何千人という子供に接し、クモを観察したり、ときには触ってみたりしたが、だいたい四歳ないし六歳くらいまでは平気で、それより年上になると急に態度が変化する。クモを見ただけで、遠くまで走って逃げる。場合によっては、クモの話題を出しただけでも過剰な反応を示す。また、クモを嫌うように進化したとする説には、さらなる難点がある。クモより危険な一部の生き物に、それほど嫌悪や恐怖を感じないことだ。たとえばカ（蚊）はマラリアを通じて年々一〇〇万人以上の死者を出しかねない。ヒトは、マラリアが寄生する虫に少なくとも八万年（おそらくそれ以上）接してきたとの証拠がある。もし進化のすえクモを怖がるようになったのなら、カにも恐怖を抱くよう進化するはずではないか？　ところがカは怖くない。耳元でカの羽音がすると、いらだちを覚えるのがせいぜいだ。羽音におびえて布団のなかで小便を漏らす人などまずいない。椅子にすわったまま恐怖のあまり動けなくなる人もごくわずかだろう（病的な恐怖症に悩む人の気持ちを考えていない、と思われるかもしれないが、そんな意図はない。前にも言ったとおり、わたし自身、ややクモ恐怖症のきらいがある。ただ、わたしがクモ嫌いなのは、子供のころ何度か嫌な目に遭ったからで、遺伝子の影響ではないと思う。ほかにも、穴がたくさん空いた場所や*、ピエロが苦手だが、これを遺伝子が原因とみなす人はいないだろう）。

*ハチの巣やアリの巣など、穴の集合体を恐れる症状は、トライポフォビアと名付けられている。訊《き》かれる前に言っておくと、自分が子供のころどんな経験をしてそんな恐怖症にとらわれたのかは思い出せない。

もしわたしの考えが正しく、遺伝ではないとすると、クモはどうなのだろう？　なぜジョンが書いたゴケグモモドキの記事が大反響を呼んだのか？　現代の文化の風潮にたまたま合っただけか？　イギリスでゴケグモモドキが話題をさらったのと同様、北米ではドクイトグモが恐れられている。この小さなクモは北米大陸を州から州へ飛びまわり、暗い隅に潜んで、ヒトを噛む機会をうかがっている、とされた。ゴケグモモドキと同じように、（珍しいが）誰かがドクイトグモに噛まれ、（さらに珍しいが）ひどい二次感染にかかって、外科手術の必要に迫られたり、まれに義肢を使うはめになったりするたび、人気のマスメディアは大騒ぎをする。ゴケグモモドキと同様、ドクイトグモはアメリカの一般市民の想像力をとらえた。わたしが知るかぎり、アメリカ人はそうとうな恐怖を抱いている。噛まれたとか、皮膚に異状が出たとかいう報告が、北米の各地から届く。実際にはこのクモはロッキー山脈とアパラチア山脈のあいだの狭く細長いいくつかの州にしか生息していない。なのに、怖い噂話がいろいろと流れている。イギリスで見かけるのと同じ、クモのせいだとする壊死《えし》感染の画像が出回っている。世間の人々は、クモを見かけると、これがあのクモだ、ドクイトグモだと信じて疑わない。イギリスでも同様で、これだ、ゴケグモモドキだと確信する。しかし現実には、世界じゅうのクモは見分けるのが非常に難しく、専門家ですら苦労するほどなのだ。種《しゅ》が誤認され、その誤認が無用の恐怖やパニックを引き起こす。

こんなケーススタディを参考にしてほしい。二〇〇五年、クモ学者のリック・ベター（カリフォルニア大学リバーサイド校）が、ドクイトグモと思われるサンプルを送ってほしいとアメリカの一般大衆に呼びかけた。四九州から送られてきた一七七三匹のサンプルのうち、本当にドクイトグモだったのは二〇パーセント未満だった。その後の似たような調査でも、昆虫学者、内科医、（さらに困ったことに）害虫駆除業者を自称する人々が同様の誤認をしていたと、ベターはワイアード誌に語っている（害虫駆除業者の場合、客にわざと嘘をついた疑惑も拭えない）。ゴケグモモドキもそうだが、ドクイトグモは、ふだん潜んでいる秘かな場所からめったに外へ出ない。体長は大きくても二〇ミリメートル。そのうえ、めったに噛まないし、鋏角にはヒトの皮膚を貫通するほどの力がまずない。ヒトを襲ったり、ヒトに付きまとったりもしない。ぜったいにありえない。だから、クモの行動範囲を考えれば、ヒトとドクイトグモはおたがい干渉せず、わりあい近くで共存できるはずだ。極端な実例として、ベターが二〇〇二年におこなった調査がある。一九世紀に建てられていまも住人のいるカンザス州レナクサの邸宅では、二〇五五匹のドクイトグモが人間と共存していたという。うち四〇〇匹はじゅうぶん成体になり、毒を出すことができた。が、その家でクモに噛まれた人はかつてひとりもいなかった。じつのところ、ドクイトグモとゴケグモモドキには面白い共通点が多い。しかしいちばん興味深い共通点は、マスメディアの関心を強く引きつけることだ。どちらかのクモをめぐって悪い情報が流れると、みんな聞き耳を立てる。関心が尽きないのだ。「概してマスメディアは、クモを悪者扱いします」と、マギル大学の昆虫学者クリス・バドルはワイアード誌で述べている。「みんな、クモを忌み嫌う機会に飛びつきます。生物や自然界の歴史をたたえるより、クモをけなすほうが簡単なんです」。自分自身も自分の愛する人々も、クモに噛まれた経験などちっともないことは棚に上げ、クモの噂話を耳にすると、人類にとって最悪の脅威があらためて確認されたかのような態度をとる。クモはそこらじゅうにいて、われわれを噛もうと狙っている。まだ出合わないのは運がいい。なるべくおおぜいと話す。雑談する。議論する。情報を共有する。クモと遭遇した体験談ともなれば、広めたくてたまらない(たとえ嘘八百だとしても)。こんな過剰反応を示す生き物はヒトだけだろうか? ジョンと会ってから数週間、生物界のほかの社会性動物も、死をもたらしかねない存在に出合うと仲間に伝えたがるのか、知りたくてたまらなくなった。すると運よく、あつらえ向けの例を見つけた。本章を締めくくるのにふさわしい実例だ。

ヒト以外の動物は、生命に危機をもたらすまったくあらたな脅威に接した場合、何らかの興奮状態を示すのだろうか？　答えはイエス。一部の生き物は示すらしい。動物学上の観点から恐怖について実験し、わたしたちがクモを忌み嫌う理由をじつにみごとに暴いた研究例があるのだ。ごく単純で、非常によく練られた実験といえる。ワシントン大学のジョン・マーズラフ（前にも文中で触れた『世界一賢い鳥、カラスの科学』の著者のひとり）が率いる研究チームが二〇一一年におこなった実験だ。斬新でふつうには存在しない脅威に直面したとき、アメリカガラスがどんな反応を見せるかを調べた。研究チームのメンバーが脅威を演じた。方法は単純だ。一五羽ほどのカラスを捕まえて目印のタグを付け、からだには傷を付けず、ふたたび放してやる。ただし、そのあいだじゅう、メンバーは石器時代の原始人を模したゴム製のマスクを着用していた。当然、カラスはまた捕まりたくないから、記憶に刻む。原始人のマスクをした人間は、とんでもないやつらだ。避けなければいけない。だが、研究者たちが観察を続けたところ、それ以後、地元の野生のカラスの行動に、驚くほど興味をそそる、まったくもって意外な展開が起こった。最初に見られた反応は、予測どおり。前に捕まった経験のあるカラスは、原始人のマスクを着用した男女の研究者たちに向かって、典型的な威嚇反応を示した。いわば、たんなる〝個別学習〟だ。つまり、そういうカラスは、以前会った連中だと覚えていた。脳裏に刻んであった。ところが、やがて事態が変化し始めた……。ふと気づくと、ほかのカラスも、マスクを着けた者を威嚇するようになった。人間に捕まった経験などないにもかかわらず、敵意をむき出しにした。大小の鳴き声を上げ、群れをつくった。しばらく経つうち、ますます多くのカラスが集まってきて加勢した。この現象が意味するところは明らかだ。カラスは、脅威に関する情報を伝え合っている。すなわち、水平学習をした。それ以前、水平学習はほぼ霊長類だけの特徴とみられていたのに……。そればかりではない。個々のカラスは、子孫にもこの情報を伝えた（いわゆる〝垂直学習〟）。危険なものに関する情報が、近隣のカラス科の鳥たちに広まっている。マスクをしたやつらに気をつけろ。文化と呼んでもいいだろう。原始人のマスクをめぐる情報は、さらに拡散し続けた。五年もしないあいだに、最初に罠にはまったカラスが示した〝個別学習にもとづく威嚇〟は、実験を始めた場所から少なくとも一・二キロメートル離れた地点まで広まっていた。カラスは、ほかの個体が新しい脅威にどう反応するかを見知っていた。ヒト同様、互いに学んでいるのだ。カラスは、脅威についての情報を伝え合うのに、危険性の少ない単純な方法を使う。どのくらい危険なのかという知識までは必要ない。とにかく教え合う。教わったことをそのまま信じる。隠し立てなし。じつに興味の尽きない発見だ。カラス科の認知力は狡猾で恐るべきだという、あらたな証拠でもある。個人的には、生き物の行動についての近年の発見のうちでも、とくに興味をそそられる（かつ、ぞっとする）事実だ。カラスは脅威に関する情報を伝え合っている。命を脅かす存在について情報交換し、こんなものが死につながりかねないぞ、と助け合っている。当然ながら、カラスを扱ったこの研究を知ったとたん、ヒトがクモに抱く感情も同じではないのか、とわたしは考えた。証拠はなく、あくまで勘だ。

しかし、本当のところどうだろう？　つまり、ヒトの行動パターンを考えてほしい。ヒトは生まれつき、生命の危機にさらされる状況を知りたがる。危機的な場面について情報交換するのが好きだ。別の誰かに伝えるのも好きだ。クモに限ったことではない。新聞を手に取ってほしい。病気、戦争、飛行機墜落、地震、溺死、殺人、自殺、傷害致死、自動車事故など、死に関わる記事が嫌というほど載っている。死の話題はタブーどころか、わたしたちは死を語るのが大好きなのだ。命を脅かす存在があらたに現われたら、ぜひ話し合いたいと思っている。情報を共有したがり、それが互いを結びつける。そこから学ぶ。

アメリカガラスを題材にした研究は、この話題に関してわたしの想像力を強く刺激した。クモをめぐって、わたしたちは、空から敵を威嚇するカラスの集団と同じなのではないか？　自分自身では本物の脅威かどうか確かめられないのに、仲間や家族が危険だと称するものに神経をとがらす。毒グモの情報を共有するフェイスブックのページはそれぞれ、警戒したカラスの〝カァー〟に相当する。大衆紙の見出しはどれも、興奮や怒りの鳴き声。ごく簡単に共有できる、安っぽい情報にすぎず、真実かどうかはじつはどうでもいいのだ。わたしたちは、いらだって腹を立てつつ旋回するカラス。ジョンが、マスクをかぶった男。多くの読者の心をつかんで大反響を、文化の爆発を呼び起こすことが、いかに容易かに気づいたジャーナリストだ。数カ月、数年にわたって利益を生む金鉱を発見した。クモとは違い、いかにもジャーナリストらしく、読者たちを翻弄し、死を噂にしたがる本能を利用した。死におびえる集団、おそらくまだすぐには死なない集団を愚弄したのだ。用心したほうがいい。あなた自身の見識しだいで、愚かしい集団に加わらずに済むのだから。

スガの幼虫は、絹のカーテンのような防御幕を張る。おかげで内側の幼虫たちは、身の危険なしに、葉や枝の“刈り入れ”を続けられる。

アメリカカケスは、死骸に対してつねに同じ反応を示す。
ⓐ 偽物の羽根
ⓑ カケスの死骸
ⓒ ミミズクの剥製
ⓓ カケスの剥製

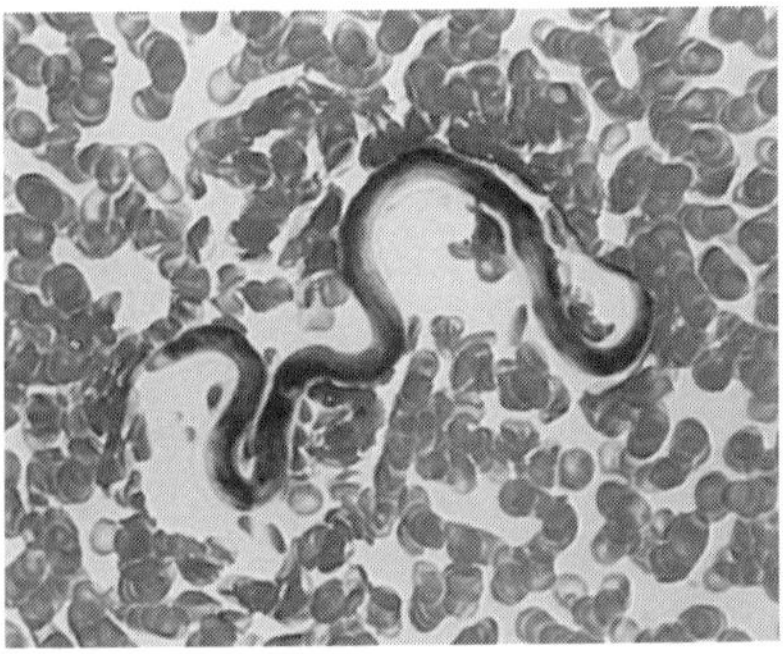

自然界のなかでも野蛮の極致。ロアロアという小さなイモムシは、眼球に感染することで有名。

タイヘイヨウサケは、生涯に1回だけ繁殖行為を行なう生き物のうちでも、非常に魅力的な存在だ。毎年、無数のタイヘイヨウサケが、卵を産んだあと数日以内に死ぬ。

ゾウ。仲間の死を悼む動物としてよく知られている。しかし、死を本当に理解しているのだろうか？

脚が黄色いアンテキヌス。この有袋類は12種に分類できるが、いずれも生涯いちどしか繁殖行為を行なわない。オスは、身体の維持を犠牲にし、精子にすべてを注ぎ込む。

シカゴのブルックフィールド動物園にいるクッキーという名前のクルマサカオウムのオスは、飼育環境下にいる鳥としては最長寿。1933年に孵化した。

バット・グアナに詰まった栄養分は、肥料として人間に役立つ。

1万5000年前の排泄物の化石。イクチオサウルス属のものと思われる。

さまざまなハネカクシ。種類が多く、色鮮やかだが、あまり注目されない。

遊離基による損傷を受けながらも、ハダカデバネズミは30年生きられる。

イモムシは“死の代理人”ではない。ときに新しい生命を育む。スズメガの幼虫であるこのイモムシの場合、しばらく前から体内で寄生バチの幼虫たちが生まれ育っていた。いまや体表を突き破って繭をつくり、成虫として羽ばたく準備を進めている。

ヨーロッパヒキガエル。繁殖のための池へ向かう長い道のりで、何千匹もが車に轢かれて死ぬ。自然保護を訴える人々は、たいてい、こうした大量死を嘆く。しかし、カエルの命は無駄になったのか？　その死骸の恩恵をこうむる腐肉食動物もいる。

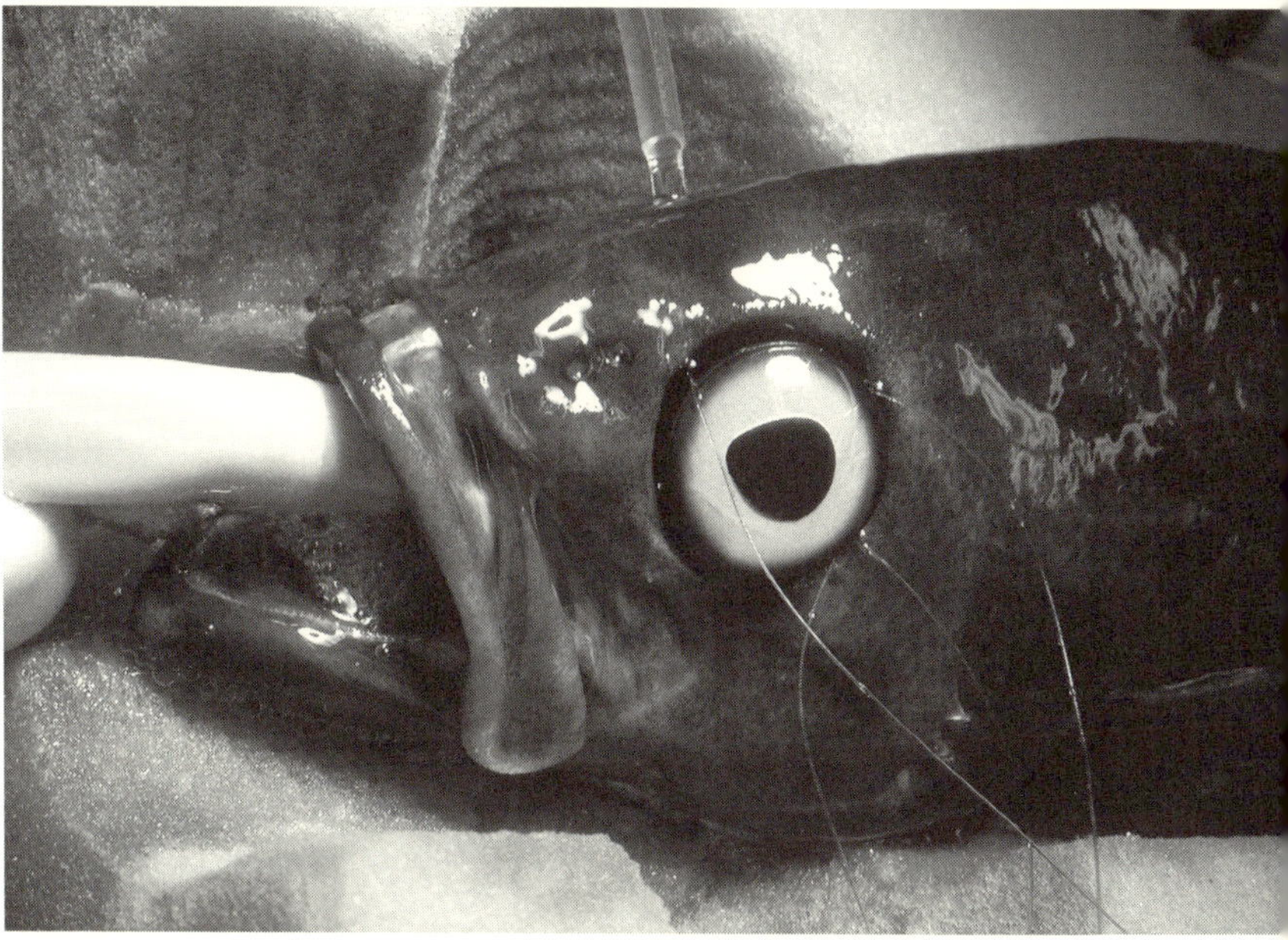

ぎょろ目のコパーロックフィッシュ。白内障に罹って、義眼を入れたあとの姿。人間と同様、魚も老化する。

交尾を終えたカエルの死骸。進化と生態環境の変化とで、絶滅の危機にさらされている。

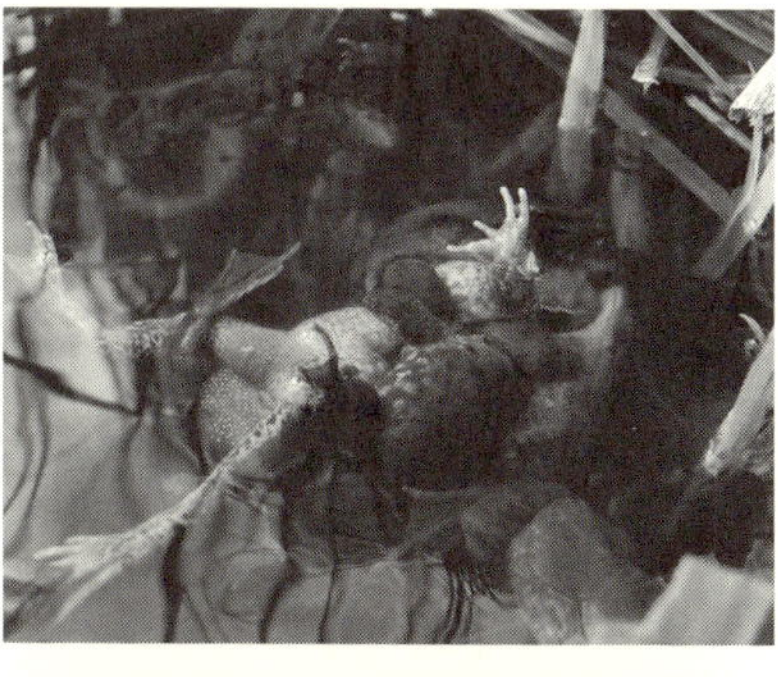

ヒドラは世界じゅうのたいがいの淡水に棲んでいる。その幹細胞は驚くべき再生能力を持つ。わたしたち人間も、いつの日か、同じような遺伝子操作を活かして、老化を遅らせることができるだろうか？

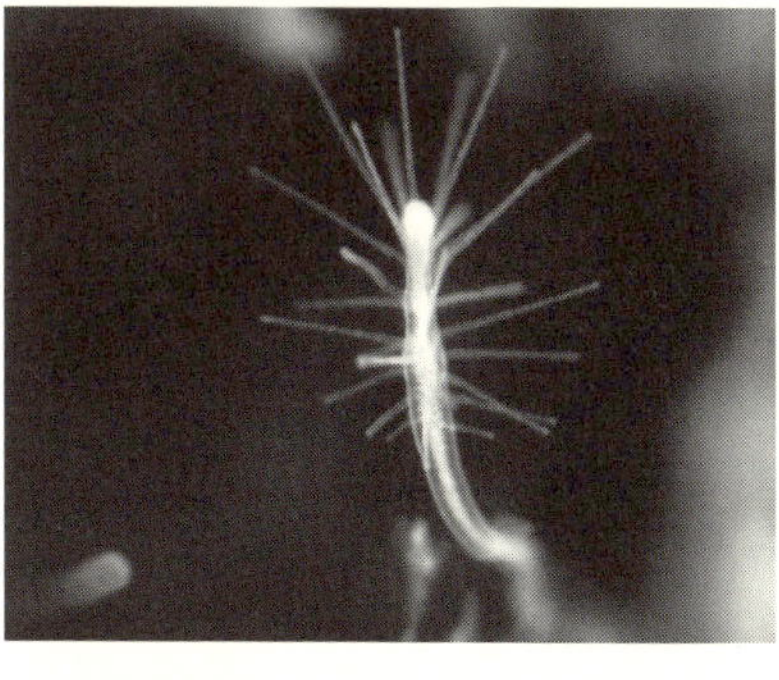

アカトビは、ハゲワシやコンドルと同様、死骸を片付ける貴重な役割を果たす。何千年ものあいだ、そういう清掃が人間に役立ってきた。

見よ、これが世界最長寿の生き物。ミン（挿入写真）は507歳という高齢で死んだ。背景の写真は、ホンビノスガイの貝殻で埋まったアイスランドの海底。

9

自殺——シロフクロウと体内に棲む藻

Suicide, Snowy Owls and the Executioner Inside

一九四六年一一月八日の朝。大西洋の真ん中で起こった出来事だ。米軍艦ジェネラル・ルロイ・エルティンジ号は、ニューヨークからジブラルタルまで、いつもの航路をたどっていた。甲板にいる乗組員たちは、頭上を見上げてとまどっていた。レーダーアンテナの上にひと晩ずっと二つの物体が乗ったまま動かないからだ。大きくて白くてふわふわしたその物体は、まるでレーダーアンテナの付属品のようだった。きっといつもこの調子で、長旅の途中、洋上で適当な船を見つけて羽根を休めているのだろう。とまる場所に大型レーダーアンテナを選んでくれたのが、艦長にとっては幸い

だった。このずんぐりした幽霊のようなシロフクロウ二羽は、堂々としてかなり体重がありそうだが、レーダーアンテナはきわめて頑丈にできている。ほかの壊れやすい装置に影響はなさそうだった。事実、はじめしばらくは、二羽の存在に誰も気づかなかったほどだ。とはいえ、航海のあいだじゅう二羽のシロフクロウをアンテナに乗せておくわけにはいかない。ほかのアンテナへ移動して、何かを壊したら困る、と艦長は考えた。軍艦のどこかに損傷を与える恐れもある。それはまずい。追い払わなくては。艦長は、汽笛を鳴らせと部下に命じた。なるほど名案だ。効果あり。二羽のフクロウは、あわてて飛び立った。そのあと一時間ほど上空を飛びまわっていて、乗組員たちはもう戻ってこないだろうと思った。ところが、やがてまた来た。艦長はふたたび汽笛を使った。フクロウは飛び立ったが、しばらくして戻ってきた。またやったものの、結果は同じ。次も同じ。その米軍艦だけが延々と乗り続けるに値するものであるかのように、フクロウ二羽はよそに行かなかった。以後どうなったかは記録に残っていない。おそらく軍艦はそのまま航海を続けたのだろう、謎の貨物——まわりに仲間もおらず、腹を空かせたシロフクロウ二羽——を乗せて……。

ところが同年、シロフクロウが羽根を休めた船舶は、その軍艦だけではなかった。ほかの船も同様の経験をした。たとえば、ニューファウンドランドの南東五〇〇キロほどの洋上で、運送船ジェイムズ・パーカー号に一羽のシロフクロウが舞い降りた。前方のマストに満足げにとまったまま動かず、乗組員らは困惑した。その後、カナダのノバスコシア州からアイスランドのレイキャビクへ向かっていたエイコーン・ノット号でも、八〇〇キロメートル沖合いで同じ出来事が起きた。霧のなかから一羽のシロフクロウが現われて、船のマストにしばらくとまり、しばらくして飛び去った。その年全体で、シロフクロウが船に乗ってきたという報告が二四件もあったという。いったいどんな原因でそんな現象が起こるのか？　答えはレミングにある。

レミングは、自由な旅人としてとくに有名だ。数年間、自然と調和して平和に暮らし、コケを食べ、何の問題もなく繁殖する。だが……繁殖の繰りかえしで数が増えるうち……突然、大混乱に陥る。行動範囲の雪の下にあるコケの量が足りなくなり、餓死する個体も出てくる。もっとコケはないかと夢中になって探し、あらたな場所へ集団移住する。よく知られた習性だ。大半の、あるいはほとんどすべてのレミングが、いままでの居住地を離れ、新天地を探すうちに死んでしまう。結果として、レミングを捕食する生き物も空腹になる。全般にキツネは知恵を働かせ、周辺でほかの獲物をあさる。一方、シロフクロウもレミングを餌にしている。一部のシロフクロウは、南方へ飛び、カナダやアメリカで餌を見つけようとする。町に出没することもある。それに対し、海へ向かうシロフクロウも多い。たまたま船を見つけると、とまって休む。相当数のシロフクロウは、空腹と孤独のなか、波にのまれて死んでいく。米軍艦ジェネラル・ルロイ号などが理由もわからないままシロフクロウに乗り込まれたのは一九四六年。

この年ほど目撃例が多いことは非常に珍しいが、以後も同様の出来事が起こっている。コケがまた生え、レミングがふたたび繁殖すると、しばらくのあいだシロフクロウも餌に困らない。しかしやがて同じ悪循環が始まって、シロフクロウは移動し始める。一つ確かなのは、シロフクロウにとってもレミングにとっても一九四六年がとくに過酷な年だったということだ。どちらの種《しゅ》も、自殺する習性はない。「レミングは集団自殺する」という誤解がどこでいつ生まれたのかは定かではない。レミングが大発生する話なら、中世の文学のいたるところに出てくる。当時の人々は、この生き物はどういうわけか天国で自然発生し、嵐のとき空から降ってきて、やがていっせいに死ぬ、と信じていたらしい。「神様は不思議なことをなさるものだ」と、中世の人々の多くは考えただろう。しかし、少なくともひとりかふたりは、全能の神がなぜこんな愉快ないたずらをなさるのか、と首をひねったのではあるまいか。巨大な天空のピンボールマシンがマルチボールのボーナスタイムに入ったかのように、無数の齧歯《げっし》動物を投げ落としてくる……。レミングの真の生態に気づき、べつに空から降って来ているのではないと最初に見破ったのは、一七世紀のデンマークの医師、オウル・ワームだった。「レミングは現実の生き物だ」と考え、大胆に新しい世界へ踏み入った。「風に吹かれて運ばれてきたにちがいない！」というふうに結論づけた。その後ようやく、かの偉大なカール・リンネ（〝分類学の父〟）が、レミングの生態的な地位を正しく見定めた。品のいい驚くべき齧歯動物であり、とくにそれ以上ではない。進化の起源もふつうだし、行動様式もふつう。ただ、集団自殺のような行為に走る習性だけが、この世の理屈に合わず、相変わらず理解不能だった。「レミングは謎の集団自殺を遂げる」という伝説は、いまだ根強く広まっている。

ここで、ちょっとした頭の体操。何千匹ものレミングが崖から飛び降りる場面を思い浮かべてほしい。想像するのは、いたって簡単だろう。どこかでそんな映像を見た経験があるはずだ。無数のレミングが次々に崖から飛び降りていく——現代人の脳裏にはそういう情景が刻み込まれている。わたしも含め、ある世代は「レミングは自殺する」と信じている可能性が高い。わたし自身、テレビでそんなシーンを見た覚えがある。しかしもちろん、みなさんもご存じかもしれないが、レミングは自殺などしない。大量死は、大繁殖の年に起こる集団移動のせいと認識するのが正しい。身近な餌が尽きると、まだレミングがいない場所へ移動する。この期間、多くの個体がやむなく川を渡るはめになり、ときどき大小の岩を飛び越えながら、ほかのレミングがあまりいない土地を探す。ただ、相当数が溺れるなどして死んでしまう。……という事実を聞いてもなお、みなさんの脳裏には、大量のレミングが次から次に崖から海へ飛び込んで死ぬありさまがこびりついているだろう。この文章を書いているいま、わたし自身もまぶたに浮かぶ。下から見上げたクローズアップ。レミングたちが続々と崖から落ちてくる。まるで崖っぷちから砂をまいているかのようだ。上空からのカメラは、レミングの群れがこぼれ落ち、宙で回転しつつ、やがてしぶきをあげて海に落ちるさまをとらえている。中距離撮影では、レミングが落下して海面に水しぶきを残し、北極海の凍てつくなかへ消えていくようすが、スローモーションでとらえられている。

また一匹、また一匹と、落ちてくる。わたしと同様、みなさんもくっきりと目に浮かぶのではないか？

みなさんもわたしも情景がたやすく想像できるのには理由がある。ディズニーが一九五八年に製作した画期的な自然ドキュメンタリー映画『白い荒野』の映像を思い出すせいだ。同じシーンが、その後のドキュメンタリー映画でも引用されている。自殺を扱う本章を書く下準備として、わたしは『白い荒野』をあらためて鑑賞した。アメリカ人のナレーターが、言葉少なながらも劇的な口調でしゃべる。まるで第二次世界大戦のプロパガンダ映画のようだ。「この生き物たちは強迫観念に囚われています。たった一つのことしか頭にありません。『進め！　進め！』。せっぱ詰まった声色。「後戻りするなら、これが最後のチャンスです。けれども進み続け、宙に身を投げて……かの有名な集団自殺を遂げるのです」。

見ていて何より奇妙なのは（いまのいままで気づかなかったが）、レミングたちが後ろから押されて崖を落ちていくことだ。間違いなく、押されている。一九八二年、カナダのあるテレビ雑誌が衝撃的な事実を暴露し、自然歴史テレビ番組の世界を騒然とさせた。この雑誌は、「映画の演出のため、回転台を使ってレミングを無理やり崖から落とした」と、ディズニーを告発したのだ。次々に強引に台に乗せられ、押し合いへし合いであふれた個体が崖から海へ転落した（ちなみに、撮影は北極ではなくカルガリーでおこなわれたといわれる）。ディズニーが会社として撮影隊の暴挙をどこまで知っていたかは明らかではない。しかしいずれにしろ、奇妙なことにあの映像はいまだわたしたちの脳に鮮明に刻まれている。レミングの集団自殺はもはや伝説化してしまった。現実には、自然はわたしたちがときに想像するほど残酷ではない。進化のすえ自殺行為をする生き物は存在するが、多くの人たちが予想するようなかたちでの自殺ではない。この章では、自殺のごく自然な面を扱っていこうと思う。

生き物があえて自殺する最も有名な例は、クモだ。クモの多くの種《しゅ》のオスは、自分よりからだが大きいメスに近づいて、精子の詰まった交尾器（ペニスに似た器官）を挿入し、挿入状態のまま、メスの顎に身を差し出す。当然ながらオスは死ぬが、この行為に関しては（研究者たちの見解が正しければ）進化のすえの自殺である可能性が高い。つまり、遺伝子を残すために犠牲を払うのだ。研究論文によれば、メスはオスを食べるのに夢中になり、ほかのオスに交尾の機会を与えない。そこで、こうした自殺行為の遺伝子が広まった、らしい。しかし、本当にそんなに単純な話だろうか？　この説を聞くたびに、わたしはいつも、メスがただ騙されているという印象を受ける。不公平すぎる。もしこれが進化の結果なら、メスも進化したうえでの行為のはずで、オス、メスの両方に利益があるにちがいない。オスの体内にある栄養分が卵の成長に役立ち、オスは栄養の提供、メスは卵の提供を受け持つことになるのだろう。いやしかし、一部の種《しゅ》に限られるとしても、こうした推測がまったくの見当外れという可能性もある。研究者たちが完全に誤解している恐れも否定できないのだ。たとえば、性行為のさなかにオスが偶然、メスの殺しの本能が目覚めるような体勢をとって、反射的に動いたメスの鋏角に捕らえられ、食べられてしまうのかもしれない。そのような単純な経緯も現実にありうる。

共食いの本当の意味に関しては、クモの専門家たちのあいだでもまだ意見が一致していない。当分、議論が続くだろう。ただ最近、ありがたいことに、情報交換できる新しい学者グループが現われた。軟体動物学者だ。一部の軟体動物も、性行為の最中に同じ行動をとるらしい。二〇一四年に初めて、ワモンダコがこの種の行動をとる場面が目撃された。その後も合わせて三例が報告されている。性行為中、メスが一本の触手でオスの喉を絞めて殺し、死骸を隠し場所に運んでいった。おそらくあとで食べる気だろう。クモと同様、メスとオスがどんな動機に駆られてこのような行動に及ぶのかは解明しがたい。しかし、まったくあらたに、クモとはだいぶ異なる種類の生き物が同じように独特の行動をとると判明したのはきわめて興味深い。さらには、一部のタコのオスはペニスに相当する触手が非常に長い理由も、この新事実に照らせば、進化の結果といえるかもしれない。メスの触手が自分のからだに届かないよう防御するため、と考えればつじつまが合う。ワモンダコのメスがゆっくりと官能的なやりかたでオスを締めつける点も、おぞましい話題が好きな人なら心惹かれるだろう。

性行為と自殺は（第七章で取り上げたとおり）強く結びついている場合もあるようだが、一般に想像されているほど関係性が高いわけではない。ただ、性行為とまったく無関係に生き物が自殺する例は少ない、というのは確かだ。アリ、スズメバチ、ミツバチのうち、生殖力のない個体は、巣を守るために命を捨てる場合がある。しかしそれも、つまるところ繁殖の問題とつながっていて、生殖力のない個体が生殖力のある女王を守っている。真社会性昆虫、たとえばシロアリにしても、生殖力のない戦闘要員は同様の戦術を使う。〝ター ル・ベイビーイング〟と呼ばれる自殺行為だ（一九世紀の『アンクル・リーマス物語』に出てくる架空の〝タール人形〟にちなんだ命名）。体内で特殊な腺をあえて破裂させ、ねばねばした分泌物を出す。獲物を動けなくさせる罠らしい。ひとことで言えば、自爆するわけだ。それでも、アリ、スズメバチ、ミツバチと同じく、遺伝子を残せるかもしれないという長所がある。死ぬことによって、性行為の機会を増やしたり、自分の遺伝子を残したりできるなら、意図的な死――自殺――を行なうべく進化しても不思議ではない。

とはいうものの、すべてがそう単純ではない。ある種の生き物を観察すると、性行為が念頭から消えたかのような行動を示す。たとえば、餌をとるのを控え、ゾンビのごとく草の葉の上をうろついて、食べられてしまうのを待つ。死にたがっている。あるいは、熱に浮かされたかのように、水辺の近くを泳ぎまわって、天敵に食べられたがる。自殺願望があるらしい。死にたくてたまらないようすだ。こういう生き物は自殺したがっていて、自己の遺伝子を広めるつもりがない。代わりに、体内に棲みついている寄生生物の遺伝子を広めようとしている。いわばマインドコントロールされているわけだ。自然界の驚異の最たるものといえよう。

マインドコントロールを行なう寄生生物として長く知られているのがトキソプラズマだ。寄生する宿主に自殺願望を持たせる。読者のみなさんのうち、いま混雑したバスや電車に乗っている人は、隣の乗客にトキソプラズマが潜んでいるかもしれない。もちろん、あなた自身にも……。ネコを飼っている人たちは、トキソプラズマという病気に聞き覚えがあるだろう。顕微鏡で覗くと、トキソプラズマは極小のソーセージみたいな形状をしている。事実、かなり小さい。この小さな原生動物はネコ科の生き物を好む。トキソプラズマが完全に生殖能力をはぐくみ、性行為に及ぶための媒体は、ネコしかない。トキソプラズマは、宿主から宿主へ移動しながら生涯を送る。食物連鎖の序列のなかを上がったり下がったりしながら、最終的にネコの腹にたどり着くのを待つ。叶うのがそうとう難しい夢だが（トキソプラズマが夢を見るかどうかは別にして）、どのトキソプラズマも、いつの日かネコの腸に入り込みたいと願っている。唯一、生殖行為が可能な場所だからだ。ああ、ネコの腸のなかで性行為がしたい……。当然ながら、この夢はめったに叶わない。土や泥や水のなかに（接合子として）存在し、クマネズミやハツカネズミの体内に、あるいは（おぞましくも）家畜の体内に、（もっとおぞましくも）ヒトの体内に、取り込まれたがっている。こういう生き物に取り込まれればひとまず成功で、その宿主がいずれネコに食われるという可能性に賭けることができる。トキソプラズマは、クマネズミやハツカネズミに信じがたい変化をもたらす。トキソプラズマに感染した齧歯動物は、本来の習性をすっかり失うのだ。まず、ネコを恐がらなくなる。それどころか、セイレーンの甘い歌声につられて船を座礁させてしまう乗組員のように、ネコの尿の臭いを探し求め始める。トキソプラズマが寄生主にもたらす影響はほかにもある。感染したネズミは行動範囲が広くなる。警戒心をトキソプラズマに吸い取られ、大胆に遠出をして、不安要素に満ちた場面へ飛び込んでいく。あたかも、新しい友達がほしいあまり警戒を忘れた、酔っぱらいの漁師のように。

さっきも書いたとおり、あなたの知り合いの誰かが、いやあなた自身が、トキソプラズマに罹っている確率もじゅうぶんに高い。いったん体内に侵入すると、ずっと居続ける。たいがいの健康な人の場合、トキソプラズマはすぐ潜伏期に入る。神経組織や筋肉組織のなかにごく小さな嚢胞を形成して、居すわる。あとは、あなたがライオンかトラ、ウンピョウ、サーバルキャットあたりの獰猛なネコ科の動物に食い殺されるのを期待するわけだ。そんな可能性はゼロではないにしろ、どう考えても低い。だから、人体を潜伏先に選んだトキソプラズマは、寄生主を選び間違えたことになる。現実問題で言えば、そういう愚かなトキソプラズマは、ヒトの体内で長い旅の行き止まりを迎える。世界全体でみると、おそらくヒトの三〇パーセントの体内にこの原生生物がいる。さいわい、潜伏期のあいだ、ヒトに生命の危険はない（感染の当初、インフルエンザに似た症状を訴える人はいる）。もっとも、幼児、免疫力の弱っている人、妊婦などにとっては、深刻かもしれない。

なぜかわからないが、齧歯動物の場合と違い、トキソプラズマが人間をマインドコントロールしたとの事例はない。人間がネコの尿の臭いを気にしなくなったとの報告も聞かない。一方、疑うなかれ、感染した人たちのほうが社交的になり、服装も異なってくる、という調査結果が存在する。どう考えても、進化の結果、トキソプラズマは元気にあふれている。その点は間違いない。いわば発電機。これに対し、ノミやケジラミなどほかの寄生生物は人間に忌み嫌われるだけで、注目を浴びないが、トキソプラズマは、ペット業界でおおいに脚光を浴びており、その傾向は当分続くだろう。トキソプラズマは、家ネコが地球上に現われる前から存在し、トロイの木馬のように待ちかまえて、機会を捕まえては、生き物の温かく快適な体内に潜入する。どんな経緯をたどったのか不明だが、ニュージーランドやマウイ島のイルカの体内でまで発見されている。少なくともわたしの見解では、カナダのカルガリーの崖から飛び降りるレミングの群れよりも、はるかに重大で現実的で恐ろしい話だと思う。

さて、レミングの話題に戻ろう。大混乱のさなかには、レミングは確かに崖から落ちる。本当に混乱した行為で、レミングの群れの行動がまともではなくなったとき起こる。北極圏の多くの齧歯動物とは違い、レミングの個体数は、グラフ化するとギザギザに激しく上下動する。たいがいの齧歯動物は、捕食者の数の増減に応じて、もっとなだらかに上下動する。レミングの生息数の変化ははるかに激しい。上昇、下降、激増、激減。ギザギザ。これは、捕食者によってではなく、おもに食料の有無によって影響を受けているからだ。雪の下にコケが豊富にあり、捕食者から隠れてたくさんのレミングが育てば、生息数が急に増える。大量発生すると、こんどは餌が足りなくなる。そうなれば、どこかへ移動するほかない。駆けずりまわって、混乱状態になる。ただし、そんなとき崖から落ちると自殺のように思われがちだが、自殺ではない。生き物は全般に、性行為がらみの理由を除けば、自殺しない。寄生生物に操られないかぎり、みずから命を絶つことはまずない。

もっとも、自殺についてもう一つ違う視点がある。その視点でみれば、自殺はさまざまなかたちで自然界にきわめてよくある……とはいえ、わたしたちの体内での出来事だから、誰も気がつかない。体内では、毎日、自殺が起こっている。毎日、毎時間、毎分、毎秒。それは細胞自殺（プログラム細胞死）だ。これほど複雑な肉体で生きていくために、ヒトは細胞自殺をつかさどる達人にならざるをえなかった。細胞自殺を巧みに操れなければ、レミングと同じ混乱に陥ってしまう。個数が過剰になり、収拾がつかず、統制を失う。多細胞生物であるわたしたちには、統制が必要なのだ。

細胞自殺が発生するメカニズムの鍵は、カスパーゼという酵素にある。この酵素が分子の破壊スイッチになることは間違いない。ニック・レーンが（優れた著書『生命の跳躍』のなかで）述べているとおり、カスパーゼは連鎖的に機能する。一個のカスパーゼが活性化して死の信号を発すると、連鎖している隣の酵素も活性化し、順々に伝わって、細胞を死に至らしめる。要するに、カスパーゼは、プログラム化された細胞死、いわゆる〝細胞の自然死〟をもたらすメカニズムだ。多細胞の身体が生きていくうえで、細胞の自然死は信じがたいくらい重要な役割を果たす。有名なところでは、ヒトの手足が好例だ。胎内では初め、指が全部ひとつながりだが、指のあいだの細胞が自然死し、五本に分かれる。わたしたちの肉体は、基本的には、細胞の自然死によってそぎ落とされて形成されている。それを引き起こしているのがカスパーゼだ。オタマジャクシの尾がなくなるのも、細胞の自然死が原因になっている。このように、細胞の自然死は、成長の過程で観察可能なケースが非常に多い。たとえば、ヒゲクジラから発達段階初期の歯が消滅するのも、細胞の自然死による。ヘビから骨盤の痕跡が消えるのも、モグラが生まれる前に目をほぼ完全に失うのも、同じ原因だ。だが、細胞の自然死は成長過程で手品を使うだけではない。重要性はもっとはるかに大きい。なにしろ、本人が気づいていないだけで、細胞の自然死は、まさにいまこの瞬間もあなたの体内で起こっているのだ。たったいま、三つの文を読んでいるあいだに、あなたの体内では約一〇〇〇万個の細胞が破壊された。おっと、さらに二〇〇〇万個。おわかりだろう。毎秒、あなたのさまざまな細胞が分解され、そうしてできた断片を食細胞が隣の細胞に迷惑をかけないように注意しながら始末する。これが細胞の自然死だ。

多細胞の生命体には細胞の自然死が欠かせない。細胞の自然死の仕組みがなかったら、ヒトも、魚類も、コウモリも、カエルも、レミングも、この世に存在しない。なぜか？　答えは簡単だ。細胞の自然死は、体内の細胞が手に負えなくなるのを防ぐ。細胞分裂が急速に進みすぎると、最悪の場合、癌になる。このメカニズムが、多細胞の統制を乱す異常な細胞を発見して殺す。その際の武器に選ばれたのがカスパーゼだ。いわば死刑執行人。細胞の自然死は日常茶飯事であり、わたしたちはこの現象を操るすべに長《た》けている。人間が生きていけるのは細胞死のおかげといえる。あなたにしろ、子供時代の細胞は、おもに自然死を通じてほとんど全部なくなっている。あなたのからだのほぼあらゆる細胞が、死んで、入れ替わっている。高齢者になっても、体内の細胞はほとんどが新しい。自殺に追い込まれた細胞のあとを追って、あらたな細胞が生まれる。こうした世代交代により、わたしたちの全体性が保たれている。細胞の誕生は、細胞死とのバランスを図って注意深く統制される。鍵を握っているのがカスパーゼだ。

進化上、生き物がいつどの時点でカスパーゼを利用して細胞を死なせるようになったのかは、判明していない。しかしおそらく、この仕組みは進化のかなり早い段階でできたにちがいない。というのも、わたしたちの体内にあるタンパク質分解酵素の一種、カスパーゼは、なんとシアノバクテリアの内部でも見つかった。いや、むしろそのほうが理にかなっている。カスパーゼに指示を出しているのは、細胞ではなく、ミトコンドリアだ。ミトコンドリアは大昔から人間の細胞内で共生している。さらに時代をさかのぼると、単独で生きる単細胞の有機体（原核生物）だったのだが、多細胞の真核生物に取り込まれ、共生するようになった。多細胞の生命体としてヒトが成功しているのは、わたしたち自身の努力ではなく、ミトコンドリアのおかげにほかならない。ヒッチハイカーのように細胞のなかで生き、いざとなれば細胞を死なせたり再生させたりする道具を持っている。つまり、わたしたちは、生きていられることを日々、ミトコンドリアに感謝しなければいけない。もっとも、話はまだ続く。たとえば、なぜ、どうやって、ミトコンドリア（あるいは、まだ単体で独立していたミトコンドリアの太古の祖先）は進化し、カスパーゼを通じて自殺するようになったのか？　自然淘汰はどうしてそんな能力を選んだのだろう？　ダーウィン主義の観点でみれば、単細胞の生物のあいだで自殺が流行するなど、意味不明だ。幸いにして、ある生物がヒントになるかもしれない。その名はトリコデスミウム。太古の有機体がなぜ自殺の道具を必要としたのか、いろいろな面で深く理解させてくれそうだ。

海洋を浮遊して暮らすトリコデスミウム（藍藻《らんそう》の一種）は、ときどき大発生して、何百平方キロメートルもの海面を覆い尽くし、部分的に〝血の海〟をつくる（〝赤潮〟はたいがいこの現象にあたる）。トリコデスミウムじたいは光合成細胞一個なのだが、束状などの群体となって、川から運ばれてくるミネラルや深海から湧き上がってくる栄養分を摂り、数週間、ときには数カ月生き続ける。しかしやがて死ぬ。カスパーゼが、細胞の内部で斧を振るうせいだ。とたんに、どんなトリコデスミウムも死に至る。いったいなぜ？　どうして自殺するのか？　大半はまだ謎に包まれているものの、おそらくウイルスに関係がある。太古も今日も、群体をなすこの赤い藻は、寄生ウイルスの餌食になりかねない。各種の寄生ウイルスが、トリコデスミウムの内部に入りたがり、適合すべく独自の進化を遂げる。そもそも、海には膨大な数のウイルスが存在する。海面近くの海水一リットルのなかに、約一〇〇億個の極小ウイルスがいる。ではなぜトリコデスミウムは自殺するのか？　一つの推測は、こうだ。たとえわずかでも栄養分が減り始めると、すべてのトリコデスミウムの遺伝子を維持し続けるのが難しくなる。寄生ウイルスの群れがすさまじい勢いでかつてない悪質なかたちに進化し、侵入してくるのを防ぎきれない。そこで、自殺によって数を減らすかたわら、一部のトリコデスミウムは硬い嚢胞になって身を潜め、いずれ、寄生ウイルスが流されて姿を消すか、何らかのきっかけで変性するかしたら、また復活する。新しい個々のトリコデスミウムはふたたび増殖し、しかしやがて、さらに進化したウイルスに襲われて、先ほどのサイクルを繰りかえす。

トリコデスミウムの場合、健全な自然死によって、ウイルスの襲来をやりすごし、ふたたび好環境が整えば、再スタートを切るわけだ。レミングと同じく、当然、生息数が増えるときもあれば減るときもある。自然死でみずから少し減ることで、寄生ウイルスの攻撃を落ち着かせ、栄養分の量がよみがえるのを待つ。親族が海底で包嚢に覆われて生き抜き、いずれまた繁栄するのであれば、このような自殺は健全な行為といえる。また、独立して生きていたミトコンドリアの太古の祖先も、やはり、ウイルスとのあいだで似たような攻防を繰りかえした果てに、わたしたち人間などの細胞内に安息の地を見つけたのではないか？　証明は難しいだろうが、魅力的な仮説だ。ミトコンドリアとウイルスとの大昔の戦いがもとで、ミトコンドリアが多細胞動物に入り込み、多細胞のかたちを保つのに役立っている――個人的にはこの説を支持したい。

わたしたちヒトはミトコンドリアを兵器として活かし、ミトコンドリアもヒトのからだを利用してウイルスから身を守っているのかもしれない。当然ながら、このあたりは永遠の謎に終わる可能性もある。確かなのは、細胞自殺に伴う進化が地球上の生命体に劇的な影響をもたらしたことだ。わたしたちは細胞自殺、すわなち細胞の自然死なしには生きていけない。もし自然死によって秩序が保たれなかったら、次から次へ勝手なことをする細胞の集合体にすぎなくなってしまう。ミトコンドリアの働きによる細胞自殺を通じて、突然、多細胞の動物は生き延びるすべを得た。ミトコンドリアは当初、生命の樹の小枝にすぎなかったが、急成長し、強力になって、現存する三本の太い枝――植物、菌類、動物――を支えている。この三本に属する生き物はみんな、ミトコンドリアの働きでカスパーゼを機能させ、生命の秩序を保っている。めいめい、死を巧みにコントロールし、細胞同士の協調を促して、暴走を防ぎ、集団移動するレミングのような混乱をきたさないようにし、飢餓や肉体全体の死を避け、調和の乱れをなくし、統制のとれた集合体を成り立たせている。ミトコンドリアに関しては、今後もっと研究の余地があるし、もっと感謝しなければいけない。ミトコンドリアはわたしたちにエネルギーを与えてくれている。ミトコンドリアが武器になって、わたしたちは多細胞のからだを保てて、単細胞にならずに済む。また、おそらくミトコンドリアは、遊離基による損傷を遠ざける特性も持っている。さらに活用できれば、永遠の夢である不老不死に多少とも近づける可能性がある。ディズニーにひどい扱いを受けたレミングとヒトとは、そのあたりが確かに違う。

10 アカトビと娘の排泄物

This is Not a Sheep

その集団は、左側の丘の上から現われた。まずは一〇〇。やがて二〇〇。上空を見上げると、まだたくさんいる。五〇〇以上いる。遠いので、まだ小さな点にしか見えない。五〇〇個の点。巨大な隊列をつくって旋回するさまは、遠い上空で瓦礫が竜巻に揉まれているかのようだ。かすかに鳴き声が響いてきた。空耳かと疑うほど、ほんのかすか。わたしたち一家を含め、三〇〇人ほどが、わざわざこれを見に集まったのだ。西洋広しといえど、腐肉を食べる生き物を眺めにこれほどの人数が集まることはめったにないだろう。わたしたちがすわっている窪地の真ん中に、小さな湖がある。上

空の点が近づいてくるにつれ、一同の会話や、緊張感をにじませた笑いが、湖面に反響する。周囲の鬱蒼とした松林が、そういったもろもろの音を吸い込んでいる。天然の防音室。数分後、点がさらに近づいてきた。下から見上げているわたしたちは、観客席でショーの始まりを待つ団体のようだ。実際、すり鉢状の地形はスタジアムに似ていて、わたしたちは、期待に胸を膨らませる観客さながら、流血を待ちわびている。あらためて空を仰ぐ。また数分が経った。数はもはや数千に見える。ますますわたしたちとの距離が縮まった。アカトビの群れだ。

近年、アカトビ見物が〝ウェールズに行ったらぜひおすすめ〟のイベントになっている。わたしたちがいる、いわば〝餌場《えさば》〟は、ウェールズのブルルチナンイヤエアリアンの森のなかにあり、一九九〇年代末、絶滅の危機にさらされた数少ないアカトビに救いの手をのばそうと、整備された。当時、アカトビはイギリス全土で信じがたい勢いで激減していて、生息地の一つで復活を助けるのがよさそうだと目された。この土地に限っていえば効果があった。毎日（クリスマスであっても）、何百羽ものアカトビが何キロも離れたところからこの場所に集まって、地元の肉屋が無料提供した肉の切れ端にありついている。全体手順はこうだ。自然保護区の管理人が、あらかじめ用意した肉（手押し車に積み込んだもの）をまく。全体の中央に、手入れの行き届いた小高い場所があり、アカトビがやってくるようすを観衆がよく見えるようになっている。肉は、小高いところ全体にまかれ、アカトビは代わるがわる腹を満たす。うちの下の子はまだ生まれておらず、行ったのは、わたしと娘（当時まだ赤ん坊）と妻の三人だった。柔らかいコケで覆われた斜面に陣取り、空高く飛ぶアカトビが餌に近づくのを待った。人々がざわめいていて、音楽フェスティバルが始まる直前のような雰囲気。みんな、ピクニック用のシートにすわり、自家製のサンドウィッチを食べていた。カメラを準備済みの人も多く、肉のある小高い場所にレンズを向けていた。雑誌でよく見かける、アカトビの素敵な写真が思い浮かんだ。どれも、たぶんこの場所で撮られたのだろう。ここなら、雑誌向けのみごとな写真を撮影するのは容易《たやす》い。なにしろ、カリスマ的で謎めいたかっこいい姿を間近に見る機会が一〇〇〇回もあるのだ。アカトビの食事シーンを撮りたければ、樽のなかで泳ぐ魚を撮影するくらい簡単にちがいない。

双眼鏡であたりを見回すと、駐車場近くの案内所のそばで肉が準備されている最中だった。くず肉が入った大きな袋がいくつも手押し車に積み込まれていた。旋回するアカトビの群れがさらに近づいてくる。わたしはふたたび大空を見上げた。かの有名なV字形の尾が、いまでは明らかに視認できる。細長い翼をゆったりと羽ばたかせながら、ごちそうにありつくタイミングをはかっている。わたしの好奇心が最高潮に高まった。旅行情報サイト『トリップアドバイザー』に、アカトビ見物を絶賛する書き込みがあふれていたせいもある。「期待を裏切られませんでした！　目がくらむような体験！」。出発前夜に確かめたところ、二〇〇件ほどの五つ星レビュー評価のなかにそんなふうに書いてあった。ほかにも「息を呑むほど！」「素晴らしい！」「絶句！」「トイレがきれい！」といった言葉が大量に並んでいた。「うちのワンちゃんまで釘付けになっていました」とのコメントもあった（子犬の気持ちになってほしい。餌によさそうな鳥たち一〇〇〇羽に囲まれているのだ。それはまあ、釘付けにもなるだろう）。

不意に、あわただしい動きが感じられた。くず肉をのせた手押し車が、所定の場所へ向かい始めたのだ。とたんに雰囲気が変わった。大型の鳥たちが急降下してきて、わたしたちのすぐ頭上を舞い、木々のあいだを縫って、草地の端を静かに飛んだ。まるで、中生代の大型翼竜。その影が人々のなかを素早く通り抜けるさまは、怒れる精霊を思わせる。素晴らしい。いよいよ、壮観なショーが始まろうとしていた。ところがそのとき、わが一家に危急の事態が訪れた。妻がわたしを軽く突き、赤ん坊のほうを顎でさした。なんとまあ絶好のタイミングで、すさまじいお漏らしをしてくれたらしい。好ましい臭いとは言えなかった。大問題発生。トイレは一キロ近く離れていて、そんな遠くまで行ったら、肝心のメインイベントを見逃してしまう。さいわい、ほかの手段があった。松林に隠れた丘の上まで赤ん坊を連れていけばいい。あそこなら人目もない。頼む、とわたしは妻に目線で伝えた。行ってきてくれるかい？　妻は、履いている変てこなサンダルを指さした。木々のあいだを抜けて斜面を登るには、どう見ても不都合だ。「いいよ。じゃあ、僕が行く」。周囲に聞こえないように小声で言った。現状を悟られたら、嫌な気分になるだろう。「大丈夫だから」とつぶやいて、おむつとティッシュを持ち、粗相した赤ん坊を抱えつつ、林の奥に向かって斜面を登りだした。ちょうど、スタッフが、くず肉をのせた手押し車を例の小高い場所までゆっくりと移動させていくところだった。パンドラの箱が開く寸前だ。へたをしたら、大事な場面を全部見逃してしまう。急がなくちゃ……。

娘を抱えて斜面を駆け上っているあいだも、元気な鳥たちが集まる気配が伝わってくる。険しい場所に差しかかったわたしは足場を探した。鳴き声が大きくなってきた。叫んでいる。四方八方で、無数のアカトビが明らかな興奮をあらわにしていた。空腹の訴えなのだろうが、まるで歌っているように聞こえた。わたしは汗をかき、息を荒くして、ようやく適当な場所を見つけた。コケに覆われた岩の裂け目があった。木陰だし、だいぶ登ってきたぶん、ほかの人たちから遠い。わたしはおむつの交換に取りかかった。下のほうから、観衆の興奮のざわめきが聞こえた。くず肉の袋が下ろされ、中身があの餌場にまき散らされたのだろうが、わたしの場所からは木々にさえぎられて見えない。アカトビたちが急降下で襲いかかっているようすだ。間違いなく、ショーが始まった。わたしは手元の作業に神経を集中させようとした。

娘の排泄物についてのエピソードをあえて取り上げたのには訳《わけ》がある。本章の描写にあつらえ向けの光景を見ることができたせいだ。排泄物のおかげで、わたしは集団を離れて、高い場所まで登ってきた。高みから眺める風景は神秘的といえるほどだった。なにしろ、急斜面のいちばん上は、アカトビたちの群れと同じ高さだったのだ。アカトビの視線で周囲を眺められる。わたしと娘は、やがて群れのなかに包まれた。頭上にアカトビ。眼下にもアカトビ。なにやら仲間入りをした気分だ。甲高い鳴き声をあげて、アカトビが木々を抜けてくる。ときには、わたしの手が届きそうな距離を飛んでいった。細長い大きな翼を広げたまま、枝のあいだを飛びまわっている。弧を描いたり、一直線に進んだり、超音速戦闘機スターファイターのようだった。わたしはまるで美しい戦場の真っ只中にいる心持ちになった。集まっている人々も、ここからはよく見えた。ピクニックに来た家族や仲間たち、写真家、不安げなイヌ。ふさわしい集団だ。観客と呼んでもいい。その人々を眺めていると、歓声を上げ、笑い、微笑んでいた。炭酸飲料を飲み、ポテトチップスの袋を開ける。わずかな駐車料金と引き替えに楽しめるエンターテイメントなのだ。たちまち有料客となり、見返りを楽しめる。ネット上であれほど絶賛されていたのも不思議ではない。遠い昔に由来する遺物をここでうっとり見ることができる。無数の腐肉食動物が、腐肉食に精を出している。何百年も前にイギリスでいつもやっていたことを、いまこの場でやっている。腐肉食——イギリスではもはや、めったに見かけない光景だ。わたしは胸を打たれた。このすべて——観衆、鳥たち、手押し車——が、現代世界とはかけ離れた光景を生みだしている。わたしは、新しいテーマパークにいる気分になった。斬新な経験。小旅行。もし、ほかの人たちに交じって下のほうにいたら、この見学イベントの文化的な重要性に気づかなかっただろう。優雅さ、力強さ、美しさを兼ねそなえた素晴らしい鳥の観察に夢中になるあまり、こうしておおぜいの人々が集まっている現実について考えずに終わったはずだ。人間とトビの交流を見逃していたにちがいない。しかし、高みから見下ろす機会を持てたおかげで、気づくことができた。眼前の光景は、わたしたち人間がかつて持っていた世界、ほとんど失われつつある世界を、雄弁に物語っているのだ、と。空を飛ぶ腐肉食動物は、いま、地球上で激減している。そういう貴重な生き物は、本書でまるまる一章を割いて語るに値する。

アカトビは、何世紀も前から文学によく登場するせいもあって、存在しているのが当たり前に思えて、永久に失われつつあることを危うく忘れそうになっていた。長い剣を思わせる翼、切れ目の入ったV字形の尾。何事にも無関心であるかのような飛翔。優雅な鳥だ。厳密には、腐肉だけを食するわけではない（たまに、小型の哺乳類、爬虫類、さらにはミミズも食べる）が、かつては西ヨーロッパの各地で、死と密接に関わってきた生き物だ。とりわけ中世には、下水や戦場にきまって姿を現わした。シェイクスピアの『コリオレーナス』では、ロンドンは〝カラスとトビの街〟と呼ばれ、際立った大型の鳥が多いとされている。『冬物語』のなかでは、アウトリュコスがこんなせりふを吐く。「トンビだって、巣づくりするときゃ、布の切れっ端を持ってっちまう」。リネンを洗って干しておくと、トビがさらっていき、巣づくりに使うという現象をさす（事実、昔は『子供からパンを、女性から魚を、生け垣からハンカチをさらう』といわれ、イギリスの博物学者、ウィリアム・ターナーの一五四四年の著作にもそのような記述がある）。そんなわけで、敬愛されていたとは言いがたいもののの、中世のアカトビは、鉤のようなくちばしを持つ道路清掃係として有益に働いた（いまゴミの処理に困っている人は、鳥竜並みに二メートル近い翼を持つアカトビを呼び寄せて、持っていってもらうといい）。

しかし、トビをめぐる状況は大きく変化した。一五世紀半ば、農業が栄えていたイギリスでは、優雅に飛ぶアカトビに悪意のこもった目が向けられるようになった。素晴らしい大自然の一員とはみなされなくなったのだ。突如、敵視されだした。裕福な人々の持ち物、すなわち家畜を狙っていると考えられたからだ。鉤状のくちばしと鋭い爪を持っているだけで、じゅうぶんな証拠だった。家畜を殺すにちがいない。疑問の余地はなかった。それまでは（公衆衛生に役立つおかげで）法的にある程度保護されていたのだが、敵視する傾向が高まっていった。とうとう一五六六年に法律が改定され、イギリスのアカトビの立場は一変した。歓迎すべき生き物どころではなく、一夜にしてトビは法的に〝害獣〟に指定された。カケスやオオガラス（加えて、なぜかキツツキ）と同様、農業を営む人々は、積極的にトビを殺すよう奨励された。トビを殺すことは、スポーツの一種、つまり娯楽に近くなった。結果、当然ながら、一九世紀末にはアカトビはイギリス国内からほぼ姿を消した。ほとんどのトビが無残に殺されたのだ。わずかに生き残っていたトビにも、さらに過酷な運命が待ち受けていた。二〇世紀に入って、衛生環境を改善する法律が施行されたため、家畜の病気の蔓延を防ごうと、農家の人々の多くが、野原に放置されていた家畜の死骸を片づけ始めた。そのせいで、トビのおもな餌だった腐肉が減っていった。

それでも生き長らえたアカトビがいるのは驚異だが、事実、運よく生き長らえたものもいた。まだ人間があまり手をつけていない、未開発の地域もあったからだ。ウェールズ中部に棲む少数の群れは、奇跡的に命の灯を絶やさずに済んだ。卵を盗もうとする連中を、ボランティアが執拗に追い払ったおかげでもある。短期間ながら、ボランティアたち自身が生命を脅かされたときもあった。ここからアカトビの運は上向き始める。そのあと数十年にわたって個体数は安定し、やがて自然保護活動家たちが、このウェールズ中部の群れを繁殖させて、イギリス各地にアカトビをふたたび増やそうと考えた。そこで一九八九年、活動家たちはこの目的のためだけに、大胆なプロジェクトに取りかかった。ウェールズ（およびスウェーデンやスペイン）からアカトビを運び、ノースハンプシャー州チルトンズ（わたしの自宅から遠くない）とカンブリア州ヨークシャーであらたな繁殖を試みたのだ。北アイルランドでも、再繁殖の気配がみえてきた。現在では、イギリス国内で一万六〇〇〇組のアカトビが暮らしている。じつに数世紀ぶりに、ロンドンシティの空をアカトビが飛ぶ姿も目撃されるようになった。大昔の光景が復活したわけだ。絶滅の瀬戸際からよみがえった。いまだに（違法ながら）土地所有者や狩猟管理人に射殺されたり毒殺されたりする例も多少あるが、大型の生き物が野生で自由に生きるのを好むわたし（や読者のみなさん）にとって、アカトビは規模の大きな成功物語になった。環境保護に熱心な人たちは、車で遠出したとき、空高くアカトビが旋回するのを見るたび、わが子に喜んでこの経緯を話すだろう。「父さんが子供のころは絶滅しかかってたんだぞ……」。胸を張ってそう言える。イギリスで動物保護がうまくいった例はそう多くない。今回は祝杯をあげられる。空を飛ぶ最大級の腐肉食動物だ。イギリス国内ではアカトビが代表格だが、各大陸にそれぞれ、そういった大型動物がいる。まあ、いまのところは……。

そのような大陸特有の種《しゅ》のうち、いちばん有名なのはやはりハゲタカと総称される鳥だろう。書籍やテレビ番組を通じてご存じのとおり、ハゲタカは、死んで間もない動物を食すべくほぼ完璧なまでに進化した。アカトビがごみ収集車だとしたら、ハゲタカは、移動可能な業務用の砕肉マシンに似ている。腐り始めたものに飛びかかり、あっという間にミンチにしてしまう。ハゲタカは一種類ではなく、おおまかに言えば、オーストラリアと南極を除く三大陸それぞれに三種類いる。うち二種類はかなり類似していて、旧大陸すなわちユーラシアやアフリカに生息している。新大陸であるアメリカのハゲタカ（正式に言えばコンドル）は、まったく異なる系統から派生したのだが、進化のすえに旧大陸のハゲタカと同じ特徴を多く持つようになった。

ハゲタカが死骸を餌にしやすく進化した点のなかでも、とくに目立つのは、〝ハゲ〟だ。その名のとおり、ハゲタカの頭部にはほとんど羽毛がない。獲物の内臓をついばむ際に血が飛び散るので、頭部に羽毛があると、きれいに保つのが難しいから、とされる。しかしこれは、ハゲタカをめぐる多くの誤解の一つだ。羽毛がない理由は、じつはもっと平凡らしい。学者の一部によれば、通常体温を保つためだという。

体内から熱を逃がしやすくして、強い陽射しのせいで顔が（というか、脳が）高温になりすぎる危険を防いでいる。たしかに、ハゲタカの大半は温暖な地域で暮らしている。

その他にも、ハゲタカのからだは習性に適合するようにできている。たとえば、胃酸はきわめて腐食性が強い。小さめの骨を消化できるばかりか、腐敗した死骸に含まれる、クロストリジウム・ボツリヌス菌（ボツリヌス中毒の原因）、豚コレラ菌、炭疽菌などの微生物を殺菌するのにも役立つ。二〇一四年、クロコンドルとヒメコンドルの消化の仕組みを分析したところ、腸内細菌がヒトとは著しく異なることがわかった。ヒトの腸内には種々雑多な微生物が混在しているのに比べ、ハゲタカの腸はたった二種類に独占されている。クロストリジウム（有毒なボツリヌス菌を生成する）と、恐ろしいフゾバクテリウム（数多くの深刻な血液感染に関係している）。どちらも有毒なはずだが、ハゲタカはまるきり平気。では、二つの毒は腸内で何をしているのだろう？　確証は見つかっていない。進化して、ハゲタカが耐性を備えたのか、ヒトより一〇ないし一〇〇倍も腐食性のある胃酸と考え合わせると、有害な微生物をさらに念入りに殺すのが目的か？　いまだ研究が続いている。

新大陸ハゲタカ（コンドル）は、死に関連して、また別の巧みな技を使う。陸上の捕食者に脅かされた場合、相手に胃酸を吐きかけるのだ。映画『エイリアン』のたぐいが大好きな人にはたまらない攻撃方法だろう。頭部に羽毛がない理由はそう特殊ではないにしろ、こちらは進化上、重要な意味を持つかもしれない。体重のあるハゲタカは、飛び立つ動作に時間がかかるので、少し胃酸を吐き出して、いわば積み荷を軽くしている可能性がある。もっとも、学者たちはこの点にも確実な答えは出せていない。ハゲタカの奇妙な進化の特徴はまだまだある。まず、頻繁に、自分の脚にまんべんなく尿をかける。これまた進化に伴う行為なのだろうが、尿酸ごときでは、死骸の残留物に含まれる致死性の物質を取り除けるとは思えない（殺人をもくろんでいる人は知っておこう）。まあ、排尿で体温が下がるのは確かだが……。動物学者のあいだで最も意見が揺れているのは、巨型動物類の死骸のありかを突きとめる方法だ。ハゲタカはいったいどうやって死骸をそんなに素早く見つけるのか？　どのくらい遠くからやってくるのか？　どんな感覚器官によって死骸のありかを突きとめるのか？　ビクトリア時代の博物学者は、一時、こうした大きな疑問にぶつかっていた。議論が白熱したすえ、二つの派閥に分裂した。片方は、ハゲタカは嗅覚を活用しているとし（いわば〝嗅覚支持派〟）、他方は、視覚を使って死骸や死にかけの動物を見つけていると考えた（〝嗅覚否定派〟）。どうやって解決したか、ぜひ書いておこう。科学上の大きな対立の勝敗が、ごくシンプルな実験を通じて決まることもわかるはずだ（ここに記す内容は、ベンジャミン・ジョエル・ウィルキンソンの優れた著作『Carrion Dreams 2.0: A chronicle of the human-vulture relationship』にもとづいている。しかも、英語版は無料でダウンロードできる）。

嗅覚支持派の主軸を担った人物は、イギリスの博物学者で探検家でもあったチャールズ・ウォータートンだ。ハゲタカは地上の死の臭いを嗅ぎとって、はるか遠くから、狩猟動物ならではの素早さでやってくる、と考えた。しかし、ハゲタカに関しては、新大陸にも真実を追い求める者がいて、嗅覚ではなく視覚を使っていると唱えた。この嗅覚否定派の代表格は、著名な鳥類学者ジョン・ジェイムズ・オーデュボンだった。主張の根拠は単純きわまりない。以前、干し草の束をシカの皮で覆っておいたところ、ハゲタカが寄ってくるのを見たという。そのハゲタカは、奇妙な外見の干し草に近づき、中身の〝肉〟を引き出したものの、大量の飼料と干し草がこぼれ出し、死骸が偽物とわかって困惑しているようすだった。死臭がしなかったにもかかわらず、ハゲタカは寄ってきた。オーデュボンはこの体験を思い出した。嗅覚説を強く否定し、ハゲタカは視覚によって死骸のありかを知る、と主張した。

対立するオーデュボンとウォータートンは、一八二六年一二月にロンドンの公式な会合で顔を合わせ、以後、大西洋を挟んで、ハゲタカをめぐる活発な議論が巻き起こった。嗅覚支持派も否定派も、自分たちの仮説を支える証拠や、相手側の説を覆す証拠を探し始めた。やや醜い争いだ。ある時点でウォータートンは、オーデュボンの説は証拠不足もはなはだしく「むち打ち刑に値する」とまで言った。誹謗中傷に耐え、結局はその冬、嗅覚否定派の優れた方法論的な試みが効を奏する。チャールストンに住むジョン・バックマン師という人物が、ハゲタカがシカの皮で覆った干し草をつついたというオーデュボンの最初の目撃談に関心を持ち、同じ方法論を受け継いで、さらに実験を続けることにした。チャールストンにいる有名な人文科学者たちに協力を仰いだ。

バックマンらの科学者チームは、真実を暴くための実験方法を模索した。ハゲタカ（チームの地元では、クロコンドルとヒメコンドル）が獲物を見つけるのに目と鼻のどちらを使っているか、どうすれば明らかになるだろう？　まずは、ハゲタカの死骸をコメの籾殻《もみがら》で隠して、成り行きを見守った。死臭は空高くまで届いていると思えるのに、オーデュボンの説どおり、ハゲタカは一羽も寄ってこなかった。続いて、違う実験に移った。台の下に腐肉を置いてみた。上空から黙認はできないが、通気性はあるので、臭いは遠くまで広がる。しかし二五日後になっても、一羽のハゲタカもやってこなかった。来たのはイヌだけ。たくさんのイヌが来た。ハゲタカが心惹かれるのは臭いではなさそうだ、と研究チームは考えた。だいぶ裏付けがとれてきた。

ここで、バックマンは天才的な創造力を発揮した。地元の芸術家に依頼して、絵を描いてもらったのだ——空から見て、ハゲタカが寄って来たくなるような絵を。丸々としたヒツジから内臓がはみ出していて、いかにもハゲタカの食欲をそそりそうな巨大な絵画だった。バックマンたちはその絵を草原に持っていき、地面に置いて、ようすを見守った。すると、面白いことが起こった。史上初めてだろうが、空から鳥が舞い降りて、絵を食べようとし始めたのだ。そのうち、さらに何羽もハゲタカが現われ、絵に食いついた。また数羽。またまた数羽。よくできた芸術作品を引っ張って、これは食べられないらしい、と失望し驚いたようすだった。下生えのなかに隠れて、そばで観察していた数人の学者グループは、全員一致で「非常に興味深い事実が証明された」と満足した。このテストは五〇回以上繰り返された。ハゲタカは何度も騙され続けた。絵のそばに、くず肉を置いたときさえ、ハゲタカは本物の肉を見つけられず、一直線に絵画をめざした。方法論的なアプローチの極みといえる（芸術と科学は相いれないと思うのは大間違いだ）。

一八三四年、バックマンが率いる研究チームはこの発見を文章にしたため、ヨーロッパに送った。こうして、バックマンとオーデュボンが中心になったアメリカ人が論争に勝利した。真実を嗅ぎとったのは嗅覚否定派だったわけだ。ウォータートンが率いていたイギリス人チームは負けた。いや、〝ほぼ負け〟と表現すべきだろう。なにしろ、実状はそう単純ではない。さらなる研究（絵を使わない調査）の結果、クロコンドルは確かにほぼ視覚のみに頼っているらしいと確認された。ところが、ヒメコンドルは、全般にそうではなかった。嗅覚の能力もあり、獲物をあさる際に活用しているらしかった。ビクトリア朝時代の人々なら顔をしかめるだろうが、タカ科（鳥の分類学上、アカトビはこれに属する）は、ほとんどのハゲタカと同じく、嗅覚があまり発達していない。視覚を活かして、動物の死骸にありつく。

しかし、大陸をまたぐ共通点はここまで。目下、旧大陸ハゲタカ（すなわちハゲワシ）は、かつてのアカトビ並みに危機にさらされている。アカトビの個体数は（少なくともイギリスでは）安定したままだが、旧大陸ハゲタカは、以前よりひどい速度で減少しつつある。生き物の歴史の長さでみると〝一夜〟にして、旧大陸ハゲタカの生息数は急降下の一途をたどっている。現時点で、世界全体でみると旧大陸ハゲタカの七五パーセントが絶滅の危機にさらされており、IUCN版レッドリストでは〝準絶滅危惧〟に指定されている。俗にハゲタカと総称される種《しゅ》のうちでも最悪の状態なのは、アジアのベンガルハゲワシだ。バードライフ・インターナショナル（鳥類の個体数を監視し、急激な減少に歯止めをかけるべく熱心な活動をしているNGO）によれば、アジアのベンガルハゲワシは九九・九パーセントも減ったという。その原因は？抗炎症薬のジクロフェナクだ。人間のほか、獣医が家畜にも用いる。そういう家畜の死骸をハゲタカが食べると、体内に蓄積したジクロフェナクのせいで、腎不全になって死ぬ。パキスタン、インド、ネパールでは、ハゲタカの九九パーセントがこの薬のせいで落命した。だが、アジアでこんな悲惨な数字がくわしく報告されているにもかかわらず、二〇一四年、スペインとイタリアでもジクロフェナクの使用が承認された。両国ともハゲタカが数多く生息している。その運命はどうなるのだろう？

懸念される最たるものがジクロフェナクだが、現代のハゲタカにとって脅威はほかにも数多い。狩猟、生息地の喪失、送電線、意図的な毒殺などだ。危険は高まるばかりで、二〇一五年六月の新しい調査によると、アフリカのハゲタカも、アジアと同じ道をたどりそうだ。たった三世代のうちに七〇パーセントないし九七パーセント減少したという。わたしはひどく悲しい。ハゲタカは、旧大陸の食物連鎖の根本をなす一つだからだ。まるで錬金術師みたいに、動物の死骸を砕いて、肥料にもってこいの栄養豊かなペーストをつくってくれる。死骸を始末し、病気が広まる危険を防いでくれる。しかも、美しい。大型で美しく、わたしは、トビに負けず劣らず愛着を抱いている。今後どうなるのだろう？　旧大陸でハゲタカはどのくらいの数が死んでいくのか？　予測は難しい。当面は静観するしかないが、いつの日か、アカトビと同じようなめざましい復活を遂げるかもしれない。ハゲタカには場所も存在意義もある。大空を舞い、価値ある働きをする。新大陸にいる親戚（コンドル）は（アメリカのたいていの地域で）生息数が上向いているし、アカトビもこうして元気を取り戻した。ハゲタカもまったく同じ扱いを受けてしかるべきだ。

わたしにできることはあまりないが、アカトビの復活をおおいに喜び、誇らしくすら思っている。ときおり、うちの自宅の上空を飛んでいるのも見かける。アカトビがいまだ存在するのは喜ばしい。人間が自然界にいい影響を与え、変化させることもできるという証拠だ。ほとんどの人々が無価値とみなしている生き物にも機会を与えてやれる証拠。機会さえ与えれば、生き物たちはみずから息を吹き返すという証拠でもある。しかし、ビクトリア時代の感情がすべて消え去ったわけではない。腐肉を食べる生き物を忌み嫌う人々はいまもおおぜいいる。本書を執筆している現在、イギリスでは、一部の土地所有者が、ふたたび増え始めたトビに神経をとがらせているようだ。右翼政党はトビの保護を、娯楽としての狩猟を脅かす行為とみている。極右政党ともなると、トビが有益な存在だとはいっさい認めない。

いまやイギリスはＥＵの勧告に従う義務がなくなったことも影響している（連中いわく「ヨーロッパ大陸から来るこの鳥たちは、われわれのヒツジを殺し……」云々）。ここでわたしが鋭い意見を述べて弁護するのは無理だが、それでも、トビを気の毒に思う。トビは、カササギ、カラス、オオガラスなどと同様に不当な扱いを受けている。カラス科の鳥の大半と同じように忌み嫌われている。死に関わって生きているせいだ。しかしそれは、どう考えても、当の鳥類の責任ではない。わたしたちは、何千年にもわたって共存してきた野生の生き物を駆除し、自分の家畜ばかりを守って、死というものを生態系から排除しようと懸命になっている。腐肉食動物の弱みにつけ込み、たいがい餓死に追い込む。まだ生き残っているトビ、カササギ、カラスは、いわばもう失業状態だ。世間の人々はそういった鳥をすぐ〝たかり屋〟と呼ぶ。有益な役割をする点には目もくれず、害獣のレッテルを貼る。

ウェールズのブルルチナンイヤエアリアンの森でアカトビの群れを観察したとき、わたしが最も痛感したのはそういう現実だった。おむつを交換し終え、斜面の高みから見渡すと、すべてが見えた。アカトビ。数百羽いる。整った隊列をつくって、らせん降下してくる。観衆は頭上の光景に目をみはり、笑ったり、物真似をしたりしながら、エビのカクテルサンドウィッチなどを頬張っている。ここは、腐肉食動物のための食糧給付所。野生の鳥ながらも、人の手で甘やかされている。かつてはみずからの力で大切な命を守り、種を絶やさずにきたが、現在は違う。昔は、生き物の死骸を始末するという、れっきとした役割を担っていたのに、人間にその役割を奪われてしまった。過去何世紀も暮らしてきたイギリスに、アカトビが大量に生息する余地は、もはやなさそうだ。絶滅をまぬがれるだけで精いっぱい。では、わたしたちがいまできることは何だろう？　個人的には、見かけるたびにアカトビを一羽ずつ祝福してやっている。生よりも、何かの動物のささやかな死を願い、アカトビが餌に困らず、わが子の世代もその姿を見られるようにと祈っている。

アカトビの群れに囲まれつつ、わたしは窪地を見渡した。片手におむつを持ち、もう片手に赤ん坊を抱えて……。そのとき突然、自然界における死を人間は正しく認識できていないのではないかと、初めて不安になった。人間はいま、生と死を操る役目を勝手に請け負っているのでは？　本書の執筆を進めるうち、スガに関しても同じ懸念を抱いた。ゴケグモモドキに関しても……。疑念は深まる一方だった。ゴケグモモドキなどの生き物を恐れるのは、自分自身の立場を、自分がいずれ死ぬ運命にあることを想起させるせいなのだろうか？　死が怖いから、死にまつわる生き物を怖がるのか？　わたしたちが皆、同じ水彩絵の具で描かれたはかない存在だという事実を、いくら努力しても受け入れられないせいか？

生と死がどちらも等しくわたしたちを構成する要素で、自然界はそんなふうに成り立っていると、どうしても認められないからなのか？　自然界の何かによって死を思い出させられても、平気で真実を受け入れられる者など、世界のどこかにいるだろうか？……じつは、いた。確かに存在した。

11

ホラアナサンショウウオとグアノ

The Grotto Salamander and the Guano

アゼルバイジャンへ向かう川の途中に漂流していたそのペンギンには、名前がなかった。どんな生き物なのか、誰にもよくわからなかった。なんとなく浮いたり潜ったりしていたところを、当局者に保護された。アフリカ大陸の南岸を原産地とするケープペンギンと判明した。

旅するペンギン。まさにそんなニックネームがふさわしい。イングランド島のトーキーで生まれたあと捕獲され、ジョージア州のトビリシ動物園で飼育されていたらしい。大洪水のおりに動物園から押し流されて、三〇〇キロメートル以上も泳ぎ、川のなかで発見されたのだ。そのまま流

れていたら、アゼルバイジャン経由でアジアまで行っていただろう。ケープペンギンがなぜヨーロッパに？　どうして、もと居た場所からそんなに遠く離れたのか？　じつはこの物語は、何百万年もの歴史が生んだ。そして排泄物が関わっている。

この壮大な物語の発端は、世紀をさかのぼる。トーキーからさほど遠くない場所に、ライムリージスという町がある。イギリスの世界遺産であるジュラシック海岸の要所だ。この海岸は、一九世紀の古生物学者メアリー・アニングの活動拠点であり、崖に露出した地層からイクチオサウルスやプレシオサウルスが発見されたほか、それらの体内にあった〝胃石〟が見つかったことでも有名だ。全体に黒っぽい染みで覆われ、縞模様がついたり渦巻き状だったりするこの珍しい石は、当然ながら海辺で商品として売買された。宝石商は、これを使い、ブローチ、ネックレス、イヤリングをつくった。医者は、粉末にして薬として珍重した。当時は知られていなかったが、アクセサリーとして女性たちに売り込まれていたこの石は、爬虫類の排泄物だった。知らず知らずのうちに、大便が市場を形成していたわけだ。世間の人々が身に着けて歩いている石は爬虫類の排泄物の化石ではないか、とアニングはいち早く考えた。なによりの証拠は、謎の石がいつも魚竜化石の骨格の下腹のあたりで見つかったことだ。腸の動きに備えているかのように思えた。アニングは感づいていたが、ほかの人たちは知るべくもない。その後、ウィリアム・バックランド（ウェストミンスター大学の学部長で、初の恐竜化石であるメガロサウルスについて真っ先に論文を書く人物）が、アニングと同じ見解に達した。類似のさまざまな石を探した結果、魚のうろこの化石の内側で見つかったり、頭足動物（おもに矢石目やコウイカ）の墨嚢《すみぶくろ》に紛れて発見されたりしたからだ。言うまでもなく、石の正体がライムリージスじゅうに知れわたるや、これをあしらったアクセサリーは人気が凋落した。しかし、代わりにやがて、違う取引がさかんになった。もっと大きく、儲けになる取引だ。バックランドは、この石の研究を続けるかたわら、友人である著名な化学者リヨン・プレイフェアに石の不思議さを教えた（そのころには〝糞石〟と改名されていた）。ふたりでサンプルを収集し、プレイフェアの研究室で粉末化してみた。バックランドの予想どおり、糞石には、じつに大量のリン酸カルシウム――痩せた土壌をふたたび肥やすのに役立つ重要な成分――が含まれていた。何百万年も前の生き物が残したこの排泄物の化石を活かせば、耕作地の地質をよみがえらせる一大産業が誕生するのでは、とふたりは胸を膨らませた。ヒトの排泄物をまく必要はなくなる。

ふたりはバロン・フォン・リービッヒという有名なドイツの化学者をライムリージスに招いて、この案を披露した。フォン・リービッヒも気に入ったとみえ、ほどなくしてこれをテーマにすえた論文を（ふたりの協力も得て）発表した。さらに、世界的な規模で過リン酸塩を出荷する業界をつくり上げた。恐竜や海生爬虫類の化石から抽出するのではなく、現在まで生き延びている動物、すなわち鳥類を利用した。

以降、数十年にわたって、鳥類のグアノ（鳥糞石《ちょうふんせき》、すなわち糞が堆積して硬化したもの）が非常に重宝され始め、開発が進んで農地が痩せてしまった地域も、グアノの威力で、広大な緑を取り戻した。そのきっかけをたどれば、まさか爬虫類の排泄物の化石とは誰も気づかず人気を博していたイヤリングやブローチなのだ。

ここまでは、出来事の穏便な一面にすぎない。実際は、初期の多くの地質学者や探検家（著作が若きダーウィンに影響を与えた、アレクサンダー・フォン・フンベルトなど）が、糞は肥料に使える可能性がある、と見抜いていた。フォン・リービッヒよりはるかに早く同じ結論に達した人々もいる。窒素、リン酸塩、カリウムを含んでいるという点で、グアノはきわめて有効な肥料だ。いずれの成分も、植物の成長に重大な意義を持つ。しかし、発端はどうあれ、海鳥が無数に集まっていた一九世紀の離島には、突如として新しい価値が生まれた。鳥類の排泄物をめぐり、各国が競いだした。ゴールドラッシュをはるかにしのぐ争いだった。フォン・リービッヒの論文が反響を呼んで、ペルーでグアノが注目されたのを受け、ナミビア、オマーン、パタゴニア、カリフォルニアなどの沖合いにある島々からグアノを運ぶ産業が栄えた。一八五六年、アメリカがグアノ島法を制定し、所有者のいない島でグアノを発見したアメリカ国民は、そのグアノの独占権を得られるようになった（とはいえ、現在でもアメリカの正式な領土なのは、そういう島々のうち九つにとどまる）。中国人も、グアノ探しに参入した。一八四九年にグアノの採集を始めたのは八〇人ほどだったが、二〇年後には一〇万人もの中国人が関わる大産業に成長した。当然の流れとして、とくにだいじな島々の所有権をめぐって、戦争が勃発した。スペイン軍が、ペルーとチリの連合軍と戦ったチンチャ諸島戦争（一八六四年〜一八六六年）。チリが、ペルーの豊富なグアノの大半を勝ちとる結果になる太平洋戦争（一八七九年〜一八八三年）。この貴重な排泄物の売上げは莫大だったとみえ、あらたに獲得した島からの税金で財政が潤い、一九〇二年までにチリの国庫金は九〇〇倍に激増した。

ほかの国も指をくわえていなかった。南アフリカは、グアノが豊富な自国の島々を独自に活用し、本章の冒頭に登場した生き物——ケープペンギン——が被害を受け始めた。ケープペンギンは、グアノのそばに営巣し、卵を隠すための穴をつくる。人間に奪われてグアノが減るにつれ、ケープペンギンは、周囲から丸見えの、外敵にさらされている場所に巣づくりするようになった。生息数が減少するのは当たり前だ。現地を視察した環境保護活動家たちが、飼育下繁殖を始めることにし、イングランド島のトーキーをはじめ、はるか遠い場所にケープペンギンを移住させて、いずれまた大きな海のもとへ返してやろうと計画した。その時点ではなにしろ乱獲が進み、グアノが消滅しかけていた。そんなわけで、アゼルバイジャン近くのあの川にケープペンギンがいたわけだ。人間のグアノ欲しさが元凶だった。

本書に排泄物を題材にした章を設けるべきか、わたしは事前に悩んだ。正直なところまだ迷いが残るものの、排泄物は、突きつめると死を意味すると思う。生命が犠牲になってこその産物だ。死んだ何かが生き物の体内を通過した結果といえる。素人がふつうに目にできるもののなかで、死がこれほど大きくひとかたまりになった堆積物は、まずほかにないだろう。生き物の死骸と同様、グアノはあらたな命を生み出す（だからこそ、世界的に取引されたわけだ）。そこで、グアノに関してもう少し書かせてもらいたい。そうしたら排泄物の話題は打ち切るとしよう。

とりわけ栄養分が豊富で優れたグアノは、降雨量の少ない島で採れる。雨が少ないぶん、窒素を含むアンモニアがグアノから流出しない。本当に最高のグアノは、湧昇流のすぐ脇の島にある。海の深くから栄養分が湧き上がるため、魚が肥えている。その魚たちを海鳥がたらふく食べて、栄養たっぷりの糞を岩の上に積みかさね、やがて人間が採集することになる。排泄物と聞くと見くびりたくなるが、グアノのおかげで陸や海の風景がいろいろ活性化する。じつは命の泉とみなすべきだろう。

排泄物が生き物にどれほど有益かを示す好例が、いわゆる〝クジラ・ポンプ〟だ。海洋生物学者のジョー・ローマンとジェイムズ・マッカートニーが二〇一〇年に命名したこのクジラ・ポンプは、海の深く（クジラが餌をとる場所）から、海面近く（呼吸と排便のために浮上する場所）へ、栄養分を運ぶ役割を果たす。クジラの排便と聞いて、みなさんは、クジラが素早く深くに潜ったあと、巨大な茶色い物体がぷかぷか海面に浮かぶようすを思い浮かべるかもしれない。ところが、違う。肛門から茶色い煙のような排泄物を噴射するのだ。結果、しばらくのあいだ海面付近には茶色く濁った層が生じる。これが、プランクトンにとっては新しい栄養豊富な生活の場となる。生き物が集まってきて、濃縮された窒素を取り込み、繁殖する。二〇一〇年に科学雑誌『PLOS　ONE』に掲載された論文によれば、メイン湾の真光層（海面から、光合成をおこなえる限界の水深までの範囲）には、クジラとアザラシが年間二・三×一〇四メートルトン（一メートルトン＝一〇〇〇キログラム）の窒素を補給しているとみられ、湾に流入する川の水から補給される窒素の総量よりも多いという。しかもこれは、クジラが何世紀にもわたって人間に乱獲されたあとの数字だ。太古の海では、クジラやアザラシが海面付近をもっと豊かに潤していただろう。一時さかんに取引されたグアノと比べても、栄養分の移動という面でははるかに規模が大きかったにちがいない。捕鯨国は、クジラは多量の魚を餌として消費してしまう、と指摘する。ただ、もしローマンとマッカートニーが正しければ、実態はむしろ逆だ。クジラは、海面近くの海水に窒素を供給している。深海から窒素をくみ上げ、プランクトンを増やして、幼魚や成魚を養っていることになる。なのに、海洋資源を減らす存在だと非難するのは、厚かましいのではないか？　マッコウクジラが、近づいた潜水者に向かって霧のような排泄物を大量に浴びせるのは、理不尽な批判への抗議なのかもしれない。

引く手あまたのグアノを供給してくれる生き物としては、コウモリも有名だ。多数の洞穴に、数千年もかかって蓄積した排泄物の巨大な山がある。このいっぷう変わった生息地では、グアノを好物とする無脊椎動物などが大量に繁殖して、生態系を形成している。棲んでいる生き物は、センチュウ、齧歯類、ダニ、トビムシ、小蛾類《しょうがるい》、各種のハエのほか、グアノを食べる両生類、ホラアナサンショウウオなどなどなど。ダニがとくに多い。ニューサウスウェールズ州のある洞窟では、一平方メートルのグアノにつき、およそ一億二六〇〇万匹のダニが見つかった。わたしが前に見たブタの死骸と同じように、グアノに惹かれてさまざまな捕食動物が集まり、盛大な食事会を開く。ハネカクシ、ゴミムシ、ニセサソリ、ムカデ、ザトウムシ、クモ、ガ、寄生バチ……挙げれば、きりがない。こういった捕食動物が、グアノに棲むダニ、トビムシ、センチュウあたりをとくに好んで食べる。きわめて興味深いのが、これらすべての生き物の生殖行為が、もっぱらコウモリや糞の量によって左右されていることだ。光のない洞窟内でも、頭上のコウモリから排泄物が落ちてくる頻度に応じて、季節が変遷している（糞がわりあい多い＝夏、わりあい少ない＝冬）。命の営みは、こんな素晴らしい現象で成り立っている。

悲しいかな、海鳥の暮らす島のグアノと同様、バット・グアノ（堆積したコウモリの糞）は、人間にとっても魅力的だから、放っておけるはずがない。採集、売買、運搬と、どんな面でも都合がいい。さっそく行動に移した。コウモリとしては、自分たちの洞窟に人間が機械を携えて入ってくるのは歓迎できない。映画さながら、コウモリの群れは大暴れし始めるが、じつは人間に襲いかかっているわけではない。どう対処すべきかわからずパニックに陥り、むやみに飛びまわっているのだ。映画では描かれないものの、なかには死んで落下するコウモリもいる。幼鳥の多くも、母親に誤って取り落とされて死に、下でうごめく生き物たちのあいだに埋もれていく。人間によるグアノの採集のせいで、コウモリの生息数は大きな打撃を被る。コウモリにはグアノが付き物。グアノには一平方メートルあたり一二六〇万匹のダニが付き物だ。だからあいにく、たくさんの生き物が失われる。幾多の命が……。

ありがたいことに（ダニ嫌いの人にはありがたくないかもしれないが）、現在ではグアノに昔ほどの高値がつかないので、かつてほど野蛮きわまる採集はおこなわれていない。一九〇九年、フリッツ・ハーバーらがハーバー・ボッシュ法という窒素の固定方法を生み出したため、いまは、アンモニア由来の肥料が、地球上の全人口のおそらく三分の一を支えている。排泄物にとりつく無数のダニやムカデが、ハーパーとボッシュに感謝しているだろう。もっとも、グアノを愛する生き物すべてにハッピーエンドが訪れたわけではない。ケープペンギンの多くが、穴に身を潜めたり、本来の生息地とは違う場所で暮らしたりしている。ただ、さいわい将来いつの日か、島に戻って穏便に暮らし、もとどおり全世代の排泄物を母乳代わりにして育つようになるだろう。

本章は短めにとどめた。もっと長く、もっと詳しく排泄物を論じようかとも思ったのだが、わたしごときが書くまでもなさそうで、排泄物をテーマにした良書がすでにいくつか出版されている。*下水処理作業を視察しに行くことも考え、実際、うちの地元の下水処理場に問い合わせた。わたしや、トイレトレーニング中のわが子の排泄物が、トイレから流されたあとどうなるのかを明らかにしたかったからだ。意外にも、下水処理場としては、よそ者の見学をこころよく思わないらしかった。残念でならない。わたしは、下水道サービスに毎年五〇〇ポンドくらい払っている。その料金がどんなふうに使われているか、喜んでお見せします、となっても良さそうに思うのに……。だめだった。見学は受け付けていないという。

そんなわけで、(読者のみなさんは、ほっとしているかもしれないが) このテーマを追究するのはあきらめた。個人的には、いまだ心残りでしかたない。自分たちの排泄物がどう変遷していくのか見きわめられれば、命のありがたみをさらに実感できたはずだ。排泄物とわたしたちは切っても切れない縁でつながっている。片方に口が、他方に肛門がある、チューブ状の消化管を持つ生き物なのだから。死んだ何かを口から入れて、死んだまま肛門から出す。が、条件さえ整えば、そこからまた命が芽吹く。排泄物をそっと、なるべくありのままのかたちで放置しておけば。良いことは排泄物が原点になって起こる。排泄物から生命が生まれる。それがたとえムカデとダニの群れだとしても、やはり命だ。そして命は、全般にみれば、本当に素晴らしい。

＊個人的にはデイビッド・ウォルトナー＝テーブズ著『排泄物と文明』をお勧めする。

12 ホリッド・グラウンドウィーバー

The Horrid Ground-weaver

ひとりの警備員が駐車場の向こう側から大股でこちらへ歩いてくる。見るからに不機嫌そう。わたしたちに近づく行為だけでも時間の無駄と言いたげだ。もっとも、なぜ警備員がやってくるのか、わたしにはわかっている。自分が警備している金物店の駐車場で、どうして見知らぬ三人が脇に切りたつ崖の壁面を見上げているのかと、不審に思ったにちがいない。近づいてくるうち、ひとりが着用している黄緑色のTシャツに気づいて、さらに怪訝に思っただろう。前面にイエバエが大きく描かれたTシャツ。警備員の心のなかは想像できる。「駐車場にぼうっと立って、前面にイエバ

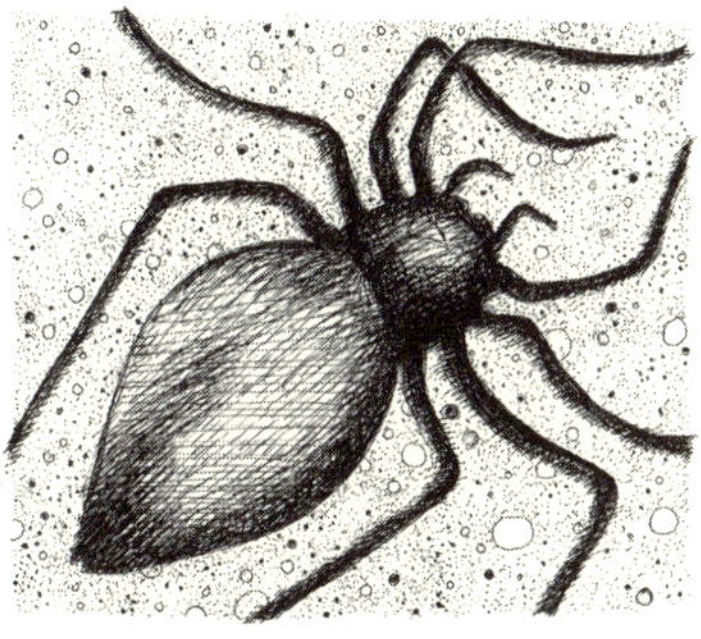

エがでかでかと描かれたTシャツなんか着てるやつは、いったい何者だ?」。どうして、どんな意味があって、ひとりが驚くほど精巧な携帯型GPSをいじっているのかという点も、不思議に感じたかもしれない。三人めの男、つまりわたしの動作にも当惑したと思う。やたらとうなずいて、おおげさに両腕を動かしながら、あとで文字に書き起こせるようにと、録音機にすべての出来事を記録している。

「何か、お困りですか?」。すぐそばまで来た警備員が声をかけてきた。イエバエのTシャツを身に着けたアンドリューが、崖から目を離して振り返る。悪びれたふうもなく、警備員と正対した。興奮しながら崖を見つめる行為が、この世でごく自然であるかのような態度。とはいうものの、本人もかすかに自信が揺らいでいるのがわたしにはわかる。事実、担当者に許可を求めようと考えていた矢先だった。この他人の所有地に小さなサラグモが生息しているかを調査してもかまわないか、と。「ここの土地を管理している人を知ってますか?」。アンドリューが警備員に訊く。「ええ、まあ」。急に警戒心を解いたような声色。「いまこの場ではくわしくわかりかねますが……」。そこまで言ってから、落ち着きを取り戻す。現実を思い出したかのように身を正した。「その前にですね、あなたがた、誰です? ここで何をしてるんですか?」。ふむ、確かに。警備員が急に毅然とした態度になったので、わたしたち三人は、ややとまどった。どう釈明すればいいのかと、わたしは悩んだ。「バードウオッチングをしてるとか?」と、警備員の声がひどくまじめになる。「じつはですね」。アンドリューが口を開いた。「……いえ、バードウオッチングではなくて……そんな優雅な趣味ではないんです」。一つ深呼吸して、話の続きを考える。警備員は腕組みをした。「つまりその、こういうことです。おたくの店が入っている大型ショッピングセンターができる前、採石場だったこの場所で、非常に珍しいクモが見つかったんです。名前はホリッド・グラウンドウィーバー」。そこで言葉を切る。「なるほど」と、警備員が無表情で言い、ゆっくりとわずかにうなずいた。「それで?」。こんどはアンドリューの番。「ホリッド・グラウンドウィーバーという名前なんです」と繰りかえす。「プリマスの町の三カ所でしか確認されていません。ホリッド・グラウンドウィーバーがいるのは、地球上でプリマスだけです。そしてここが採石場だったころ、あの崖の上に生息していました」。アンドリューは、石灰岩の崖と、砂地から突き出た巨石の堆積とを見上げた。警備員の目が、アンドリューを凝視したまま、そうとうな真剣さを帯びている。アンドリューもその視線を感じつつ直立し、警備員の機嫌を損ねまいとする。

「ここにまだ生息しているかどうかを調べる必要があります」と、堂々たる口調で警備員に告げる。一瞬の沈黙。「そうですか……」とこたえる警備員の口調に、さっきよりかえって疑念がにじんでいる。「そういうことですか……」と繰りかえす。正直なところ、わたしたちは、もっとこころよい返事を期待していた。

ふたたび数秒の無言。アンドリューは戦法を変えて、子供のような無邪気な笑みを浮かべた。「妙な話ですよね。妙な話に聞こえるのはわかっていますが……」。大きく息を吸う。「われわれとしては、あの崖を登りたいわけです。きちんと安全な装備をしてですよ。で、クモを探したい……崖の上を調べたいんです。わかります？」。あわてて付け加える。「でももちろん、まずはあなたに許可をもらわないと」。最後のせりふを言うとき、また気さくな笑みを広げる。警備員が三人全員を見渡した。またしても沈黙。「所属先はどこでしたっけ？」「バグライフのメンバーです」と、アンドリュー。この自然保護団体が、有名な政府機関であるかのような言いかただ（バッジでも出すのか、とわたしはなかば期待した）。最後にもういちど沈黙があった。「わかりました」と、警備員が微笑した。「上司に話を通したいので、いっしょに来てください」。アンドリューは警備員と本館へ向かう。ジョーとわたしだけ駐車場に取り残された。本館に入る前、アンドリューはわたしたちを振り返り、軽く親指を立ててみせた。建物に入っていく。

ホリッド・グラウンドウィーバーは、サラグモ科のなかでも特徴がなく、その代わりか、〝ホリッド（恐ろしい）〟という、ひどく印象的で奇妙な名前をつけられた。外見の特徴がないせいで、正しく特定するため、殺して解剖し、生殖器を顕微鏡で観察する必要があった。あまりにも特徴がないので、一九九五年に（サラグモ科のなかで）独自の種《しゅ》と確認されるまで、何世紀ものあいだ無脊椎動物の専門家に見逃されていた。わたしは、地球上でもきわめて珍しいこの生き物に会えるのではと期待して、プリマスを訪れたのだ。

ここに来たのは、仮名〝ジョン〟――ゴケグモモドキ騒動の火付け役になったジャーナリスト――

の影響だった。あの喫茶店で会って話したとき、本人の意図と無関係にイギリスじゅうでクモに対する嫌悪感がひどくなったと知り、突然、わたしがクモを擁護しなければと義務感に目覚めた。最近数カ月、その気持ちは高まる一方だった。少なくとも全般的にみれば、いたって可愛らしい。個人的には、子供のころ嫌な思い出があるのだが、やはりクモは本当に驚くべき生き物だ。いまはそのことがはっきりわかる。クモは無脊椎動物のうちでも捕食に絶好の生態にたどり着き、何億年にもわたって世界じゅうの食物網のなかに定着した。

ホリッド・グラウンドウィーバーが絶滅の危機に瀕していると知って、最近わたしはすっかり虜《とりこ》になった。小さくて貧相なサラグモにはめったに陽が当たらないものだが、ホリッド・グラウンドウィーバーは珍しく世間一般の注目を浴びている。メディアが大きく報じている理由は、ホリッド・グラウンドウィーバーが棲んでいるかもしれないこの採石場跡に不動産会社が五〇軒あまりの家を建てようという計画が持ち上がり、明らかに人間が絶滅に追い込むことの是非をめぐって議論が巻き起こっているせいだ。現段階では、まだ完全に絶滅したと決まったわけではない。いまわたしたちが訪れている駐車場の脇の崖に生き残っている可能性が、ほんのわずかながらある。生息地とおぼしきこの土地は、イギリス南西岸の街プリマスにあり、もともとはラドフォード採石場という工業用地だったが、その閉鎖以後、野生動物にとって安息の地になった。ところが、こんどは不動産業界に脅かされている。ついさっき〝生息地〟

との用語を使ったものの、厳密な意味ではない。正しく言えば、〝過去に五回だけ目撃された場所〟だ。いずれにしろ、この採石場跡が土地開発されかねないとなって、無脊椎動物の保護に力を入れる団体バグライフにSOSのサインが送られたわけだ。世界じゅうで一カ所にしかいない、おまけに、ほんの数回しか目撃されていないクモ属の種《しゅ》が、運命を人間の手に握られている。すべて人間しだい。わたしはこの件に非常に強い関心を抱いた。深く引き込まれた。

本書を執筆しながら、わたしは、生と死の定義を試みている。と同時に、死の生態的な役割と、それに関わる無脊椎動物や脊椎動物を研究しようと考えている。だが、書き始めるうち、事前には予測していなかった事情を知った。人間が、イモムシはおぞましいという誤った見識のもと、木々を伐採していること。クモは怖いと書きたてて、広告収入を稼いでいること。腐肉食動物を不必要に忌み嫌い、殺していること……。そしていま、死をめぐってふたたび人々が奇妙な行動をとっていて、わたしはその真っ只中にいる。目下、人々が激しく議論している点は、サラグモの一種が完全に絶滅するのが本当に重大なのか、重大だとしたらどの程度なのかということだ。しかもこの議論は、驚くくらい興味をそそる方向へ進んでいる。ちょっと考えてもみてほしい。地球の歴史を見渡せば、さまざまな種の絶滅が散乱している。ほんのちっぽけなクモの生死が、そんなに大問題だろうか？　だが、逆の見方もある。自然保護に熱心な人たちは、一つの種を完全な絶滅に追い込む権利が人間にあると言い切れるのか、と疑問を呈する。そういう人々は、どうしてそんなにむきになるのだろう？　絶滅の話になると、なぜ道徳心をむき出しにするのか？　ホリッド・グラウンドウィーバーがマスメディアを通じて議論を巻き起こした件は、なんとも興味をそそる。本当にはらはらする。

そもそも、人間が何らかの種を絶滅に追い込むのは、本当にいけないことなのだろうか？　みなさんの想像に反すると思うが、じつはわたしは、この点について意見が固まっていない。成りゆきしだいでは、現在の態度を翻してもかまわないと思っている。わずかに毛の生えた脚を持ち、石灰岩の巨石の陰に棲んで、ほんのひと握りのクモ学者しか姿を見かけたことのない小さなクモ。その絶滅の是非をめぐる道義的な議論は、今後の良い土台になるだろう。だからこそ、わたしはこの一件に関心を持った。人々の反応はいろいろと混乱のもとになっている。理由はまず、絶滅——一つの種の完全絶滅——が地球の歴史ではいたって頻繁に起こってきたことだ。ヒトが因子になってなぜ悪い？

有名な話だが、かつて地球上で生きていた種の九九パーセントが現在は絶滅したとみられる。種の全滅は、山ほど例がある。その一方で、新しい種が繁栄する。絶滅も誕生も、地球上の生命の歴史には必要不可欠なのだ。きわだった例として、過去、何度か一気に大量の絶滅が起こっている。二億二五〇〇万年前には、海洋性の無脊椎動物が九五パーセント絶滅した。六六〇〇万年前には、ほとんどの恐竜が死に絶え、おかげで、アイアイやツチブタなど、乳首を持つ生き物が徐々に増え始めた。しだいに明らかになってきたのだが、わたしたちはいま、似たような絶滅の現場に立ち会っているらしい。ふたたび大規模な絶滅が起こる前触れかもしれない。ただし今回は、過去の例と違い、たった一種の生き物が引き金になりそうだ。つまり、わたしたち人間。IUCNのレッドリストに挙げられている四万四八三八種の生き物のうち、一万六九二八種（三八パーセント）が現在、絶滅の危機にさらされているという。わたしたちの大海原は死につつあるらしい。熱帯雨林は荒らされている。草原は砂漠化し始めている。WWFによれば、過去五〇年のあいだに地球上の野生動物の生息数は半減した。なんと半減！

イギリスでは、在来種の六〇パーセントが減り続けており、最近の調査では、一〇分の一が国内では絶滅に向かっている。安泰なのは、ヒト、ニワトリ、ウシ、ヒツジくらいしかいない。

そう、絶滅はじつにありふれている。地上の系統樹には大小の枝が数々あって、もう葉が生えない枝も少なくない。太い枝は力強いが、昨今、小枝はどれも弱々しく枯れかけ、頼りない細い枝に葉が数枚ぶら下がっているだけだ。わたしたち霊長類の先祖にしても、化石からみるに、たくさんの小枝に分かれて葉を茂らせていたようだが、いまでは急激に種類を減らしてしまった。とくに類人猿は、その昔、かなり多種類いた。現在では、その血を引き継ぐ生き物の種類が急減しつつある。いろいろな面で、地上に残っている生き物は、かつての多様性の名残でしかない。ホリッド・グラウンドウィーバーに関しても、似たような話といえるだろう。過去にはクモ類のなかで繁栄していたかもしれないが、いまは一つの種しか残っていない。生命の樹から突き出た小枝が、久しく忘れられ、もはや葉一枚だけになっている。おそらく、かなり高い確率で、いずれにしろこの葉は落ちてしまうだろう。絶滅。それが本当に大問題なのか？

駐車場にいるジョーとわたしは、建物に入ったきりのアンドリューを待ちくたびれていた。責任者との話し合いに手間取っているのか？　奇妙なイエバエのTシャツを着た見知らぬ三人組に、自分たちが管理する崖を登らせていいものかと、責任者は頭を悩ませているのかもしれない。おまけに、多くの人が、ろくに考えもせずに親指で潰してしまうような、ほんの小さなクモのために、命がけで崖をよじ登るというのだから、理解に苦しむだろう。はたしてアンドリューが顔を輝かせて出てくるのか、うつむいて肩を落としてくるのか、ジョーもわたしも見当がつかない。ふたりで雑談して待つ。ジョーは本来、淡水生物学者だが、あらたにクモ学者の経歴を始めつつある。バグライフ（おもにクラウドファンディングで成り立っている団体）でホリッド・グラウンドウィーバー・プロジェクトを指揮するのは、このジョーの任務になりそうだ。バグライフとしては、近隣の採石場跡かここかで例のクモがまだ生存している事実を確認したいと願っている。ここの崖の上で見つかったのは、二〇年前に一回きりだが……。もしも発見できたら、理想的な次の展開としては、このクモを法律で保護して、さらに理想的には、現在のような迫り来る住宅地開発から守りたい。

ジョーは胸を高鳴らせながらも、まったく特徴のないサラグモの一種に世間の関心をじゅうぶん集められるだろうかと、少し不安げだ。「教えてくれませんか。助ける価値は何でしょう?」と、わたしは尋ねた。いたって平然たる声色。その一点が知りたいがためだけにここまで来たことを相手に悟られないように努めた。「どうして重大問題なんですか?」。こんな直接的な質問は苦手だが、重大な出発点に思える。このクモが地元民のあいだでこれほど熱い議論の対象になっている理由を探る第一歩になる。ジョーからすかさず返事が来た。心のこもった優しい口調ながらも、わずかにいらだっているようすだ。「何かが絶滅することがどうして重大なのか、ね?」。勇気のこもった声。「わたしの場合……モラルの問題ね。わたしたちは見つけた。このクモを見つけた。絶滅寸前だとわかってる。知ったからには、わたしたちには責任がある。行動しなきゃいけない。誰かが行動を起こさないと。だから、わたしたちは動きだした。だから、ここにいるの……」。語尾が弱くなる。意気込みすぎているようで照れくさいらしい。「じつはわたしたち、このクモをよく知ってるわけじゃないのよ」と、さっきより緩やかな口調で続けた。少しのあいだ、ふたりとも無言になった。ジョーは振り返って、アンドリューがまだ出てこないか確かめる。わたしに顔を向け直したあと、地面に目を落とした。「人間にほとんど知られないまま、ろくに記録に残らないまま、このクモが誕生し、絶滅するとしたら、どのくらい悲しいことなのかしら。このクモが、なんていうか……ほんの……つかの間の存在に終わるとして、クモはどのくらい無念なの？」』。

つかの間の存在。その点はどんな生き物も共通だ。ただ、つかの間の存在とはいえ、わたしたちの目の前で絶滅に直面している。わたしたちのせいで。人間に責任があるぶん、事情が少し違うかもしれない。その場に立ちすくみ、わたしは考え込んだ。この小さなクモに初めて出合った昆虫学者が、新種かどうか確かめようとしなかったら、その存在すら知られずに終わっていただろう。誰も行動を起さなかった。運よく保護活動の対象になるクモは、全体のほんのわずかだろう。専門家たちがクラウドファンディングを通じてクモを救おうと試みるなど、間違いなく初めてだ。しかし疑問は拭えない。なぜ救うのか？なぜ重要なのか？

前に書いたとおり、わたしが生き物の保護に関わった最初の例は、両生類だ。職歴の出発点だけに、両生類にはどうしても肩入れしてしまう。そのうえ、実際、きわめて危機的な状況にある。二〇〇八年のある研究報告によれば、両生類の現在の絶滅率は、背景絶滅（自然淘汰による絶滅）の率に比べて二〇〇倍以上らしい。良くない兆候だ。わたしの最初の仕事のなかで、とくに大切な役割は（電話相談サービス『フロッグ・ヘルプライン』の担当に加えて）、両生類がなぜ救うに値する生き物なのかを広く知らしめることだった。世間の人たち（おもに、出資や寄付をしてくれそうな人々）に向かって、むざむざ死なせるべきではない、資金を集めて助ける必要がある、と説得しなければいけなかった。とはいえ、どうすればカエルを救いたい気持ちにさせられるだろう？　「簡単だよ。両生類を救うべき理由は三つある」と、仕事を始めるにあたって上司に言われ、頭に叩き込まれた。

1　両生類は、害虫を食べる。
2　両生類が生息する淡水の池は、人間や人間生活にも重要である。
3　両生類は、新しい薬や鎮痛剤の原料になりうる。

以上。理由は三つだけ。これだけあればじゅうぶん、と上司は考えていた。この三つを強調しさえすれば、カエルは救うに値することを世間に納得してもらえるだろう、と。三つを聞いたとたん、一般の人々がポケットに手を入れ、札束を取り出すと思っているらしかった。わたしは機会があるたび、言われたとおりのことを言った。三つの理由を振りかざして、両生類は救う価値があると訴えた。しかし、この三点を唱えれば唱えるほど、内容に嫌気がさしてきた。ひどく不快な理由に思えた。どこか傲慢で、人間中心。わたしにもっと自信があったら、ほかのことを、たとえばこんなふうに大声で訴えたかった。

「なぜ両生類なんか救わなきゃいけない？　正気かい？　いったいなぜ？　だいいち、すごく変てこな姿！

魚もどきの生き残り！　殻で包まれた卵を産むよう進化しもせず、脚だけ長くて、寿命が長い！　人形師のジム・ヘンソンに新キャラクターを思いつかせた！　夜行性！　夜うろつく！　遠出する！　性行為となると、必死で力を振り絞る！　メスに抱きつく！　ウジムシを丸呑み！　機嫌のいい日は、てかてか光って、まじめくさった顔をしてる、原始の生き物！　守ってやらなくたって、いま生きてる！　そうとも、救ってやらなきゃいけない理由は、そうしないと冷酷って言われ、子供の手前、かっこ悪いからさ！」

当時、こうして自分が思っていたとおりに言えたらよかったと本気で思う。各種のカエルやイモリは、さまざまな面で奇怪だ。明らかに風変わり。どう見ても独特。人間に対して、とくに有益なものをもたらさない。しかし、両生類はそうだとして……クモはどうか？　救う価値があるだろうか？　なんというとのない小さな無脊椎動物をどうして救いたがるのか？　とくに風変わりでもなし、謎めいてもなし、カリスマ性もなし。たんなる……ちっぽけなクモにすぎない。なのに、一部の人々は使命感に燃えている。この極小のクモを完全な絶滅から救い出したいと、活発に動いている。

ホリッド・グラウンドウィーバーの危機のニュースが広まった段階で、自然保護団体バグライフは嘆願書への署名運動を始めた。ラドフォード採石場を住宅地にしたいとの申請を認めるかどうか決める当局者に、嘆願書で影響を与えたい考えだった。その甲斐あって、当局者は不動産業者に建設の一時見合わせを命じた。家を建てることよりも、クモを優先したわけだ。嘆願書には、一週間足らずのあいだに九七三二人の署名が寄せられた。多くは、なぜこの小さなクモを救うべきだと思うか、自分なりの意見を持っていたので、嘆願書のウェブサイトには、ささやかなコメント入力欄が用意されていた。わたしは興味津々でコメントを片っ端から読みだした。このちっぽけなクモを救うべき理由が、コメント欄から読みとれるだろうか？　最初のコメントはこうだった。「パンダやウンピョウだろうと、無名の小さなクモだろうと、同じです。絶滅の危機に瀕している固有種はみんな、世界にとって大切な生き物なんです」。わたしはこの意見について考えた。そのとおりかもしれないが、どうだろう？　次のコメントには「僕はこのあたりで育ちました。クモは僕の友達です」と書いてあった。「うちの地元でこんなことが起きてるなんて信じられません！　きっと、不動産開発業者は何度も何度も控訴するつもりでしょう。クモの邪魔をしないでほしいです」との書き込みもあった。

ホリッド・グラウンドウィーバーを救う必要性として、なかなか興味深い理由が並んでいたものの、わたしが期待した内容は見あたらなかった。数百にのぼるコメントのどれ一つ、このクモが生き残ると人間にどう有益なのかという点に触れていない。たとえば不眠症や勃起障害の治療薬として役立つ、といったコメントは皆無だった（ちなみに、一部のクモの毒は本当に治療薬になる可能性がある）。コメントはどれも、道徳面を論じていた。クモに愛情や愛着を抱いていて、「可愛い大型哺乳類だけでなく、どんな種も保護に値する」との立場だった。「イギリスには固有種の生き物がほとんどいない。積極的に保護しないと、また一つの種が人知れず絶滅してしまう」。わたしが若いころカエルの電話相談を担当していたとき、世間にこれほど道徳論を持ち出す人が多いとは、なぜか気づかなかった。意外にも、人々はモラルを守るために行動したり寄付したりするらしい。より善良な人間になるために……。この傾向をどうしてわたしは見逃していたのだろう?

アンドリューが建物を出てきた。笑みを浮かべている。もったいぶるような歩調。「どうも、お待たせしてしまって」と切りだす。さらに近づいてきて、なめらかに言う。「こちらの意図をわかってもらうのに手間取りました。たっぷり説明できましたよ。もう大丈夫。土地の所有者に詳しい話を伝えてくれることになった。たぶん許可してくれると思う」。ジョーとわたしは安堵のため息をつく。近日中に、アンドリューとジョーは、安全ヘルメットと登山用具を携えて、またこの地を訪れるだろう。うまく行けば、ホリッド・グラウンドウィーバーがこの地にいまだ生息しているか、おおよそ推測できるかもしれない。

三人でわたしの赤い小型車まで戻る途中も、めいめい崖に目をやり、岩のすき間に何匹のホリッド・グラウンドウィーバーが潜んでいるのだろうと期待した。ドアロックを解除して、みんなで乗り込む。

ひとまず、あのクモが生息している確率の高いラドフォード採石場跡を下見しようというわけだ。アンドリューの道案内に従って、上り坂を走り、道と新築家屋が入り組んだ迷路を抜けていく。真新しい車が敷地からはみ出て、公道のあちこちに停めてある（不動産業者は、イギリスのたいがいの家庭が所有する車の台数を把握していないらしい。二台！　ふつう、二台持っている）。狭い車内でぎゅうぎゅう詰めのわたしたちは、込み合った道路を縫いながら、右へ左へ押し合いへし合い。交通量が多くなってきて、こっちの車をかすめるように追い越していく。ライトバン。大型トラック。プリマスの街を横断するような道筋を上り続け、湾が見渡せる場所の近くまで来た。さらなる道路。さらなる曲がり道。やがてついに、目的地に到着した。また別の居住区の端にある砂利道の横に車を停める。ドアを開けたとたん、埠頭の作業場からたちのぼってくる澱んだ空気を感じた。アンドリューに先導されて、ラドフォード採石場跡へ向かう。細い砂利道を歩きだす。わたしたち以外にもこの道をたどった人は多いらしい。自転車のタイヤ痕が目立つ。犬の糞が入った青いビニール袋が、枝からぶら下がっている（なんのつもりか、個人的には理解しかねるものの、よく見かける光景だ）。アンドリューとジョーは気づきもしない。アンドリューが、この土地の説明を始めた。ここには、石灰岩と草原に生息していた生き物が残っている。かつては、産業地区も含めてプリマス全体が石灰岩と草原の入り交じった街で、ここはその名残だという。ラドフォード採石場跡は石灰岩がとくに大きく露出していて、往時のようすをうかがわせる。街の担当局は、ここに五〇軒ほどの家を建てる計画に許可を出すべきか、もう何カ月も議論を重ね、いまだ結論に至っていない。地元民が困惑するなか、小さなクモに世間の関心があまりにも高まっている。「家が建てば、あのクモは確実に死にます」。アンドリューは寂しげに言う。

道がコンクリート敷きに変わった。両脇には鬱蒼たる草木。しばらくすると、未舗装の広い場所に出た。使われなくなった採石場の入り口だ。ここにも、おおぜいの人がやってきた跡がうかがえる。自転車、オートバイ、イヌを連れた散歩者たち。アンドリューが入り口で立ち止まったので、ほかのふたりも足を止めた。なぜ入らないのだろうと、わたしはいぶかった。何かいけないことでもあるのか？　アンドリューが、この先は立ち入り禁止だと柔らかに言った（明らかに、おおぜいの人たちが勝手に入ったようすがあるにもかかわらず）。法律上、私有地だからだ。やれやれ。立ち入り許可はまだ正式にもらっていない。いま入ったら不法侵入になってしまう。もしバグライフが定期的な立ち入りを許可されたら、あのクモのほかにも珍しい無脊椎動物を見つけて、住宅開発をさらに難しくする魂胆なのではないか、とわたしは思った。いずれにせよ、せっかく来たのに入れないとは残念だ。「私有地だから、しかたありません」と、アンドリューが言う。「でも、そのうち、奥まで立ち入りを許されて、調査できるでしょう」。わたしは、ラドフォード採石場跡まで続く長い道を見やり、ほんのわずかの専門家しか生存を確認していないクモがみんな生き残っているさまを想像した。

採石場跡の周辺は、思いのほか、天然のままの土地ではなさそうだ。わたしたちが立っている場所から見えるだけでも、二〇〇〇軒ほどの家が斜面に立っている。道の交通量も多い。荷物の配達員があちこちで足早に動いている。信号機。道路標識。学校もある。そういう慌ただしい環境に囲まれて、この採石場跡がぽつんと命のポケットになっている。緑が豊富で、草や若木がたくさんがある。周辺のうちでここだけが、コンクリートの灰色ではなく、温かな緑に彩られている。イギリスでは、この採石場のように利用されなくなった工業用地を〝ブラウンフィールド〟と呼ぶ。すなわち、茶色の野原。しかしこのネーミングはおかしい。わたしは大嫌いだ。ぶっきらぼうで視野が狭すぎると思う。サンゴを〝先のとがった海の岩〟、植物を〝あの緑色のやつ〟と呼ぶに等しい。軽率すぎ、傲慢すぎる。思慮が足りない。茶色？　思わず、ため息が出てしまう。

わたしはラドフォード採石場跡の入り口から目を離し、車を降りたあと歩いてきた道を振り返った。緑に囲まれた砂利道。「入り口より外の、このへんでクモが見つかる可能性はないんですか？」と、ふたりに訊《き》いた。「ほぼ皆無でしょう。まあ、ほかの無脊椎動物を探してみてもいいですが……」。アンドリューがにこやかにこたえる。

現代の自然保護活動において、ホリッド・グラウンドウィーバーのような生き物を題材にするジャーナリストは、絶滅といったわかりやすいかたちで話をまとめたいのかもしれない。人間と絶滅危惧種との戦い。巨人ゴリアテを敵に回して奮闘するダビデ。たしかに読者の興味を惹きやすいだろうが、いろいろな面で単純すぎる視点だと思う。特定の二つの種の争いだけで絶滅が起こることはまずない。ある種(たいがいヒト)とほかの種(たとえばホリッド・グラウンドウィーバー)との縄張り争い、とみるのは単純化しすぎだ。現実は、はるかに複雑な要素がからみ合っている。絶滅とは、ややこしく多様な現象なのだ。正しく把握するためには、誰あろうダーウィンが生み出した観点から眺める必要がある。

ダーウィンは、『種の起源』を出版するはるか前から、(まだあいまいながらも)自然淘汰の概念と、自然界における役割について考えていた。アイデアとしては単純だ。複製し損ねてできたものがかえって成功する、という構図は、すんなり理解できる。しかしダーウィンは、これだけでは直線的すぎると気づいていた。すべてを説明しきれない。何かが足りない。この世界は直線的どころか、非常に複雑にできている。混乱している。ダーウィンは、自分の壮大なアイデアを世間一般が思い描きやすいように、何らかの比喩が必要だと感じた。何よりも、うまい比喩を考えつければ、自分自身もアイデアを深く分析でき、自然界に正しく当てはまるかを検証しやすい。はたと名案が浮かんだのは一八三八年九月二八日(『種の起源』を発表するだいぶ前)だった。トマス・マルサスの『人口論』を読み終えたあと、ダーウィンはメモ用紙に記した。「こう考えればいいかもしれない。この世には、無数のくさびのような力が存在し、自然界の秩序に空いた場所があると、ふさわしい構造体を押し込もうとする。逆に、秩序のなかで弱い部分については、押し出して、空いた場所をつくる」。

単純だが、じつはこれこそ卓越した洞察力の表われだった。ダーウィン派の学者たち（たとえば、『パンダの親指』などの著書を持つスティーブン・ジェイ・グールド）の多くは、この発想がダーウィンの最大の功績であると評価している。とりわけグールドは、くさびの比喩が原動力になって、ダーウィンは自然淘汰による進化論を確立し、二〇年後に出版したとみる。この比喩には、命が死とつながっていることや、絶滅とはどんなものかということが含まれているからだ。のちにダーウィンは、この比喩にさらなる磨きをかけた。実際に刊行された『種の起源』よりもっと長い草稿の段階では、比喩をますます巧妙に、爽快とさえ感じられるほどに発展させている。

たとえるなら、自然界は、表面を無数のとがったくさびが覆いつくした状態といえるだろう。同じ形状のものも、異なる形状のものも、数多くある。このくさびがそれぞれ種《しゅ》を表わす。たがいにひしめき、どれもがたえず、上から叩かれ続けている。叩かれる力はときに強く、ときに弱い。ある形状のくさびが強く叩かれたり、また別の形状のくさびが強く叩かれたりする。強く叩かれれば、奥へ押し込まれ、その衝撃が、いろいろな方向へ、かなり遠くのくさびまで伝わっていく。

わたしが四つん這いになって、あのクモを捜しているあいだ、頭をよぎったのは、ダーウィンのそんな記述だった。周囲には人家が建ちならび、街は慌ただしさに満ちている。そのそばで生息するホリッド・

グラウンドウィーバーは、本当にちっぽけなくさびだ。大量に存在する頼りないくさびの一つ。自然界のなかでも、最小クラスのくさび。本当にわずかな隙間を埋めているだけのくさび。その隙間が、プリマスにある採石場跡の石灰岩の割れ目なのだ。ヒトというくさびが、この周辺ではとくに強く叩かれ、しっかりと食い込んでいて、この小さなくさびは押し出されて隙間から外れ、消えてしまう危機に瀕している。しかし、生態系全体からみれば、このクモにたいした意味はないかもしれない。もちろん、修復に多少の時間はかかるかもしれないが、他種のくさびが揺らぐことはない。たとえこのクモが絶滅に向かっても、ほかのくさびは、おそらく微動だにしないだろう。自然界としては、ホリッド・グラウンドウィーバーなどすぐに忘れ去ってしまえる。ダーウィンはそういう仕組みを理解し、個々の生き物が死を迎えるのと同じように、絶滅は自然界の絞り込みの一つなのだと考えた。地球上にどれだけの生命を維持できるかに応じて、どのくらいの絞り込みが必要なのかが決まる。結果、ホリッド・グラウンドウィーバーは削除の対象になってしまったのだろうかと思うと、わたしはひどく悲しくなる。ぜひいちど、みずからの目で見たかった。手のひらに包み込んでやりたかった。両手で包み、おたがい見つめ合って、このクモに新たな価値を——ヒトとの絆、すなわち、くさび同士の絆を——与えたかった。

しかし残念ながら、わたしたちはホリッド・グラウンドウィーバーを発見できなかった。ワラジムシなら大量に見つかった。何千匹も。わたしが見たことのあるワラジムシのなかで、いちばん光沢のある種だった。ついさっき誰かに磨かれたかのように、まばゆいほど輝いていた。ほかに、シミ(紙魚)もいた。

見かけは先史時代の生き物で、長い尾羽のついたカブトガニの小型版といった感じだ。さらに、ハエトリグモがいた。わたしたちが一歩近づくと、飛び跳ねて、視界から消えた。そのほかには、ナミケダニ、コモリグモ、ニセサソリなど。ときおり、クジャクチョウが、道沿いの草の上で日光浴していた。ヤドリガネ、カブトムシ、ロブチムシ、ミジョウバエも見かけた。自然界に小さな文字で書き込まれた、豊かな生態系。だがあいにく、ホリッド・グラウンドウィーバーの姿はなかった。

採石場の外の道を行ったり来たりしながら、ジョーがわたしに今後数週間の予定を教えてくれた。万事順調に進めば、土地所有者と共同でいくつか橋をつくって採石場跡まで行きやすくし、ホリッド・グラウンドウィーバーを調査する。虫吸引器（ハンディー掃除機のような機械）を持ってきて、クモをつかまえる。今年じゅうに、地元の学生たちに協力を仰いで、この地域を隅々まで手作業で一気に調べるかもしれないという。まるで警察が山狩りして犯人を追いつめるような作業だ。「いずれ見つけてみせますよ」と、先を歩いているアンドリューが、わたしたちのおしゃべりを聞いて、自信たっぷりに言う。わたしは、五〇年後のアンドリューを想像した。年老いてもなお、虫吸引器を持ってこの地を歩きまわり、明るくこんなふうに言うにちがいない。「また見つけますよ……」。

さてそんなわけで、ホリッド・グラウンドウィーバーは身を隠したまま、わたしたちの前には現われなかった。たぶん、わたし自身は今後も出会えないだろう。車へ向かう途中、つい、アンドリューとジョーにこう白状した。世界は死と絶滅に満ちているのに、なぜわたしたちは手間暇かけてあらゆる種を——ちっぽけなクモも含めて——永久に生きていけるようにすべきなのか、どうしても腑に落ちない、と。アンドリューは、わたしがこの疑問を持ちだしたのを、むしろ歓迎するようすだった。「ええ、ホリッド・グラウンドウィーバーは、見る人を感動させるような生き物ではありませんね。船から眺めるシロナガスクジラとは違います」。なかば笑顔で言う。「でも、どんな種だろうと、この星で生きる権利は平等です。人間の目にどう映ろうとも」。ジョーが、前にも口にした内容を繰りかえす。「ここにいると知ったからには、消えていくのを知らんぷりできないわ。そんなの、どこか間違ってる……」。アンドリューもジョーも非常に道徳的な人物だとわかったが、言葉に説教じみたところはない。

アンドリューはここでしばらく口をつぐみ、車のそばまで来たとき、ようやく言った。「絶滅は間違っています」。急に深刻な声色。わたしはふたたび、この小さなクモをどうしてそんなに重要視するのか尋ねた。「この小さな生き物が絶滅しても、誰かの人生が変わるわけではない。そういう意見には同感です」。少し考えて、ふと歩みを止め、わたしたちふたりと向き合った。「わたしの人生は別です」と、悲しげに続けた。「もしこの生き物を絶滅させてしまったら、わたしの人生は変わるでしょう。むざむざ絶滅させたことを悲しむはずです。わたし自身も絶滅の一端に加わって、胸が張り裂け、失望し、とにかく悲しくなる」。三人、車に乗り込んで帰途についた。

自然保護活動にモラルが付きものなら、アンドリューとジョーは、人類史上でもまれなくらい、強いモラルに支えられて行動している。このふたりは、次世代の子供たちが観察できるように、という理由で何かを救いたいのではない。医学に役立てたいのでもない。害虫駆除や疫病予防に活かしたいとか、風変わりな生き物だから残したいとか、特殊な能力を持つ生き物だから絶滅させたくないとか、そういった動機でもない。まるで違う。みずからの存在さえまったく認知できない生き物を救おうとしている。ホリッド・グラウンドウィーバーを増やしたところで意味はない。まともに繁殖する能力を備えているのかも疑わしい。それでも、アンドリューとジョーは救いたがっている。なんと、ふたりともホリッド・グラウンドウィーバーを見たことがないのに……。生きている姿をじかに見たことも、触ったこともない、なのに、気づかっている。大変な困難にもかかわらず、なぜか、昆虫学者と熱心なアマチュアの小集団――とはいえ、人数が増えつつある集団――は、本気でこのクモを守り抜こうとしている。誰かが意味をひねり出さないかぎり、自然界にとっては無意味だとしても……。絶滅じたい、誰かが重要視しないかぎり、いたってありふれた出来事なのだ。他の生き物を絶滅から救おうとするのは、地球上でわたしたち人間が初めてだろう。絶滅に意味を与えようとしている。すると、ヒトはそう悪い存在ではない……のかもしれない。

13 暗黒物質

Dark Matters

死をめぐって、わたしは変わり者になりかけているのではないか？　ウジ、嫌悪感、絶滅、サラグモといった題材ばかりに向き合ううち、物事のとらえかたが歪んできたのでは？　だんだん心配になってきた。長旅を始めてゆうに一年以上になる。よし、専門家に助言を求めようと決意した。プロの動物学者の意見がほしい。死を延々と考え続けている人々は、どうやって正気を保っているのだろう？　何人かの動物学者に連絡をとったところ、ひとりがすぐに返事をくれた。アン・ヒルボーンという名の女性。バージニア工科大学に所属する、チーターの生態学者だ。

わたしは何カ月も前からツイッターでアンをフォローしている。理由の一つは、アンがきわめて過酷な環境に研究拠点を置いているからだ。わたしが属しているような環境とは大幅に違う。アンはおもに、タンザニアの野生動物保護区であるセレンゲティ国立公園で、チーターを調査しているのだ。アンがツイッターにのせる写真は、どれもリアルで心惹かれる。飢えたチーターの成獣、目を輝かせたライオン、ハエの群れに全身をたかられたハイエナ……。

アンが研究をおこなっている場所は、あまりにも冷酷で殺伐としていて、ある意味、わたしには新鮮に感じられる。この女性とぜひ知り合いになりたい、と思った。研究の内容からみて、アンは死についてかなり深く考えているだろう。チーターの世界には死があふれているからだ。とくに幼獣の死が……。チーターの場合、幼くして死ぬ確率がひどく高い。本格的な観察が始まる前には誰も予想しなかったほど高い。一九九〇年代、生態学者カレン・ローレンソンが中心になって、三歳のチーターを追跡調査したところ、わずか五パーセント――二〇頭につき、たった一頭――しか成獣になれない事実が判明した。驚くべき数字だ。ほかの九五パーセントは、さまざまな理由で死に至る。飢え死にしたり、森林火災や気候変動のせいで母親に捨てられたり、あるいは、ライオンに殺されることもあれば、ハイエナに襲われることもある（なぜか、結局、食べられずに放置される場合が多い）。

チーターの大半が早い段階で命を落とすと初めて知ったとき、わたしは信じられない思いだった。カエルに関してなら、そういう統計に慣れている（一〇〇〇個以上の卵が孵化しても、成体になれるのは三、四匹にすぎない）。しかし、チーターが……。大型で獰猛なネコ科の動物なのに。自然界はいったいどうなっているのだろう？　もし動物が死を悲しむなら、母親チーターは年がら年じゅう悲嘆に暮れていなければいけないはずだ。これほどの喪失にどう対処しているのか？　アンに最初に投げかけた質問は、それだった。内容にふさわしく慎重な返事が来た。「うちの研究チームは、特定のチーターを定期的に観察しているわけではないので、幼獣が死ぬ現場を見たり、死後まもない幼獣に出合ったりすることはまずありません。母親チーターがライオンに殺された小さなわが子を運んでいる写真なら、見たような記憶があります。ただ、詳細は思い出せません……ちらっと眺めただけだったのでしょう。その姿が、死を悼んでいるといえるのかどうか、定かではありません。同じ社会集団に属するメンバーが行方不明になったり、死んだりしたとき、チーターがいつどんなふうにその事実を受け入れるのか、認識するのかという問題は、なかなか興味深いです。そういう点を扱った記録は手元に見あたりません」。チーターはテレビのドキュメンタリー番組によく登場するので、わたしも含めて世間一般の人々は、チーターのことならすべて把握済み、と感じているきらいがある。ところがアンによれば、チーターの生活の大半がまだ謎に包まれている。実態をつかむのが難しい動物らしい。

うれしいことに、アンは自然界における死について気さくに話してくれる女性だ。死を話題にするのが日常茶飯事らしかった。個人的な体験がもとで、死と向き合う態度が変わったという。「子供のころ、わたしはとても感傷的な気持ちで生き物を愛していました。でも、長年さまざまな動物を実地調査するなかで、感情が変化したんです。アラスカでベニザケを調査すると、大量死を目撃することになります。一週間ほど、ごく細い川で観察をおこないました。産卵に戻ってきたサケでごった返していました。とても細い小川なので、水面から背中が出てしまうサケもいて、捕まえるのはいたって簡単でした。クマだけでなく、カモメもたやすく捕獲していました。カモメは目を狙い、生きたサケの目玉をくり抜きます。目を失っても、サケはしばらく生き続けるんです。目をえぐられるなんて、ぞっとしますね。だからわたしは、両目を失っても生きているサケを見つけるたび、とどめを刺しました（脳を素早くナイフで裂いたんです）。クマに背中のあちこちを噛まれたり、腹を引っかかれていながら、まだ死なずに泳ぎまわっているサケも見ました。毎日こういった光景を目にして慣れた結果、わたしは、何かが死ぬのを見かけても、あまり感情を動かされなくなりました」。

その続きに書いてあった文章が非常に興味深かった。本書を執筆中にわたしが感じ始めていたのとほぼそっくりだったからだ。「死に慣れるのはいいことなのか、ときどき悩んでしまいます。強い気持ちで事態に対応できるぶん、生物学者として有利でしょうし、大好きな実地調査も自由にできます。ただ、自分は深入りしすぎているのでは、とたまに不安になるんです。死を見てもとくに感情が湧かなくて、無感覚になっている。おぞましい光景に接する心を痛める人たちのほうが、まともではないか、と」。要するに、わたしの心配と同じだ。一線を越えてしまい、度の過ぎた生物学者になりかけているような気がして、近ごろ不安が頭から離れない。生と死の問題にとりつかれ、ふつうの人とは別世界で暮らし始めているのかもしれない。もはや死が暮らしに溶け込んで、日常会話にまでこの手の話題を交えるようになっていた。我慢しようとするのだが、つい、口を滑らせてしまう。友人とコーヒーを飲んでいるときも、このあいだブタの死体農場に行っただの、五〇〇〇歳以上の貝を触っただのと話し始める。自分の意思では制御しきれない。妙な評判でも立たなければいいが……。

「生物学者がみんな同じというわけではありません」と、アンは書いていた。「同僚のなかには、血液のサンプルを採取するためにサケを殺す際、笑ったり冗談を言ったりする人もいますし、かと思えば、骨や死のたぐいに夢中になっているわたしを見て、身の毛がよだつと感じる人もいますね。でもたいていは、自然界で死を見すぎると強心臓になって、死に対して感傷を抱かなくなるものです。動物が〝調和〟や〝平和〟のなかで生きているというディズニー的な発想は消滅してしまいます。わたしに言わせれば、大半の動物は、人間から見たら〝むごい〟と思うかたちで死にます。捕食者によって生きたまま食われたり、同種の仲間に殺されたり、餓死したり、悲惨な病にかかって死んだり……。自然界では、〝安楽な死〟や〝幸福な死〟なんて、まずありえません。捕食者にあっという間に食い殺されるのが、人間の基準に照らせば〝最良〟の死にかたです」。

生は本当にそんなに冷酷なのか？　生きたすえ、わたしたちから見れば残忍きわまりない死を迎えるだけなのか？　ひどい苦痛を味わうのが普通なのか？　たいへんな痛みを伴いつつ、おおいなる可能性が失われるのだろうか？　理性的な生物学者は、殺伐とした生と死を黙って見過ごすしかないのか？そう考えると、寒々しい。それとも、そんな見方は間違っているのだろうか？

アンとメールのやりとりを始めて数週間が経ち、ヒキガエルの季節になった。この季節になると、わたしの仕事のペースが落ちる。ヒキガエルが大移動する春は、一年でいちばん好きな季節。わたしは、簡単に捕まえられる生き物が好きで、じっくりと観察してから、なるべく元どおりに戻してやる。ヒキガエルに関してもまったく同様だ。鱗《うろこ》があってもおかしくない質感の体表、オレンジ色の目、ゆっくりした歩み。自然淘汰を通じて、一一歳の男の子や女の子のコートのポケットにぴったり収まるように進化したかに思える。元気いっぱいの小型動物。皮膚が丈夫で、しっかりした姿勢で立つ。おかげで、そうとう古い化石からも見つかっている。

ただし、ヒキガエルは、現代になって人間が発明したもの――たとえば自動車――に轢《ひ》かれるような事態にはそう簡単に対処できない。轢かれたら、一巻の終わり。死んでしまう。即死をまぬがれたとしても、しばらく四肢を痙攣させ（おそらくは苦しんで）結局は死ぬ。春になると、イギリスの多くの道路にはヒキガエルの轢死体が散乱する。テレビのクイズ番組『QI』によれば、イギリスの路上では毎年二〇トンのヒキガエルが轢き殺されているという（情報源は不明）。愕然とするほかない統計値だ。しかし、個人的には驚かなかった。そこらじゅうにいる生き物だが、進化の面からみれば、ヨーロッパヒキガエルは賭けを間違えたといえるだろう。体表に毒を持ち、各種のカエルに共通する用心深さと、逃げ足の速さにつながるスタミナを備えた。なのに、車が行き交う世界に住み処を構えてしまい……結果として……二〇トン？　この数字がすべてを物語っている。

読者のみなさんも、友達の友達あたりが、ヒキガエルの轢死を防ごうという運動に参加しているかもしれない。その人はたいがい、a．変わり者、b．（過剰なほど）心優しい人物、c．結婚生活がうまくいっていなくて外出する口実が欲しい人物、のいずれかだろう。いや、三つすべて該当する場合も多い。わたしもヒキガエルの警護役を買って出ている（わたしがどれに当てはまるかは、みなさんの判断におまかせする が、さいわい c．ではない）。全般に、温暖な気候のもとで暮らす両生類は、たいがい早春、暖かく湿度の高い夜が続くと（とくに雨の日や雨のあと）、大移動を始める。この時期のカエルたちを自分の目で確かめたければ、グーグル・マップなど、インターネットで公開されているライブカメラを使うといい。貯水池、湖、大きな池などに設置されていることがあるので、検索してみてもらいたい。あたりが暗くなってから淡水池のそばの道路を眺めると、ゆっくりした足どりで進むカエルたちを見つけられると思う。とくに、湿度の高い夜が狙い目だ。ネット越しなら、おたがい何の心配もいらない。ヒキガエルは、ほかのカエルよりも繁殖地のえり好みが激しい。北欧のカエルはわりあい浅い池を好むが、どうやらヒキガエルは、大きくて深い池が好きらしい。もっとも、そんな池は小さな池より少ないので、これまたヒキガエルには不利な条件といえる。ほかのカエルに比べて遠くまで出かける必要があり、となると移動距離が長く、道路や住宅といった障害物も増えてしまう。ある程度の数のヒキガエルは、どうにか困難を乗り越えている。だが、交通量の多い道路などにぶつかったヒキガエルの場合、そう簡単にはいかない。道路がますます多くなっているイギリスでは、われらがヒキガエルは無数の横断路で死の危険にさらされる。じつに多くの場所で、生息数がわずかずつ減り続けている。原因は多岐にわたり、わたしたちが気づかないような理由、手の打ちようがない理由などもある。

例年、ヒキガエルの大移動の季節に、わたしは五カ所の池を訪れ、自宅周辺の生息数を確かめている。なぜそんな観察を続けているのか？　自分でもよくわからない。義務感のようなものもあるし、たんに好きだからでもある。ヒキガエルをつかみ上げて眺めるのがとにかく大好きで、いま、それが簡単にできる唯一の時季なのだ。車で小道を走りながら、ヘッドライトのなかに落ち葉のような独特のかたちがおもむろに動いていないか、目をこらす。興奮を抑えきれない。ささやかな、本当に本当にささやかなナイト・サファリ。それでも、期待に胸が膨らむ。アンならきっと理解してくれるだろう。

わたしは最初の定点観測地で車をとめた。ノーサンプトンの西端にあるグレートブリントン近くの細い二級道路。ここのヒキガエルは、ダイアナ元皇太子妃の埋葬地を囲む、堀に似た池で繁殖行為をしたがる。感心な発想だ(元皇太子妃も喜んでいるにちがいない)。いろいろな意味で、この場所は典型的だ。道の片側が斜面になっていて、はるか上には森林地帯がある。反対側は下り斜面で、煉瓦に覆われており、その先に大きな池が待ちかまえている。森林のなかで冬眠から目覚めたヒキガエルは、群れをなして、水のある場所をめざす。野原や低木、細い排水溝を越えて、この道路にたどり着く。たぶん、斜面に小さな穴がいくつかあるのを見つけて、窮屈ながらもそういうところを通り抜けてくるのではないかと思うが、現場を見たことはない。

今夜はヒキガエルが非常に多い。すでに一五匹が路上で死んでいた。大柄のメスはタイヤで頭を潰され、受精せずに終わった卵が後部からはみ出ている。残念な話だ。ヒキガエルのメスは、こうして成体になるまで三年以上かかる。したがって、個体群の生息数は何匹のメスが生き抜けるかに大きく左右される。元気に産卵してオタマジャクシを残してこそ、群れを保てる。しかし、このメスは目的を遂げられなかった。ふだんの年なら、わたしは死骸をあまり気にしない。すでに事故死してしまった個体はどうしようもない。生きているヒキガエルを救う一助になることのほうが大切だ。だが、今年は事情が違う。死んだヒキガエルが、生きているヒキガエルと同じくらい、興味深く思える。わたしは、死骸一つひとつを懐中電灯で照らし、大きさや性別、失われた可能性を調べていった。死に対する関心が、わたしの見方を変えたわけだ。

ヒキガエルの轢死は、確率としては想像よりも低い。ヒキガエルの動きは非常に鈍《のろ》く、テレビのドキュメンタリー番組で見るような精力にあふれてひしめき合う集団とはたいてい違って、むしろ、墓地をさまようゾンビの大群に近い。なにしろ数が多いので、驚くべき事故件数になってしまう。何時間も幾晩も続けて、次々に森林から下りてきて、道路を渡って池へ向かう。しかし、たくさんのヒキガエルが無事に横断できるように守ってやったのち、生きている個体の数と死骸の数をかぞえてみると、池までたどり着ける可能性の高さを実感できる。案外、ヒキガエルは元気いっぱい生きていて、生態系にそれなりの影響をもたらしていると思えてくる。それぞれの生にも死にも、なにがしかの意味があると、明るい気分になる。さらに、とりわけ死が何をもたらすか、おぼろげに感じとれる。わたしはあらためて、理性的きわまりないアンの視点について考えた。苦痛と死は避けられず、自然界全体に付きものだという意見だった。自然界はあくまでそんなふうにできているのか？　無限に続く食物連鎖のなか、生き物たちは、最後は苦しみもだえる運命なのか？　たしかに、一部は真実だ。が、それがすべてではない。

食物連鎖を取り巻く生態系の原則は、著名な動物学者チャールズ・エルトンが最も理解の助けになると思う。生態系のニッチや、生態系内でのピラミッドの概念などを明らかにしてくれている。しかし、エルトンがそうした発想に至ったきっかけが面白い。急に思いついたわけではないのだ。一九二一年、学者になって間もないころ、エルトンは、北極のスピッツベルゲン諸島で実地調査を行なうことにした。草木が少なく、人間を恐れる必要もほぼない環境だけに、捕食する側とされる側の関係性を見きわめやすい。エルトンは長い時間をかけて、ホッキョクギツネが餌をとらえるさまを観察した。追跡しやすく、遠くから観察するにも都合のいい動物だ。ホッキョクギツネの行動を眺めるうち、エルトンは閃《ひらめ》いた。その洞察がやがて、あらゆる世代の生態学者に受け入れられていく。

エルトンは観察結果をメモした。ホッキョクギツネは、餌を食べることに時間の大半を費やしていた。餌食になるのは渡り鳥だ。ライチョウ、イソシギ、ホオジロなどなど。そこでエルトンは、渡り鳥のほうに目を向けてみた。鳥たちの餌は、さらに小さなものだった。昆虫、その幼虫、種子。ふつう人間が暮らす世界だと、生態系や食物網が複雑すぎて解明しにくい。ところが、北極圏に孤立した島のツンドラ地帯なら、よけいな要素がほとんどなく、見きわめるのが簡単だ。エルトンは衝撃を受けた。あまりにも明快だった。何万匹かの昆虫が、何千羽かの鳥の餌になり、それが何百匹かのキツネの餌になる。食物連鎖はおのずと層をつくり——ここまでは気づいていた専門家もいたが——層が一段階あがるたび、個体数はだいたい一〇分の一になる。さらにエルトンは、誰も考えなかった問いにまで踏み込んだ。なぜだろう？　生はなぜこんな仕組みなのか？　おおざっぱにみて予測どおりの層や食物連鎖を形成するのだろうか？　それまで誰ひとり、理由まで考えず、適切な方法論でこの疑問を解こうとしなかった。北極の真ん中でエルトンが初めて正面きって取り組んだのだ。キツネが鳥を追い、鳥が虫を追う光景を眺めながら……。

食物連鎖や食物網など、突きつめて考えていくと、ほかにもいろいろな疑問が浮かんでくる。たとえば、大型の野生動物はわりに少なく、食物連鎖の下位にいる生き物のほうが数が多いのはなぜか？　春の夜、わたしは数千匹のヒキガエルを見かけるが、アンが観察できるチーターは一週間に五頭程度にすぎない。このように上位の層ほど数が少ない事実を、エルトンはピラミッドにたとえた。そのうえで、摂取しなければならない栄養を比べた場合、層が一つ上がるたびに、ふつう一〇倍の量を要する。だからこそ、昆虫は数万匹、鳥は数千羽、キツネは数百匹となるわけだ。

エルトンは、この栄養レベルの段階差を単純にバイオマスの観点から説明したいと考えた。たとえば、その数万匹の昆虫をミキサーにかけて得られるタンパク質の量は、数千羽の鳥を同様にした場合のタンパク質量と同じ、数百匹のキツネをミキサーにかけてもやはり同じ、というふうに（実際には試さないこと！）、生態系内での総量は一定である、と結論づけたかった。

しかし、エルトンは妙なことに気づいた。現代の生物学の教科書がさかんに強調している事柄だ。すなわち、実際に見る自然界はそんなふうに一定になっていない。それぞれの栄養レベルに含まれる肉の量は同じではない。食物連鎖の層が上がるごとに、餌として摂取する肉の総量は減る。だから、最上位の捕食者は、思いのほか摂取する肉の量が少ない。直下の層がからだに取り込む栄養レベルより下がっている。だいぶ下層でも事情は同じで、隣り合った層だと上のほうが摂取する栄養の総量が少ない。つまり、食物連鎖が進むなかで、肉が失われていくらしい。……どこへ消えたのか？　いったいどこへ？　謎だった。自力で解明できなかったエルトンは、一九二七年にこの疑問点を公表し、ほかの専門家たちに委ねた。

答えが提示されるまで二〇年かかった。解き明かしたのはエール大学の研究者、レイモンド・リンドマンとエブリン・ハッチンソン。生き物を生き物としてではなく、たんなるカロリーとしてとらえることで、解決の糸口を見いだした。オウム、カゲロウ、テナガザル、シャチ。リンドマンとハッチンソンは、これらの生き物を、自然発生した一時的なカロリーの容器とみなした。生き物の行動は、それぞれが体内に蓄えてあるカロリーによって支えられている。いっぷう変わった見かけの容器にカロリーを保管してあるおかげで、みずからが望むさまざまな行為に消費できるわけだ。さらなるカロリー源を探し求めてもいいし、繁殖にいそしむこともできる。睡眠をとってカロリーを節約する手もある。リンドマンとハッチンソンが気づいたのは、無からカロリーを得られるはずはなく、何かから取り込む以外ないという点だ。あらゆる生き物は、カロリーを燃焼させ、（たいていは熱のかたちで）エネルギーを得て、少しずつ消費している。そういう側面に着目すると、生き物が熱い息を吐くたびに、食物網からカロリーが失われていくので、ピラミッドの層が上がるにつれてカロリー総量が減る。わたしは生をこの角度からみるのが気に入っていて、折に触れて思い出す。自分が呼吸するたび、歩くたびに、食物連鎖でわたしの上に立つ捕食者のエネルギー量が減りつつある（ざまあみろ、ホッキョクグマ！）。

リンドマンとハッチンソンの功績もあって、二〇世紀初期のエルトンの生態系をめぐる考えかたが、五〇年代から六〇年代にかけて生物学界の全体に広まった。DNAと同様、化学者が生物学の領域に踏み込んで成功した例だ。エルトンのアイデアが橋渡しとなって、生物学は物理学の世界とも結びついた。そのわかりやすい実例が、本書でもすでに紹介したエルヴィン・シュレーディンガーとその著書『生命とは何か？』だ。しかし、シュレーディンガーがきわめて有名なのに対し、エルトン、リンドマン、ハッチンソンはそれほど話題になっていない。個人的には、もっと称えられるべき学者たちだと思う。この三人の業績がなかったら、生、死、宇宙、さらには万物に関し、わたしたちの理解はかなり不十分なままだっただろう。三人はいち早く、熱力学の法則が日々の生活に浸透していると見抜いた。生態系の随所で作用し、生命を支えている。ヒキガエルの数も、チーターの数も、物理学の法則にのっとっていなければならない。

生をこういった視点でみれば、飢餓などで幼くして死ぬチーターはすべて、生態系全体の構造の犠牲者といえる。しかし当然、死ぬ幼獣はほかの生き物のカロリーになる。ライオンやハイエナ。カラスやカサギ。ハゲワシやアカトビ。エルトンの物理学をよりどころにすると、生とは、ほかの生き物を巻き込んでこその存在であり、熱を放出するという生き物に共通の性質によって可能性を制約されている。そう考えれば、さまざまな生き物が苦痛を味わって死ぬ運命にあっても、ある程度仕方ないと思えるかもしれない。ただし、この構図には隠れた部分がある。パズルの断片がまだ欠けていて、現代の多くの生態学者が、エルトンの偉大な着想をあらためて検証している。肉が消える先は、もう一つあるからだ。熱に変わるばかりではない。失われた肉が、寄生虫にかたちを変えている場合もある。

何十年ものあいだ、食物網のエネルギー循環のなかで、寄生虫がいわば暗黒物質になっていた。見逃されていたのだ。忘れられ、軽んじられていた。しかし現在では、寄生こそじつは進化の推進役である、とみる学者が多い。つまり、寄生虫が、ある生き物から別の生き物へエネルギーを移し替えている。一時は突飛な説とみなされたものの、さまざまな研究がこれを裏づけた。たとえば、河口系では鳥よりも寄生センチュウのほうが、生物量すなわちバイオマスが高い(進化生態学者のダニエル・L・プレストンとピーター・T・J・ジョンソンがネイチャー誌に掲載した論文『The Evolutionary Consequences of Parasitism』による)。また、植物に寄生する菌類と、その植物を餌にする草食動物とは、バイオマスが大差ない(ミネソタ州につくった実験環境におけるデータ）。カリフォルニア湾に浮かぶいくつかの島では、トカゲ、サソリ、クモの生息数が、通常の島に比べて一〇〇倍ないし一〇〇〇倍にものぼる。理由は？　一つの島が擁する海鳥が多いぶん、海鳥の寄生生物もたくさん島に入ってくるからだ。ダニ、シラミ、ノミ……。

プレストンとジョンソンは、食物網において寄生虫が重大な役割を果たすと自信を深め、「古典的なエルトンのピラミッドは見直しが必要かもしれない」と記した。寄生虫が多様なのは、栄養レベルの中間層だ（たとえばヒキガエルには、さまざまな寄生虫がいて、それがさらに進化していく余地もある）。このあたりの層を捕食する生き物も数多くいるから、寄生虫はますます広まる（捕食者の体内を最終的な寄生先にする場合もある）。野生の自然界は、ヒトの生活とは違い、仲介人あってこそ生を営める。

ふと、生き物の死をいたって理性的にとらえるアンを思い出した。わたしは最初、ずいぶん非情な態度だと感じたが、ヒキガエルの季節になったいま、悲しみや苦しみを違う角度からみることができるようになってきた。野生の生き物が死んでも、無駄になってしまうものはほとんどない。次の生命を育む源になる。ヒキガエルは、ダニ、センチュウのほか、名の知れぬ多くの単細胞生物など、何世代にもわたる無数の生き物を誕生させ、カロリー源になった。さらに、こうした有機体がほかの生き物に食べられて、食物網に活力を与えた。だからけっして〝無駄死に〟ではない。自然界には、無駄な死などめったにないのだ。車に轢かれたヒキガエルにしろ、毎朝、キツネやカササギがありがたいカロリー源として摂取するか、さもなければ、ハエが集まってくる。

フロッグライフ――ヒキガエルの〝道路横断〟を円滑にするための民間非営利団体――によると、イギリスで二〇一四年、七万六七一〇匹のヒキガエルが、わたしのような巡回ボランティアによって命を救われたという。一方、その年に路上で轢死が確認されたのは八七二九匹だった。わたし個人は今年、巡回を始めて数夜のあいだに、自宅付近の道路で六二匹のヒキガエルの死骸を見つけた。けれども、その週が終わるころには、悲しさも惨めさもあまり感じなくなっていた。たとえ繁殖の池までたどり着けなくても、そのヒキガエルの命が無駄だったわけではない。生きていくなかで、ほかの生を養った。カロリーの容器として、輝かしく燃えた。その炎をまわりの生き物に分け与えた。死後もまた、数えきれない生き物の体内で燃え続ける。明るさはほんのわずか弱まるにすぎない。

しかし……。長旅のこの時点で、自分がいよいよ正気を失いかけ、思考回路がおかしくなっていることに気づいた。せっかくアンに相談したのに、良くなる気配が感じられない。専門家に助けを求めればどうにかなると思ったのは甘かったらしい。間違いなく、わたしは変人になりつつあった。どこかへ行って、何とかしなければ……。でも、どこへ行けばいい？

Part 3

シタティテスの先端をめざす旅

JOURNEY TO THE END OF THE SHITATITE

14 死んだアリの運び出し

Bring out your Dead Ants

ここは、八〇人ほどの学生が入れる広さの研究室。しかしきょうは、たったひとりしかいない。部屋の奥の隅にあるベンチにすわって、かがみ込んで何かを見ている。観察中だ。頭上には開放的な大きな窓があり、春の陽射しが降りそそいできている。学生たちは、おもての芝生の上でくつろぎ、談笑して楽しんでいる。鳥のさえずりが聞こえる。しかし、ひとりすわっている人物は、そういった周囲のようすには関心がない。全神経を違うものに向けている。わたしたちはその男性に近づいていく。白衣姿は天使のよう——いや、神々しくさえある。この男性が扱っているアリにとっ

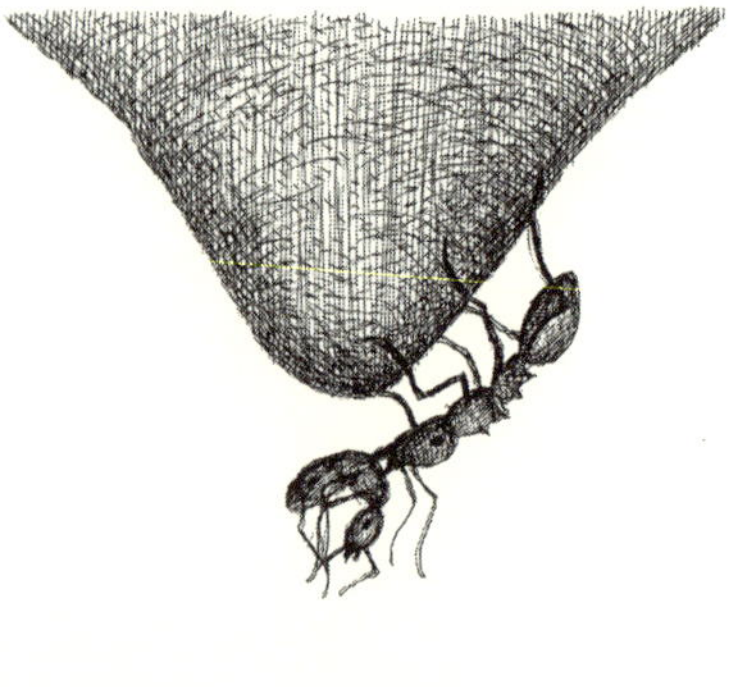

ては、まさに神のような存在だろう。部屋を横切りながら、わたしは、いったい何をしているのだろうと目をこらした。「こちらがステイス・フェアハーストです」と、歩み寄りながらアダムが言う。ステイスが、わたしにとびきりの笑顔を向ける。「こんにちは」と互いにあいさつし、わたしは握手しようと手を差し伸べかけた。が、その瞬間、ステイスがピンセットを持っているのに気づいた。ピンセットに挟まれて小さなアリがもがいている。ステイスは研究の手を休めようとしない。慎重にかがみ込んで、ピンセットを操り、デスクに置いてあるプラスチック容器に、その一匹のアリを入れる。容器のなかにはチューブがある。チューブの入り口は一つだが、途中で二又に分かれ、Y字形になっている。解剖時に見る、女性の生殖器官の構造に似ていなくもない。ステイスとアダムが概要を説明してくれる。いまおこなっている実験はごく単純。容器のなかの働きアリをYの字の入り口へ軽く押す。チューブ内部で左右どちらに進むかはアリの自由だ。Yの左のトンネルには、アリの死骸と雑菌の臭いをポンプで注入し、右のトンネルには、フィルタで濾《こ》したきれいな空気を注入している。ステイスはもう何日も、この珍妙な装置に働きアリを入れて、反応を見ているという。やめるつもりは当分ないらしい。

「ちょっと待って……」と、アダムが急に言う。一同が、Yの字の容器にいるアリを見つめる。左右のトンネルに分かれる箇所で、アリが躊躇している。触角をわずかに振る。「待って。行くよ。もうすぐ行く……行く……ほら！」。アクリル樹脂の箱のなかで、ついに決断したらしい。この小さなアリは、生を選んだ。かすかな死臭が漂う通路は避けた。ステイスが、ノートブックにメモをとったあと、ふたたびピンセットを手にする。いまのアリを容器からつまみ出し、背後にすえた巣に戻す。別のアリをピンセットで取り出して、Y字形の入り口に置く。これは、アダムとステイス（ともにグロスターシャー大学に所属）が続けてきたさまざまな実験の一つにすぎない。ふたりは、生、死、アリをめぐる重要な疑問の数々に答えを出そうと試みているのだ。

もっと早く書くべきだったかもしれないが、アダムのことは以前から知っていた。グロスターシャー大学のかのアダム・ハート教授だからでもあるし、テレビにもよく出演している。けれども、じかに会うのは今回が初めてだ。実際に接してますます感じたが、アダムは、わたしの知るなかで最も若々しい教授らしい。何事にも若い情熱を傾ける（駐車場の手配にまで）。しかも、驚くほどメディアに寛容だ。わたしのインタビューのあいだも、複雑な文はゆっくりと正確に話し、あとで文字に書き起こしやすいようにしてくれた。気配りの細やかな男性なのだ。わたしがしゃべっていると、いつも、全神経を集中させてこちらの目を見て、プロらしく相づちを打つ。温厚で率直。にこやか。ユーモアたっぷり。知識豊富で人好きのする男性だ。わたしに椅子を勧めたあと、アリが集団営巣地《コロニー》の仲間の死骸をどう処理するかについて説明を始めた。この研究室には、ハキリアリの巣がたくさんある。ハキリアリの習性にかぎらず、アダムが関心を寄せている事柄は数多い。死を無数に目撃している。

ふたたび三人とも立ち上がり、Y字形の箱に入れた次のアリの動きを見守った。こんどの小さな働きアリは、いったん、死臭の漂うチューブを進み始めた。ふと、足を止める。少し行き来したあと、意を決したとみえ、Y字の入り口まで戻る。どうするのかと、わたしたちは一分間ほど観察を続けた。何もしない。しかしやがてふと、自信満々に右のチューブを進みだした。きれいな空気が吹き込まれているチューブだ。このアリもまた、生を選んだことになる。ステイスが結果を書き留める。わたしはメモをのぞき込もうとした。「全体として、左右どちらを選ぶアリが多いんです?」と尋ねた。アダムもステイスも、食いついてこない。ステイスが、訳知り顔でうなずいて、顔をほころばせる。「結論を出すには時期尚早だと思いませんか?」。「もちろんです」と、わたしはあわてて言った。「そうでしょうね」。

アダムがわたしに手招きする。ステイスの背後にあるテーブルにガラス槽がのっていて、なかのアリの巣の一つを示す。長細いガラス槽は、およそ一五〇センチ×三〇センチ。巣がみごとに収まっている。巣そのものは、槽の中央にある木製の台にのっている。深さ五センチほど水が張られ、四本の支柱の上に台がある。海にそそり立つ石油掘削装置にも見える。アリが逃げないよう、孤島になっているわけだ。台上には小型の丸いチョコレートを並べて入れるような形状の容器があり、そこにセイヨウボタノキの葉が積まれ、無数のハキリアリがひしめいている。葉を小さく噛み砕き、持ち運べるサイズにしているらしい。容器内で葉が腐敗し、付着した菌が幼虫の栄養分になって、次世代のアリが育つ。とにかくアリの数が多い。その大半は、自分が何の役割を果たしているのか、皆目わかっていないようすだ。わたしは葉に群がるアリたちから視線を外し、支えになっている台や、その下の水を観察した。アダムの説明によると、水には少量の洗剤が混ざっていて、アリが水面を歩いて脱出することはできない仕組みだという。わたしは、台の上にいるアリたちに目を戻す。台の端っこに何匹かのアリがいて、蓋のない槽のなかから、もの悲しそうにわたしたちを見上げている。触覚をおもむろに前後に動かすさまは、逃げ出したい気持ちを全世界に向けて発信しているかのようだ。見たところ、ガラス槽の内部には何万匹もいる。「脱走したアリはいないんですか?」。わたしは遠慮がちに尋ねた。アダムによると、アリがフィルター・ポンプをよじ登って、よその研究室へ行ってしまったことがあるらしい。翌朝、職員が出勤してきたら、アリが隊列をつくってトイレからトイレットペーパーをくすね、巣まで運ぶ最中だったという。どこまで本当なのか、わたしは判断に苦しんだ。いちおう軽く笑いながらも不安になって、脱走したハキリアリが潜んでいないかと、肩、髪、顔、脚、胴体、上腕をさりげなくチェックした。

研究の一環として置かれているハキリアリの槽はたくさんある。一つひとつがアリの街、独立した宇宙だ。「それぞれの槽に一匹ずついる女王アリは、寿命が二〇年くらいです」。隣のガラス槽の前へ移動しながら、アダムが言う。「そのあいだに、小さなからだから巨大なからだに成長します」。違う槽を覗いてみる。「本物の巣と比べると、一〇〇分の一のサイズなんですよ」。ふたたび、にこやかな声。「現実世界のアリの巣は、まあ……とにかく大きい！　じつに大規模です」。アダムはこの生き物を愛している。情熱がこちらの心にまで伝わってくる。お互いまだ学生みたいに、興奮した口調で言葉を交わした。「地下に、家一軒ぶんの大きさの巣をつくっているんです！　内部にはバスケットボール大の部屋が一〇〇室くらいあって、それぞれに種別に菌類が保存してあり……」。

熱い思いを込めて、アダムがもはや早口になる。わたしはしばらく聞き役に徹することにした。BBC2あたりの番組に出演中の姿を見ている気持ちだ。「それと、廃棄物の量もすごいんです」と言って、別の巣を指さす。「巣からは膨大な量の不要物が運び出されます。その多さときたら、もう！　運び出される死骸の数を想像してみてください」。一拍の間。「女王アリは、そう、約二〇年ほど生きますが、働きアリは？　働きアリは……」。ふたたび微笑む。「数カ月の命かな。しかもですよ……」。熱心なまなざしを、あらためてわたしに向ける。「野生の巣一つにつき、働きアリは八〇〇万匹ほどいるとみられます。八〇〇万匹の働きアリがどれも数カ月前で死んでしまう……想像できますか？」。わたしは、巣の裏口から死骸を運ぶ長い列を思い浮かべる。「したがって、死亡率がもう……とにかくすごく高いです」と、アダムは締めくくった。

槽にいるアリはすべて、南米に由来するハキリアリだ。アダムによれば、自然界のハキリアリは、巣の下にゴミ用の空間を掘って、そこに廃棄物を捨てるという。この不思議な行動は、ほかのアリにはみられない。ほかのアリは、巣の外部に大きなゴミの山を築く。ふつうは斜面、それもたいがい水の近くに、そういうゴミ捨て場をつくり、自分たちの化学的特徴が洗い流されるようにする。死んだアリはこのゴミ捨て場へ運ばれる。ここで作業しているのは、老いて死にかけた働きアリが多い。ときには自分自身もゴミの山に埋もれて終わるらしい。せっせと自分の墓を準備して、仲間たちの死骸に紛れて息絶える。「その習性は、研究室でもみられます」と、アダムが言う。「非常に年取った働きアリが、作業のかたわら、廃棄物の山に深い穴を掘り、できた穴を眺めて『よし、これなら居心地がよさそうだ』と満足し、その墓穴のなかですわったまま世を去ります」。表現の巧みさに、みんな笑った。アリは何も考えておらず、意思などあるわけがないと、わたしたちがふだん考えているせいだろう。ご丁寧にもゴミの山のなかにみずからの墓を掘り、死の訪れに身をまかせるとは、微笑ましい想像だ。アリは、まるでロボットのように死を受け入れるのかもしれない。

ステイスがあらたな一匹に手をのばした。三人ふたたび集まって、次の小さな働きアリがどう行動するかを眺める。「こうして死についていろいろ話していると、一つ気になることがあるんです」。アダムがステイスとわたしを見て言う。「自然界で死が発生した場合、人間の死も同じですが、葬儀の非常に大きな意義は、臭いへの対処でしょう。死骸はひどい悪臭を放つので、すぐに対処しなければいけません」。全員うなずく。「臭いかぁ……」と、わたしは思わずつぶやいた。「アリはうまく処理していますよね」。ふたたび、アダムが小さな笑みを浮かべる。「アリは臭いの問題を解決した。死に伴う厄介な面をじょうずに回避しています。もっとも、アリが葬儀のような行為をしないとは言い切れません。いろんな種のアリが、死骸の山を築く。墓地に似ていなくもありません。しかし基本的には、死骸をなるべく早く片付けようとしている。ただそれだけです」。

手元のアリを三人でもうしばらく見つめる。わたしの頭のなかには次々と疑問が浮かぶ。さっそく尋ねたい重要な事柄があれこれあるのだが、切りだすタイミングが難しい。質問リストの上位に位置するのが、生き埋めに関わることだ。もし自分が生き埋めになったらと想像すると、怖くてたまらない。「アリはどうやって、ほかのアリが……死んでいる……とわかるんでしょう？ どんな手がかりをもとに、廃棄場へ運んで捨てるんですか？」。ぐっすり眠っている仲間のアリを見て、まわりのアリたちが勘違いする状況もありそうに思う。アダムとステイスが視線を交わす。「じつに面白い質問ですね」。数秒かけて考えをまとめたあと、アダムが言う。「ううん……場合によりけりでしょうね。死んでいることを示す何かを確認するのか、生きていないことを示す何かを指標にしているのか……なんとも言いがたい。そのどちらか。いや、両方かもしれません」。結局、確かなことは誰にも言えないのだ。アダムは冗談っぼく、〝命の匂い〟が存在するのかも、という説を披露した。一部の専門家は本気でこの説を検討している。「生きているアリの匂い、つまり命の匂いが消滅することが鍵になっているのでは、との視点に立つ研究が数多くあります。一方で、死臭に注目する人もいます。死にまつわる特有の臭いが数種類ありますからね。古くから知られている代表例はオレイン酸。オレイン酸に浸しておいた米粒を置くと、アリたちは死骸と同じ扱いをします。つねにそういう反応を示します」。

しかし、生きていることをほかのアリに知らせる手段は、ほかにもいくつかあるという。観察していてすぐに気づいたが、槽内の台上を動きまわるアリたちは、明らかに、しょっちゅうお互いの触角を触れさせ合っている（アダムはこれを〝アンテネイティング〟と呼んだ。わたしには初耳の用語だった）。生きているアリだけができる行動だ。「何匹かのアリに麻酔をかけて、アンテネイティングをやめさせたらどうなるか、あるいは、アリを洗って匂いを消したら、ほかのアリはどう反応するか。そんな実験も可能ですね」。しばし想像をめぐらしてから続ける。「うむ、面白いぞ……」。最後は声が小さくなって、考え込み始める。きっと、いつの日か執筆する論文を思い浮かべているのだろう。

空想にふけるアダムの姿を、わたしは興味深く見守った。専門家の科学的な思考回路が、突然、あらたな発想に刺激を受けて動きだしている。「死にはもっと大きな問題がありますす」と、アダムが口を開く。「……たぶん、死骸の処理よりさらに難しい問題でしょう」。手招きされて、わたしはあるガラス槽に近寄る。「アリが死ぬと、働き手が一匹減る。急遽、欠員が出るわけです。役割を交代する必要が生じるかもしれない。そのあたりのバランスの取りかたが、みごとなんです」。巣に運び入れてくる葉の量があまりに多いと、働きアリ集団はおもに巣づくりに精を出す。量が少ないときは、一転、葉で餌をつくる作業に力を注ぐという。

「死は、アリたちの生活の大きな一部分です」と、アダムが噛みしめるように言う。「自分たちをどう組織化すべきかを決める重大な要素なんです」。

ふたり、ステイスのそばに戻った。ステイスは、また別のアリを見つめ、ささやかな決断を待っている。やがて、上からピンセットを差し入れて優しくつまみ、そのアリを槽内の木製の台の上へ戻す。わたしは、戻ったアリが巣のどこへ向かうのか、目を凝らして見きわめようとした。が、無理だった。うごめく働きアリの大集団にたちまち溶け込んでしまった。多数のなかの平凡な一匹にすぎなくなった。

アダムの招きで、わたしは隣の部屋へ入ってみる。先ほどより小さな研究室だ。奥の壁沿いのテーブルにガラス槽が九つ、整然と横並びになっている。槽のサイズは、隣の研究室のものより大きい。槽内の構造は同じで、台上に土が積まれ、アリがひしめいている。台の下は、死の海。アリが逃げ出さないように、人間生活のなかにまぎれ込まないように、水が張られている。この大きめの槽のほうが、死骸の処理のやりかたが見やすい。槽を定期的に掃除する前だからだ。どのガラス槽も、巣の下の水底にアリの死骸が沈んでいる。ここ何日かのあいだに、台の上から投げ捨てられ、群れから忘れ去られた死骸。「巣の端から、働きアリたちが落としたんです」。憂鬱な声色。死骸はどれも、槽の底でじっと動かない。わたしはガラス越しに一、二匹をつぶさに観察してみる。死骸は、四肢を丸め、頭をのけぞらせていて、顎は開いたままだ。まさかと頭ではわかっていても、わたしには、苦悶の表情を浮かべているように見えてならない（なにしろアリだから、表情など皆無か、あってもせいぜい二種類くらいだろう）。

わたしは、巣を支えている台の裏側をのぞき込んだ。木製のどの台からも、茶色い小さな鍾乳石のようなものが三、四本たれ下がっている。石質の土の粒でできているように見える。わたしは目を凝らした。五匹ほどのアリが、この奇妙な鍾乳石を上り下りしている。うち一、二匹は排泄物らしき小さな粒を運んで、下の水へ落とし、ふたたび巣へ戻っていった。目をみはるわたしのようすをアダムが眺めている。台からぶら下がったこの構造物を、アダムは〝シタティテス〟という用語で呼んだ。じつは、台上から落ちた菌の死骸や排泄物が凝固してできたという。何週間も何カ月もかかって、そういうたまたまの落下物が癒着して固まった。結果的に、この経路をつたえば、アリは水面近くまで行ける状態になっている。

数分間、ふたり無言でシタティテスを見つめた。やがてわたしは、一匹の働きアリの動きに注目し始めた。仲間の群れを離れ、台の端を歩いていたかと思うと、端を越えて台の裏側に回り込む。上下が逆さまなのに、やすやすと歩きだす。込み合った上面とは打って変わって広々した空間を楽しんでいるかのようだ。面白い裏道を見つけたみたいに、右へ左へ動きまわっていたが、ふと、歩みを止めた。方向転換し、逆戻りしていく。どんな意図なのか、わたしには見当もつかない。そのアリが、やがてシタティテスを見つけた。シタティテスを這って下り、やや濁った水面のわずか数センチ上まで来た。しばらくのあいだ、シタティテスの先端で逆さ吊りになった。三組の脚だけで体重を支えている。その瞬間、わたしはつい、アリが身投げするのを期待した。ふだん生き物に優しいわたしがそんなことを考えるのは珍しいが、もし働きアリが自殺願望を示すとしたら、非常に興味深い。一、二秒が経過。アリは何もしない。まだ動かない。……不意に、動きだした。そのアリは（逆さのまま）六本の脚に力を入れて、もとの姿勢に戻ろうとした。顎を開けている。排泄物の小さな粒が落ちて、着水し、ゆっくり底へ沈んでいった。まるで大きな石が湖に落ちたかのようだ。

そのアリは、こんどはシタティテスをよじ登って、上面の巣に戻ろうとしている。ひと苦労だ。脚をかけるところが見つからず、必死になる場面も何回かあった。前脚を滑らせ、ふたたび三組の脚でぶら下がる格好になった。映画『スターウォーズ　帝国の逆襲』の終盤でクラウド・シティの下端にしがみつくルーク・スカイウォーカーさながらだ。しかしようやく危機を脱した。残る力を振り絞り、あらためてシタティテスを登って、台上にいる仲間たちに合流した。ものの数秒で、葉に群がるおおぜいにまぎれ、わたしはそのアリを見失った。群れのなかの平凡な一匹に戻ったわけだ。

アダムとわたしは、うごめく働きアリの大群をもう少し眺めた。さらに、もう少し。そういえば、ここ何分間か、言葉を交わしていない。アリの世界にすっかり引き込まれている。沈黙を破ったのは、わたしだった。「アリに飽きたことはないんですか?」と、つい尋ねた。アダムの返事の声色も同じくらいさりげなかった。「ありません。アリはもう本当に……」。もういちど、質問を吟味しているようすだ。「いいえ。アリが退屈だなんて思った試しがありませんね。アリの行動には決意が感じられます。見ているだけで……」。わたしを手招きして、アダムのすぐ前にある槽を指し示す。「近寄ってください。どれでもいいですから、アリを一匹選んで、じっくり観察してみるんです」。わたしは言われたとおりにした。「大半の時間、アリはたいしたことをしていないか……無意味なことをしています。そこの葉の上の一匹を見てください」。台の端に近いところにいるアリを指さす。旗のようなかたちをした葉の一部をくわえている。葉の重みのせいで、足元がおぼつかない。「どうです? そもそもめざす方向が間違っています。巣穴とは逆方向に進んでいて、このぶんだと危なっかしい台の端へ行ってしまう。自分の行動を正しく認識していないんです」。そう言って小さく笑う。確かにそうだ。このアリは完全に道に迷ったらしい。「そばにいるほかのアリたちも見てください。たんに、うろついているだけです。何をしているのか、自分でもわかっていない。でも、ちょっと離れて眺めてみましょう」。槽から顔を離し、巣全体を一望してみる。「営巣地を全体として見渡すと、明らかに、おおまかな動きがわかります。アリが列をつくって、巣に葉を運んでいる」。なるほど、大局的には流れがある。葉が巣に運び入れられる。アリが出てくる。「一歩下がれば、もっとわかりやすいですよ」。

そのとおりだった。わたしは従来、アリを真面目な兵士とみなしていた。一つの軍として組織化され、決然と行動する兵士。ところが実際は、ショッピングモールをうろつく客に似ている。勝手に行動して、いろいろな店を見てまわるが、全体的にいえば、買い物をして、店に利益をもたらしている。ただ、複雑なうえ、混乱も甚だしい。それでも、大きく見れば行動パターンがある。葉が（おおむね）巣へ向かう。兵隊アリは（おおむね）巣を守る。働きアリは（おおむね）シタティテスへ向かい、小さな丸い排泄物や仲間の死骸を下の水へ落とす。総じて、この巣はきちんと機能している。槽のなかで動きまわるアリをこうして眺めていると、いつまでも目を離したくなくなる。わたしたち人間が、アリの世界をつぶさに観察できる。ペットとして飼うのも楽しいだろうと思う。じゅうぶんな量の新鮮な葉があり、友人や家族、ペット、家主の理解が得られ、子供がおらず、洗剤が手に入る、という条件さえ揃えば大丈夫。すてきなペットになるはずだ。

「死骸はひどい悪臭を放つので、すぐに対処しなければいけません」と、先ほどアダムが言っていた。集団で巣をつくって暮らす生き物は、死に接すると同じ状況に陥る。この問題を解決するため、自然淘汰がたどり着いた方法は、驚くほど多種類ある。たとえば、たいがいのハチの集団には、〝葬儀屋バチ〟がいて、死骸の除去を専門に行なう（また、この行動は遺伝子によって受け継がれるらしい）。社会性のスズメバチも同様の行動パターンを示す。シロアリも。近年、ある研究チームが明かしたところでは、同じ巣で暮らしていた仲間の死骸を扱うとき、シロアリはかなり異常な行動をするという。研究じたいは単純で、ステイスとアダムがグロスターシャー大学でおこなっている方法とやや似ている。マレーシアサインズ大学と京都大学の共同研究チームは、四種類のシロアリを使い、いろいろな腐敗段階にある仲間の死骸に対しての反応を調べた。従来の科学文献では、シロアリは死骸を避けるとされてきた（いわゆる〝死体恐怖症〟）。ところが、前記の共同研究チームが二〇一二年に発表した論文によると、シロアリの巣では死をもっとはるかに複雑に管理し、ダイナミックな世界が繰り広げられているらしい。研究者がシロアリの死骸を巣に入れたとたん、たいがい同じ反応が返ってきた。死骸と最初に遭遇した働きシロアリが、すぐに巣のなかへ戻り、奥からほかの働きシロアリを連れてきて、〝セカンドオピニオン〟を仰ぐ。これが標準的な行動だ。しかしここから先は、四種のシロアリごとに異なる。うち二種の働きシロアリは、死骸にふたたび近づいて調べた。ごく最近死んで腐敗が初期段階の場合、死骸は巣の内部へ運ばれ、〝リサイクル〟された（すなわち、餌にされた）。しかし、だいぶ前に死んだシロアリは、餌にできないと判断され、ゴミとして運び去られた。残る二種のシロアリの反応は、まったく違っていた。見向きもしなかった。つまり、死骸をリサイクルも除去もしない。いっさい行動を起こさなかった。死骸を発見しても、無視するだけ。その結果、仲間の死骸でいっぱいになって使用不能の穴もできる。なぜ放置するのだろう？いじらないことで、病気や寄生虫の蔓延を防いでいるのか？　いまのところ、結論は出ていない。*

＊わたしは、ほかの社会的動物についても知りたくなった。死骸をどんなふうに処理しているか？　たとえば、本書で前に取り上げたハダカデバネズミはどうか？　文献を当たっても記載がなかったため、ハダカデバネズミの世界的な権威、クリス・フォールクス（ロンドン大学クイーンメリー校の進化エコロジー学准教授）に問い合わせた。すると、こんな返事が来た。「なるほど、面白い質問ですが、残念ながら答えられません。ハダカデバネズミという狭い分野について発表済みの文献には、死骸に接したときどうなるかという記述が見つかりませんでした。わたしの同僚ナイジェル・ベネットは、さまざまなデバネズミの野外調査を三〇年もやっていますが、一匹も死骸を掘り出したことがないそうです。わたしも経験がありません。死骸を引きずっていって専用の部屋に入れ、埋めてふさぎ、新しい部屋を掘る……そんな想像をしたくなりますが、本当のところは誰にもわかりません」。

「死骸はひどい悪臭を放つので、すぐに対処しなければいけません」。この言葉を聞いて、わたしは、人間の場合の反応を思い浮かべた。避けて通れない問題だ。重大なのに、みんなが話したがらない問題だと思う。アリやシロアリとは意味合いが異なるにしろ、人間も、習性や住居などいろいろな面で社会的な生き物だ。悪臭の問題は、人間にも当てはまる。ベルンド・ハインリッチの名著『生から死へ、死から生へ』にもとづいて、いくつかの統計を引用してみたい。現代の西洋社会において人間が死をどう扱うかについての数字だ。同書によれば、アメリカでいま使われている墓地は二万二五〇〇カ所あり、死者を埋葬するために使われた資材を合計すると、木材が八平方キロメートル弱、鋼鉄が一〇万トン、鉄筋コンクリートが一六〇〇トン、さらに（驚くなかれ）防腐剤が三八〇万リットルにのぼるという。でもあとで火葬するんだから臭いなんてどうでもいいでしょ、と思うかもしれない。困ったことに、火葬は環境に優しくない。こうした死体を焼くのに使われた燃料を合計すると、月まで八〇往復できる。もちろん、大気中に放たれた水銀が公害の原因になる恐れもある（ヨーロッパでは、火葬が、大気中に含まれる水銀の原因の第二位を占めている）。気の滅入る統計値だ。しかし現実を見すえるなら、先進国において、死は巨大なビジネスを形成している。死が利益を生んでいるのだ。多大な利益を。アメリカの年間経済を例にとれば、葬儀業界は二〇〇億ドルもの規模を誇る。二〇〇億ドル。業界はあなたのお金を求めている。消費者側も、生命にはそれだけの価値があると考え、そういう業界を必要としている。ただ、臭いという大きな問題の解決策として利用している側面もあると思う。

グロスターシャーからの帰り道、わたし自身は、死んだあと、死体をどう処理してほしいだろうかと、長く深く考え込んだ。アリに身をまかせるのも悪くない。嫌悪感を抑えて冷静に検討した場合、自分のからだが、生き物の死骸を探すアリに運ばれていく、という想像はなかなか気に入った。死後、わたしの肉体が、八〇〇万匹のアリのからだに変わる。わたしの一部分が活動を続ける。大きな何かの一部になる。組織化されたものの一部に……。人生で初めて、わたしは、死にも意義があるかもしれないと感じた。しかも、生前に処理方法を選ぶことができる。よくよく考えれば、自分の死体からきわめて興味深い生命が誕生するかもしれない。どんな生命が生まれ出てほしいか、ある程度選んでおかなければ……。妙な感じもするが、そんなふうに思いを馳せるのは、生命への賛歌といえるだろう。死をめぐる長旅に入る前には、頭をかすめすらしなかった発想だ。わたしの肉体は、一種の容器。比喩ではない。たくさんの記憶を収めた入れ物という意味ではなく、精神的により気高いところへ運んでくれる船という意味でもない。文字どおり、たんなる容器なのだ。身体という容器。自分が使い終わったら、別の何かに活用してもらう容器。あとはみずから決断するだけ。問題はただ一つ。進むべき通路は右か、左か?

15

喪が終わるとき

Mourning has Broken

この章は、本書に収録するのをあきらめかけたほどで、章の最後に至ってようやく、ある出発点に立つことになる。

わたしはいま、ベストウエスタンホテルのデスクの前にすわり、鏡に映る自分を見ながら、耳に受話器をあて、認知科学者のアレックス・ソーントンの話を聞いている。両肩を落としたまま。アレックスの詰問が胸に刺さるのは、向こうが全面的に正しいからだ。鏡のなかのわたしはひどく疲れて見える。一般の動物が、わたしたちヒトと同じように死を知っている

のか、知っているならどの程度なのか、と考えあぐね、力が尽き果てている。「あなたの悲しみがわたしの悲しみと同じだと、どうしてわかるんです?」と、アレックスが言う。「わたしの感じかたがあなと同じだと、なぜわかります?」。音質の悪い回線を通じて、この質問を投げかけてくるのは、もう二度目だ。「本当のところ、どうしてわかります?」。アレックスはこの問答を楽しんでいるのではないか、とぼんやり理解できてきた。わたしが哲学上の特大ステーキであるかのように、噛みしめて味わっている。わたしは頭が痛くなってきた。鏡に映る顔をなでた。目の下の隈《くま》がひどい。死に取り憑かれている。デスクの上のメモ用紙は白紙のままだ。アレックスがまた少し攻撃してくる。「さあ、どうなんです?わたしが愛したり、悲しんだり、死者を悼んだりする気持ちが、あなたの気持ちと同じだと、どうしてわかるんですか?」。沈黙。せめて短い返事を絞り出したいが、何も出てこない。「わからないでしょう?」。アレックスが攻めたてる。数秒の間。「わからない。わかるはずがないんです」。世間一般には、「多くの生き物は、人間と同様、仲間の死を悼み、喪失感や寂しさを抱く」といわれている。アレックスはいま、そういう考えかたに異議を唱え、人間には知りようがないはずだと、わたしをやりこめているのだ。

そもそもわたしは、困り果てたすえにアレックスに電話をかけた。この話題について書くのは、ほかの章より圧倒的に難しかった。人間以外の生き物も死を悼むのか、六カ月かけて調査したものの、何の結論も出なかった。まるきり進展なし。わたしは大量のエピソードに囲まれ、いわば海に溺れつつあった。それぞれのエピソードが氷塊のようにわたしのまわりに浮かんでいる。一つによじ登ろうとしたとたん、足が滑ってずり落ち、不確かという名の海のなかに戻ってしまう。何か、しっかりしたよりどころが、納得できる証拠が欲しくてたまらなかった。たとえば、一頭や二頭ではなく、相当数の生き物が集まって、死を悲しんでいたというような逸話を知りたかった。「わかるはずがない、でしょうね」。わたしは白旗をあげた。「あなたと同じように同じことを感じていると、断言するのは不可能だと思います」。「そのとおり」と、アレックス。

アレックスにあの話をしようかと考えてみる、うちの幼い娘が、曾祖母の死を完全に理解したように見えていたのに、そのあと、かつて曾祖母が暮らしていた部屋を見に行こうとしたら、急に忍び足になり、ひいおばあちゃんが目を覚ましちゃう、と言いだした話。ほんの九〇分前、火葬に立ち会ったというのに……。悩んだすえ、アレックスには言わないことにした。研究の現段階で、死を悼んでいるようすを見せた生き物のエピソードなら無数に挙げられる。しかしじつのところ、生き物が本当に、人間と同じように死を正しく理解し、悲しんでいるのか、悲しんでいるならどのくらいの悲しみなのかといった点には、まったく自信が持てない。

本章は執筆を諦めるしかないのかもしれないと思い、わたしは指先で神経質にデスクを叩き続ける。アレックスの言うとおりだ。人間同士ですら、相手の感情を完全に理解しているわけではない。となれば、仲間が死んだときに生き物が何を考えるかなど、わたしたちが認識するのは無理だろう。レスリングの試合で固め技を食らった選手のように、わたしはアレックスの冷徹さのせいで身動きがとれなくなった。折りたたみ椅子か何かで（というのは比喩だが）、思いっきり相手を叩き、緊縛から逃れる方法はないか？「チンパンジーはどうなんです？」と、わたしは質問をぶつけてみた。「チンパンジーは死を悼む……テレビで見た記憶がありますよ」。弱々しい声で反論を試みた。最近見た印象的な自然ドキュメンタリー番組について、アレックスに話し聞かせる。チンパンジーのメスが、死を受け入れられないふうに、子供の死骸を何日も放さない。小さな死骸は干からびて、ほとんどミイラ化していった。わたしは見ていて胸を締めつけられる思いだった。そのBBCの番組は、ヒトの祖先であり、認知能力も共通点の多いチンパンジーを、さらに身近に感じてもらおうという狙いで、死骸を手放さないメスの物語はなかでもクライマックスだった。しかし、アレックスが即座に反応を返してくる。「なるほど、死んだ子供を連れてまわっていた……でも、もっと単純な解釈として、そのメスはもう子供が死んでいることに気づいていないとも言えますよね」。素っ気ない声。一瞬、わたしは言葉を失った。何だって？　あまりに心がなさすぎる。わたしの沈黙の意味を察して、アレックスが続ける。「人間とつながりが深いと感じる生き物に、自分たちの姿を重ねたがる。世間に非常によくみられる傾向です。一方、もしネズミが同じ行動をとっても、深い意味を読みとろうとはしないでしょう」。

ひと呼吸いれたあと、アレックスがチンパンジーの話題を続ける。「いいですか、ヒトとチンパンジーが分岐して以来、約六〇〇万年の進化の時間が流れているんです。新しい特徴が備わるのに、じゅうぶんな時間です。ヒトとチンパンジーの違いを挙げたら、きりがありません。この、死者を悼むという行為は、双方に共通なのでしょうか？　わたしにはわかりません。真実を知る手段はないのでは？」。いったん黙って、みずから発した言葉について考えをめぐらせる。「一つ言えることはですね、六〇年代ごろにジェーン・グッドールが研究に取りかかって以降、おおぜいの専門家が野生のチンパンジーを熱心に観察してきました。〝追悼〟と思われる行動もいくつか報告されています。ただ、専門家たちは、膨大な数のチンパンジーの死骸に出合いました。チンパンジーは死ぬんです」。冷ややかな物言い。「もし追悼らしき行動を起こすとしても、かなりまれでしょう。人間社会とは違います。人間の場合、誰かが死ぬたびにたくさんの関係者が動揺しますよね」。

この点にはわたしも同意した。死が人間にもたらす影響はとてつもなく大きく、行動に顕著な変化が現われる。すすり泣き、むせび泣き、嗚咽、号泣、心痛、抱擁……。何日も、何週間も、何カ月も、何年も、あとを引きかねない。この点で、自然界のほかの生き物とは異なるようだ。とはいえ、アレックスみたいに動物の悲しみをひたすら理性で割り切ることには、どうしても抵抗感がある。どこか間違っている気がする。いままでずっと、わたしは「人間だって動物です。ですから、ほぼあらゆる面で、わたしたちの肉体や脳は自然の摂理に従って機能します。ほとんどの部分が、自然のいろんな過程を通じて進化してきました。キノコも、小さな虫も、マーモセットも、まったく同じことが当てはまります」というふうに一般の人々に訴えてきた。にもかかわらず、今回わたしは、人間だけが地球上で唯一、死が最終段階であることを理解している動物かもしれない、との見解を検討しているのだった。チンパンジーが死んだわが子を放そうとしないのは、人間と同じ心の痛みのせいと思いたい。そう思わないのは無情すぎる。わたしはアレックスにそう伝えた。しかし同意は得られなかった。「わたしはそう思いませんね」。きっぱりと否定された。「何らかの疑問に答えを出せないと認めることが、なぜ無情なんです？わたしに言わせれば、自然研究の醍醐味は、まだわからないことが数多く残っているところにあります。じつに難しい問題もありますが、基本的には答えが出せるのがふつうです。でも、根本的に解決不能の疑問だってあるわけです」。少し間を置く。「この件は、答えを出しようのない問題です」と、断言する。「わたし個人は、正直に『ほら見て。意味のわからない行動をしてるよ』と言ったほうが、『おい！あれはぜったいに死者を悼む行為だ！』と無責任な発言をするよりましです。そんなことを口走るようになったら、もう科学の領域ではなく、信仰の領域に入ってしまいます」。

うっ。ノックアウトの一撃だった。目に見えない試合終了のベルが鳴る。カン、カン、カン。ぐうの音も出ない。完敗。電話を切ったあとも、アレックスの言葉にたえず頬を突き刺されている心持ちだった。科学か、信仰か？　ホテルのベッドに腰かけ、参考資料の山を見つめた。この大量の資料を持ち運ぶ日々が、もう何カ月も続いている気がする。たった一つの不確実な思いに踊らされて……。

わたしは、鳥をみごとに操る芸当で有名なロイド&ローズ・バック夫妻と話したあと、シンバに会いに行こうと思いたった。ふたりと面会したのは、本章で取りあげている研究の初期段階で、わたしは自身の過去の経験を打ち明けた。車の運転中、一羽のコクマルガラスと衝突してしまい、停車してようすを眺めていると、茂みから、つがいの相手が出てきて、死にゆくパートナーを見守っていた。その先も生きる一羽は何を思っていたのだろう、とその後いつも考えている（前書『生きものたちの秘められた性生活』でもこの一羽を大きく取りあげた）。繁殖のパートナーをなくして、喪失感を覚えたのか？　いま目の前で起きたのが取り返しのつかない悲劇だと認識しただろうか？　どのくらい心を痛めたのか？　それともたんに、パートナーの両目を観察し、精力の有無を読み取っていただけなのか？

ロイドとローズの夫妻は、わたしに見せたいものがあると言い、わたしの運転でブリストルまで出かけた。

シンバはカラス、一八歳のハシボソガラスだ。わたしが驚いて立ちすくむなか、シンバはロイドの腕にとまり、わたしとローズを意味ありげに観察した。これほどたくましい鳥をこんなに間近で見られる機会はめったにない。意外にも頭部に羽毛が多い。翼は、整ったつややかな黒い羽根で覆われ、革のマントをまとっているかのようだ。黒い両脚は、塩化ビニール樹脂に似た質感で、バイク用パンツを穿いているふうに見える。ロイドの腕や肩をのしのしと歩く姿は、まるでダース・ベイダーが宇宙船の通路を闊歩するようすのミニチュア版だ。威圧感がある。圧倒されてしまう。わたしは急に、念力で首を締められるのではないかと心配になった。

「ローズ、羽根を取ってきてくれないか」。ロイドがにこやかに言う。振り返ってわたしのほうを向いた。「見ててごらん。きっと気に入るよ」。おどけて目を見開き、にやりとした。ローズが近くの物置に入り、何やらごそごそやっている。戻ってきてわたしたちの前に立つと、芝居気たっぷりに、上着のポケットからカラスの羽根を五、六枚取り出した。その羽根をシンバの前の床へ投げた。すると、ある出来事が起こった。あまりにも急だった。シンバの態度が一変したのだ。攻撃的な雰囲気が漂いだした。シンバは動きを止め、羽根を見下ろしていたかと思うと、いきなり自分の羽根を逆立てた。からだの奥底から、冷静で深みのある長い鳴き声を出した。「カー、カー、カー、カー」。一種のリズムがある。「カー、カー、カー」。

吐き出す温かい息が、目に見える。「カー、カー、カー」。鳴くたび、首をもたげる。片目は、床に散らばった光沢のある黒い羽根から離そうとしない。ただの羽根なのに、脅威を感じているようだ。「カー、カー、カー」。苛立ちがにじんできた。雄叫びといってもいいほどだ。「カー、カー、カー」。鳥がこんなに興奮するとは思っていなかった。「カー、カー、カー」。わたしたちの前にある池に響きわたった。さっきまで大小の鳴き声でひっきりなしに騒いでいた水鳥の群れが、驚いて黙り込んだ。羽根を見たとたん、シンバは完全に心を奪われてしまったらしい。それが……反応だった。習性。

「ほかのものには、こんな反応を示さない。黒い羽根に対してだけなんだ」。ロイドがシンバに負けじと大声で言った。ほとんど聞きとれない。「別の理由ではこんな鳴きかたはしません」と、ローズが繰りかえす。ローズは床から羽根を拾い、上着のポケットに戻した。たちまちシンバは鳴きやみ、一瞬の間のあと、ふつうのようすに戻った。何事もなかったみたいに、ロイドの腕の上を歩いている。ローズとロイドがわたしを見た。一つアイデアが浮かんだ。近くに落ちていたガチョウの白い羽根を拾って、シンバの前に投げてみた。静寂。シンバは白い羽に軽く目をやっただけで、ロイドの肩の上を歩きまわっている。代わってローズがさっきの黒い羽根をふたたび床に落とした。またも、シンバは過剰な反応を示した。ローズが羽根をしまうと、シンバは一転していつもどおりに戻った。これほど明らかな反応を示すとは面白い。興奮の理由は……想像するほかない。これは典型的な反応なのだろうか？　カラスやほかのカラス科の鳥に共通する行動なのか？　どういう精神状態なのか？　何らかのかたちで死に関係しているのか？　疑問が次々に湧いてきた。

本書の執筆に取りかかって以来、「動物が仲間の死を悼むときの話も書くの？」と、おもに友人や家族から尋ねられた。ここ数カ月、わたしはその手のエピソードをさかんに聞かされた。つまり、家族や仲間のペットが死んだとき、自分が飼っているペットはひどく悲しんだという。ウマは、同じ馬小屋の仲間が死ぬと、干し草をかけて埋める、との体験談も少なからず寄せられた。まだまだある。飼い主の死亡後、何も食べなくなったイヌ。子猫を連れ去られてから、毛が抜け落ちたネコ。

パートナーが死んだあと自殺を図るハクチョウの動画のリンクも、たびたび送られてきた。飼い主だった警官の棺に、脚をのせ続ける警察犬。ゾウ、ウマ、イルカ、ネコ、イヌ――いずれも、同種の仲間の死骸や、いっしょに暮らした別種の動物の死骸のまわりで、不可思議な行動をとる。パートナーを失って、やせ衰えたウサギ。同じ家で飼われているネコに死期が近づいて、落ち着きを失ったイヌ。そのような話をしてくれた人は、口々に言う。「これが悲しみでなかったら何です？」。「人間が喪失感に襲われるのと同じでしょう？」。

わたしは、これらの問いに答えられなかった。科学的に解明するのは難しい現象だ。早い段階から、そう気づいていた。こうしたエピソードが持ち上がるとき、動物には確かに何かが起こっている。その点は、わたしも友人や家族と同感だ。しかし、何が起こっているのか？　本書には、エピソードの羅列ではなくそれ以上の事柄を書きたい。科学的な事柄を……。けれども、証明は難しすぎる。エピソードの数々からみて、一部の動物は、同種の動物や子供や飼い主の死のせいで、いや少なくともそれに関連して、どうやら苦悶をあらわにするらしい。しかし、いくらエピソードをたくさん集めたところで、なぜ、どんな仕組みでそんな変化が起こるのか、どの程度頻繁に起こり、予測可能な行動なのか、といったことは、まるでわからない。イヌがつねに異変を示すとはかぎらない。ネコ、ウマ、サルも同様だ。後日、電話でアレックスが指摘したとおり、生き物が死を悲しむかどうかという問題は専門家を悩ませ続けている。ただ、シンバの反応は一貫していた。簡単ながらも、いちおう実験と呼べるだろう。シンバは、ある種の刺激に対して、繰りかえし、予測どおりの反応をする。となると、カラス科の鳥は、死を、あるいはそれにまつわる何かを理解しているのかもしれない。そこで、しばらくのあいだ、わたしはシンバに興味を持ち続けた。

シンバが見せた、羽根に対する過剰反応は、カラス科としてはよく知られた行動なのでは？　まずはそう考えた。ところが……違った。友人や同僚に訊いても、誰ひとり知らなかった。そんな反応は見たことがないし、聞いた覚えもないという。

さらに調べた結果、文献のなかに二カ所だけ、この奇妙な行動に触れた部分が見つかった。一つは、マーズラフとエンジェルの共著書『世界一賢い鳥、カラスの科学』。それによると、あるネイティブアメリカンの男性ダンサーが、遊園地で観光客向けに踊りを教えていた。髪飾りに、黒く染めたシチメンチョウの羽根を使ったところ、遠くから野生のカラスの鳴き声が聞こえた。やがて、怒りに燃えたカラスの集団がやってきて、髪に黒い羽根飾りをつけた客たちに見境いなく襲いかかった。指導していた男性がイベントの中止を決めるまで、カラスの激しい攻撃は続いた。以後、その男性は踊りを披露する際、黒く染めた羽根を使うのはやめたという。

カラス科の鳥が黒い羽根に敵意をむき出しにすると記されていた第二の文献は、当時最高の（おそらく史上最高の）動物行動学者、コンラード・ローレンツの著書『ソロモンの指環』だ。コクマルガラスが似た反応を示したらしい。ローレンツがポケットから濡れた海水パンツを出すやいなや、コクマルガラスの集団に取り囲まれ、くちばしの攻撃にやられた。ローレンツの考察によれば、濡れた水泳パンツをぶらぶらさせたせいで、コクマルガラスの死骸みたいに見え、仲間を殺す敵とみなされたのではないかという。捕食者とおぼしきローレンツに激昂し、激しい攻撃をくわえ続けたわけだ。

しかし、見つかったのはその二例――ネイティブアメリカンのダンサーとローレンツ――だけ。カラス科がなぜか黒い羽根に向かって感情をむき出しにするとの報告は、ほかには発見できなかった。いろいろなカラス科の専門家にも尋ねたが、この奇妙な行動をじかに見た人は皆無だった。あらたな情報は入らなかった。動物（や、わたしたち）ほ、死を想起させるものを見せられると、意外で奇妙な行動をとる場合があり、そんなエピソードは掃いて捨てるほどある。シンバも、たんにその一例という結論になりそうだった。ユーチューブにアクセスして、みなさんも目で確かめてほしい。自分や、自分と深い絆で結ばれた生き物が、いずれ死ぬ運命にあるとの事実に直面したとき、生き物はときに尋常ではない反応を示す。そんな不可思議な動画が、大量に埋もれている。なかでもわたしのお気に入りは、チリの込み合った幹線道路でけがをしたイヌを、〝英雄イヌ〟が助け出す動画だ。車がクラクションを鳴らしたり、急停車したりするのを脇目に、重傷の仲間を安全な分離帯までどうにか引きずっていく。ほかにも、マカクが、電車の線路に感電して倒れた仲間を救出する（さらに、どうやら蘇生させる）という、感動的な動画もある。感電したマカクは、湯気を上げて縮こまり、もう死んでいるように見えたのだが、別のマカクが、少し引っ張ったり、押し、顔を突っつき、胴体を抱きしめ、水たまりに数回ひたす。するとどうだろう、感電死していたはずのマカクが、息を吹き返した（蘇生後もだいぶ具合が悪そうだったが）。

似た種類では、忘れがたいこんな動画もある。ハワイのアオウミガメが海を出て、緩やかな歩みで、ほかのカメ（〝ハニーガール〟と名付けられたメス）のために地元民がつくった小さな墓へ近づいていく。〝弔意を捧げるため〟と解釈されていた。死んだほうのカメは、その数日前、砂浜で死んでいるのが発見された。〝弔問に訪れた〟カメは、苦労して浜を一〇メートルくらい進み、墓の横に頭部を寝かせて、ハニーガールの遺影の写真を見つめた（「まるで別れを告げに来たかのようだった」と、ある住民は現地のニュース取材にこたえている）。この種の動画は何千件ものアクセスを集める。しかし一つずつ再生しながらも、わたしは、もし動物が〝服喪〟といえるような目立った行動をとらなかったら、撮影者はどうするだろう、と思わずにいられなかった。そんな動画を見たがる者はいない。それにしても、黒い羽根を見たとたん、シンバはどうしてああいう妙な行動に出たのか？

答えを探すため、わたしはさらに資料を調べた。何かの文献に、あの行為がふつうか否かが書いてあるにちがいない。ないはずがない。やがて……ある資料が見つかった。しかも、れっきとした科学文献だ。カラス科の違う鳥、アメリカカケス——ハシボソガラスに近い種——の研究結果が記されていた。北米西部の原産で、中型の元気な鳥。頭部が明るい青色で、喉が白く、耳障りな声で鳴く。ハシボソガラスをはじめとするヨーロッパのカラスと同じく、アメリカカケスは、郊外や森林に棲むありふれた鳥だ。春や夏は、つがいや親子で餌を探し、繁殖期に入ると、血のつながりがない個体も合流して集団で餌を求める。実験の結果、アメリカカケスも死に反応するらしいとわかった。この実験（カリフォルニア大学の研究チームがおこない、二〇一二年に『Animal Behaviour』誌に発表）には、さまざまな目的があった。たとえば、本物のカケス、剥製の死んだカケス、剥製のアメリカワシミミズクをそれぞれ違う住宅の裏庭に置き、見慣れない対象物に対して野生のアメリカカケスの群れがどう反応するかを観察した。まず、アメリカワシミミズク（自然界における捕食動物）の剥製をある場所に慎重に置いた。アメリカカケスの反応は予想に違わず、仲間同士で集団をつくって、ときおり荒々しく襲いかかった。当然だろう。次の実験として、剥製のアメリカカケスを見せたところ、こちらにも攻撃をしかけた。これまた研究チームの予想どおりで、アメリカカケスは、よそ者に警戒心を抱き、孤独な暴れ者ではないか、自分たちの餌を奪うのではないか、と不安がる。ところが、集団営巣地《コロニー》の真ん中にアメリカカケスの死骸を置いた場合は、まったく意外な反応だった。調査対象母集団のアメリカカケスたちは、死骸のまわりに集まり、不快な鳴き声を発しだした。立ち会ったある研究者は、怒りや説教のような感情がこもった声色に聞こえたと証言している。「アメリカカケスたちはこの件に関する情報交換に夢中になって、ときには何時間も餌を探すのを忘れてしまうほどでした。何と言うか……アメリカカケスの死骸を見て、平静さを失ったようすでした。刺激を受け、反応していました。なんど繰りかえしても、同様の行動をとったんです」。

証拠。ついに、それなりの証拠にたどり着いた。なぜそんな反応を示したのか？　わからない。どこから学んだ習性なのか？　それもわからない。この研究論文の執筆陣の推測では、命の危険が差し迫っている恐れがあると仲間に警告する行動（要は「この鳥を殺した犯人は誰だ？　また殺しに来るのか？」みたいな鳴き声）かもしれないという。もちろん、あくまで憶測であって、さらなる科学的な裏付けが必要だ。とはいえ、わたしはこの実験が気に入った。何回でも再現可能らしい。家に裏庭がある人なら、さっそく試せるだろう（もしフクロウの剥製やアメリカカケスの死骸を持っていればの話だが）。ただ、この手の研究論文でさえ、言葉づかいが誤解を生みかねない。たとえば、カラス科のこの集団行動について、論文の執筆陣は、一般になじみやすい〝葬儀〟という語を使っている。論文のなかで唯一、わたしはここに違和感を覚えた。葬儀？ 本当に葬儀なのか？ この言葉を動物に当てはめるのは……どうも……落ち着かない気分だ。この言葉でかまわない、と誰が許可を出したのか？ みんな、生き物たちをヒトと似た存在にしたくてたまらず、科学的な用語を使うことをあきらめかけているように思う。

アメリカカケスの実験からわたしが学んだのは、動物が死に対してどう反応するか、予測可能な力強い結論を導きだすためには、巧妙な方法をじゅうぶんな規模で試さなければいけない、ということだ。動物が悲しんでいるとの報告のほとんどは、残念ながらこの基準を満たしていない。多くの生き物の場合、それもやむをえないと思う。実験を繰りかえすのが難しい。わたしの知るかぎり、野生のゾウ（死を悼むとされる生き物の代表格）を対象にまともな研究と呼べるものがおこなわれた例は、一つしかない。骨を利用した実験だ。

名高いゾウ専門家、シンシア・モスの著書『Elephant Memories』には、研究に取りかかった当初、ゾウが親族の骨に示した態度に驚いたと書かれている。群れのリーダーだったメスの顎骨を調査隊の野営地に持ち帰ったところ、数日後、そのメスの家族が野営地に近づいてきた。なかでも七歳になるオスの子ゾウが顎骨に特別な関心を払い、入念に眺めて、鼻で撫で、脚で引っくりかえした。モスはこの行動に興味を覚え、応用してあらたな実験を考案し、反応を見ることにした。用意したのは、群れのリーダーのメスの頭蓋骨（ゾウなど、さまざまな巨型動物類のもの）、象牙、材木の束。これらを群れのほかのゾウの前に置いた。すると興味深い結果が出た。ゾウ、サイ、スイギュウの頭蓋骨のうちでは、ゾウの骨を最も長いあいだ観察していた。順調だ、とみなさんは思うかもしれない。しかし次に、ゾウの頭蓋骨を三つ並べた。そのなかで一つだけが、自分たちの群れのリーダーだったメスの骨だった。すると、ゾウたちの関心度は、親しかったゾウの骨に対しても、見知らぬゾウの骨に対しても、あまり差が無かった。いったいなぜ、この事実がもっと一般に広まったり、引用されたりしないのかと、わたしは不思議に思う。個人的に初耳だった。この情報がテレビの自然ドキュメンタリー番組の題材にならないのは、「ゾウは信じがたいくらい死者を悼み、人間に似ている」という一般的な説に合わないからだ。しかし本来、追悼の気持ちを持っているかどうか、これだけではわからない。人間には想像も理解もできないかたちで悼んでいる可能性もある。

行き詰まってきたわたしは、サンプルの範囲を広げようと決意した。認知能力が発達していて、個体数が多く、群れをつくり、実験が繰りかえし可能で、同じような飼育環境下に置かれている動物はいないだろうか？　わたしは延々と悩んだ。何カ月も悩み続けた。やがて突然、思い浮かんだ。ロバ。ロバならイギリスじゅうの放牧場で飼われているし、たんなる放牧場が専用の保護区域に変更された例も珍しくない。大半の家畜と違って、ロバは、つがいの絆が強い。とても強いとよく耳にする。当然、つがいの片方が死んで、もう片方が取り残される場合もあるはずだ。そう、ロバなら、何らかの答えを引き出せるだろう。再現可能な習性を目撃できるにちがいない。一貫した傾向。証拠と言えそうな事実……。わたしはデボン州シドマウスにあるロバ保護区域の担当者にメールを送り、じかに会って体験談を聞かせてほしいと許可を求めた。この区域では、八つの放牧場に合計三〇〇〇頭のロバが飼われており、加えて一五〇〇頭のロバがあちこちの家庭に引き取られて暮らしている。ロバが死を悼むようすを知っているだろうか？　すると、保護区域の広報責任者スージー・クレットニーから快諾の返事が来て、研究長のフェイス・バーデンが区域内を案内してくれるとのことだった。一週間後、わたしはデボンへ向かった。

ロバに関して、わたしの知識は無いに等しい。大手メディアを通じて教わった、真実かどうかわからない事柄を鵜呑みにしているだけだ。「ロバは働き者」「ロバは頑固」「ロバは少し厭世的」などなど。

わたしは、放牧場がいくつもいくつも並んだロバ保護区域のなかにあるカフェで、スージーとフェイスから、ロバが実際にはどんな動物なのかを手短に教わることになった。結果として、いままでの情報はどれも真っ赤な嘘だった。「ロバについて考えるには、まず……」。ソフトドリンクの缶を開けながら、フェイスが言った。「……本来の生息地を心得るべきです。どの一頭も、からだのなかには野生のロバの血が流れている。この点を忘れないことが肝心です」。わたしはメモに書き留めた。「なにしろ、家畜化されてからたった六〇〇〇年くらいしか経っていません。もともと棲んでいた砂漠と切り離すわけにはいかない。砂漠はロバの一部分なんです。ロバを生理学的、行動学的な側面から見たり、聞いたり、研究したりすると、ほとんどの要素が祖先から受け継がれたものだとわかります。つまり、エチオピアの砂漠で暮らす野生のロバですね」。わたしはこれもメモした。「けっして派手な動物ではありません」と、テーブルの反対側にすわっているスージーが口を開いた。「でも、文明は、ロバたちの背中のおかげで築かれたんです。おおげさではなく、ロバがあらゆる文明の立役者です」。

わたしはカップに紅茶を注いだ。ふたりの話の出だしにほっとしていた。世間には、ロバ好きの人はなぜか気取り屋で変わり者、との認識がある。スージーとフェイスもかなり気取った変人だろうかと、少し心配していた。だが、杞憂だった。ふたりとも愛想がいい。かつ科学的。理性を重視するタイプだ。わたしが執筆に行き詰まっている状況も、すぐ呑み込んでくれた。

生き物たちが悲しんだり、死を嘆いたりするのかは、あいまいすぎて見きわめがたいので、わたしは匙を投げ、本章をあきらめて削除する寸前だったと明かした。「この件で、ロバが何か手がかりをくれるでしょうか？」。わたしの問いに、スージーとフェイスは顔を見合わせた。どちらが返事をすべきか、控えめな無言のやりとりで決めようとしていた。結局、スージーがフェイスに微笑みかけて、答える役をまかせた。ふたりはいままでにもこの問題を深く掘り下げたことがあるのだろうか？「そうですねえ」と、フェイス。「ロバが、ひねくれていて理解しにくい動物なのは確かです。ウマとは違う。種馬みたいに複数のメスを孕《はら》ませるオスはいません。単独で行動するか、つがいで生活するかのどちらかです。ある意味、だからこそ絆が強いのかもしれません」。フェイスが目線でスージーに同意を求めた。役割交替。「ロバはお互いの結びつきが強いんです」。スージーが別の言いかたで説明を続けた。「しっかり、くっついていないといけません。つがいの二頭だけで暮らしていて、やがて片方が死んでしまったら、ほかの仲間との絆の強化に全力を尽くします。あとでわかるでしょう。非常に重要な点です」。「飼育状況下ではそう解釈できます。ここで実際、あなたの目で確かめられます」。と、フェイスが付け加えた。「ここのロバの一部は本当に絆が強くて、小屋が違おうと、柵で隔てられようと、関係ありません」。「で、片方が死んでしまったら、どうなるんです？」と、わたしは訊《き》いた。短い静寂。フェイスが沈黙を破った。「あからさまに沈痛のようすを示して、死んでしまうロバもいます。でも、多くはありません。一般的な反応とはいえないんです。ここはわりあい重要ですね。ほかのロバの死に際してどんな反応を示すかは、ロバによって異なります」。

ふたりはいくつかの実例を挙げた。パートナーを失ったあと、長期間にわたって餌を食べなくなるロバ。さかんに鳴いたり、柵を跳び越えて囲いから逃げたがったりするロバ。不安。神経過敏。しかし、ロバの行動や性格のタイプはさまざまだという。パートナーが死んでも、ほとんど無反応のロバもいる。単身になって、その前よりずっと幸せそうなロバさえいるらしい。

パートナーの死のあとの行動は予測不能だという現実に、わたしはとても興味をひかれた。このロバ保護区域は慎重を期している。「たとえば、あるロバを安楽死させることになったら」と、フェイスが言った。「パートナーにも、運命をともにする機会を与えます。このロバ保護区域ではそういうのが決まりになっています」。わたしは感心した。ロバの反応は予測できないにしろ、最悪のケースに備えることこそ適切な対処法に思えた。「ここではそういった対処をしていますし、つがいのロバを飼っている人たちには同じようにしてほしいと思っています」「すると、おふたりは、ロバを安楽死させざるをえなかった経験をかなり……」と、わたしは言った。「ええ、たくさん経験しています」「じゃあ、どういうふうに最善の策を決めるんです？　パートナーのロバを安楽死の処置に立ち会わせたあとは？」。突然、フェイスの顔色が曇った。「残されたパートナーの行動に応じて、必要なだけの時間、そっとしておいてやります」。ソフトドリンクの缶の蓋をもてあそびながら、さらに続けた。「衝撃的な行動を目撃するケースもありますよ」「と言うと?」「死んだパートナーの匂いを嗅ぐときもありますし、どうにか立ち上がらせようと努力するロバもいます。けたたましく鳴くロバや、逃げ出すロバも」。ひと呼吸入れたあと、こう続けた。「どうしたって、人間の場合と重ね合わせて考えたくなります」。本人も少しとまどっているようす。「わかります」と、わたしは応じた。「そうなんです、どうしたって……」。フェイスが言った。「でも、わたしは学者ですからね。それに……」。小さな笑み。「……それに、パートナーの死をちっとも気にしないロバもいるわけです。死骸をちらりと見るだけ。まるで『どっちみち、きみなんか好きじゃなかったし』と言いたげな視線を向けるロバもいます」。場面を想像して、わたしたちは軽く笑った。

ふたりがときおり見かける尋常ならぬ反応について、〝悲しみ〟とか〝弔意〟といった表現を使うか、使うとしたらどのくらいの頻度かと、わたしは質問した。とりわけ、広報部に勤めるスージーの場合、ロバは救うべき動物であると広くアピールして、寄付を募る役割を担っているはずだ。「科学的な意味で、〝沈痛〟という言葉を使います」。きっぱりとフェイスが言った。「ええ、わたしはそう表現しますよ。〝沈痛〟とね」。わたしはスージーのようすをうかがった。こたえる前に、一瞬、考え込んでいた。「人間の場合、宗教を問わず、世界のどこを見渡しても、亡くなった人を弔う墓のたぐいを見かけるでしょう。でも……いま話題にしているのは、仲間の死に対するロバの反応ですよね。人間が身内の死にどう反応するかとはまるきり違います。死の知らせ――あるいは、死そのもの――が、群れ全体に徐々に広がっていくわけではありません。群れのすべてのロバが影響を受けるわけではないんです。たとえ親しかった仲間でも、知らずに終わるかもしれません」。スージーがしゃべっているあいだ、フェイスはこの問題をますます深く追究しているようすだった。「あらためて考えてみて、適切な用語は何だと思います？」と、わたしはフェイスに重ねて尋ねた。「〝沈痛〟。やはりこれがふさわしい単語だと思いますね」。

全員、無言になった。沈黙の時が流れた。三人で会話をしているあいだ、このときだけ、誰も口をきこうとしなかった。確かに〝沈痛〟が適切な言葉だと思う。ずばり的を射ている。人間なら皆、身近な者を亡くした際の悲しみや喪失感を知っている。理不尽にも、たいがい、胸を刺す痛みに何度となく襲われる（ペットが死んだときも同様だ）。他人の感情を本当に知ることは難しいにしろ、葬儀の際、みなさんもわたしと同じく心が傷つく、と考えるのは理にかなった推察だろう。あなたは泣く。悲しみの重みに押しつぶされる。心が痛くてたまらない。わたしもそうだが、身近な人が亡くなったと知らされると、おおげさではなく本当に倒れてしまう人もいるはずだ。倒れ込んでしまう。そう、人間の大半にとって、死に接したときの感情は強烈きわまりない。ほとんど全世界共通、文化の違いを超えて、誰もが共通の反応を示す。弔意。悲嘆。一方、動物はどうかと調べれば調べるほど、その反応を表現する言葉は選びづらいと感じる。人間とは違い、死に対する生き物たちの反応は、予測できない。人間とはどうも異なる。

人間以外の生き物に〝弔意〟や〝悲嘆〟といった言葉を当てはめるのは、人間が味わう甚だしい動揺を矮小化してしまう恐れがある。悪くすれば、ヒトという種《しゅ》のきわめて興味深い特徴を軽視することにつながってしまう。〝沈痛〟？　そうとも、この言葉がふさわしい。スージーとフェイスの意見に賛成だ。

昼食を終えてから、フェイスが今後の計画を明かしてくれた。イギリスの各大学と提携し、死のあと起こる出来事をより詳細に記録するつもりだという。調査を重ね、今後の研究の土台になるかもしれない行動パターンを絞り込む。わたしとしてもおおいに楽しみな計画だ。まさに、この分野を扱う科学に必要な基礎だと思う。どんな研究を続け、どんな研究をやめるべきか、巧みに見分けられる。わたしたちは温かい握手を交わし、今後も連絡を取り合う約束をした。もし良ければこのあたりの放牧地にいるいろいろなロバを見ていかないか、とスージーに誘われ、もちろんわたしは喜んで案内してもらった。ロバによっては、わたしのそばまで挨拶にやってきて、毛を梳いたり頭を撫でたりさせてくれた。逆に、愛想の悪いロバもいた。

その後、数週間が過ぎ、わたしはこの章を本書のなかに残すと決意した。前にも書いたとおり、本章の執筆は困難をきわめた。いま思えば、苦労するはめになった一因は、生き物を二つの種類――死を理解できる生き物と、できない生き物――に括《くく》ろうという誤った立場をとり、めいめいの生き物がどちらに属するかを科学の力で正当化する気でいたことだ。ある重大な事実に気づかなかった。すなわち、生き物が死を認知する能力は、段階的に異なっている。「あり」「なし」に二分できるようなものではなく、そのあいだに無数の段階があるわけだ。ネズミと笑いをめぐる話に少し似ているかもしれない。ネズミは、くすぐられると、高周波の鳴き声で笑うといわれる。だからといって、皮肉の効いた三〇分間の風刺劇を理解できるだろうか？ もちろん無理だ。死に関しても、やや似ているように思う。動物たちもまた、死に接したとき、わたしたち人間が抱く感情と一部共通する感情を持つ。しかし、一〇〇パーセント同じとはとうてい言えない（アレックスに電話で指摘されたとおり、人間の感情も一概にひと括りにはできないが）。

もっとも、生き物が悲しんだり死を悼んだりするかをめぐって、わたしは一つ特徴的な点に気づいた。書籍のプロジェクトの一環で、死について探る長旅を続けている、と誰かに話すと、きまって同じある質問をされるのだ。「じゃあ、動物が死を悼むことについて書くんですよね？」。そう言ったあと、自分や友人のペットに関するエピソードを語りだす。このワンパターンの展開に、わたしは何カ月も何カ月も付き合わされた。なぜだろう？ どうしてみんな、生き物のいろいろな行動のうちでもこの側面にばかりひどく興味を持つのか？ 動物好きの人たちにとって、動物が死を悲しむかどうかがどうしてそれほど大きな関心事なのか？

章を締めくくる現段階に入ってもなお、この点が理解できない。もし自分が死んだら、ペットや家畜が悲しむと思いたいのだろうか？　かもしれない。しかしいま、もう少し深い意味があるような気がしてきている。じつは心の奥底で、ヒトが地上で唯一の生き物になる事態を恐れていて、自分が死んだあとどうなるかを想像せずにいられないのではないか？　気がかりなのは、人類の運命なのではないだろうか？　ヒトはいずれ死に絶えるかもしれず、情緒豊かな生き物をほかに見つけたいのでは？　突き詰めれば、生物界の頂点に孤立していることが寂しいのかもしれない。生き物の仕組みを理解しているのがヒトしかいないとしたら寂しいと考えているのではないか？　そしてそういう不安を抱くこと自体が、きわめて人間的なのだと思う。みずからの〝沈痛〟が、人間たる証なのだ。

16

人は不死を願うか？

Who Wants to Live Forever?

ロンドン大学の奥深くの研究室に、くねくねと動く虫たちがいる。センチュウ（線虫）だ。ふだん、紫外線を照射されている。ふつうの状態のセンチュウは、紫外線を浴びせると青く見える。顕微鏡のスライドのなかをくねり、完璧なSの字を描きながら進んでいく。心電図に表われる鼓動のようでもある。しかし、ときおり、異変が起こる。何匹かが突然、発火したかのように光るのだ。腸内が青白く輝く。光は、からだ全体に広がっていく。まるで森林火災のように、広がる先々を燃やし尽くし、ついには灰だけが残る。すなわち、死。この現象は〝死の蛍光〟と呼ばれる。以前は、老化が進む過程とみられていたが、現在

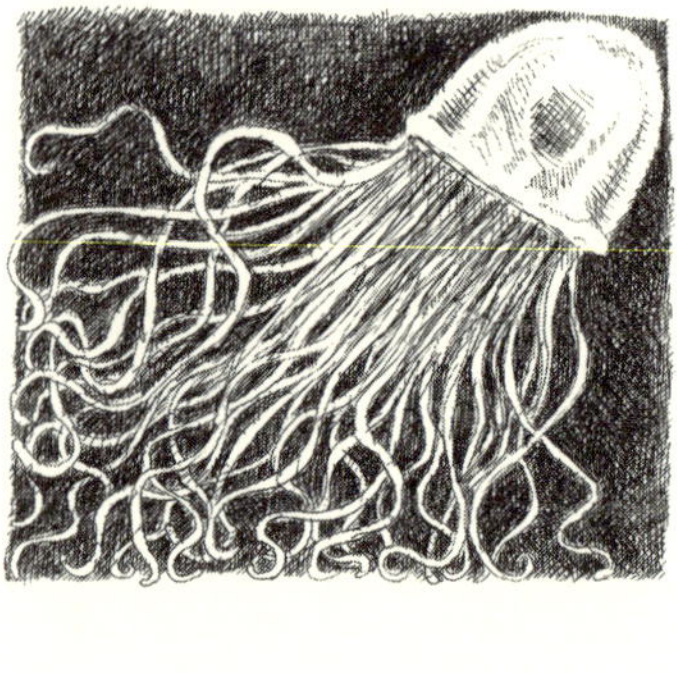

では、細胞が死ぬ表われだと考えられている。細胞が死にかけたとき、この蛍光を発する。センチュウは半透明だから、とくに観察しやすい。〝死の蛍光〟は、まさしく死のサインなのだ。

センチュウが輝きながら死に至るようすを動画で眺めると、ミステリアスでもあり、少し不気味でもある。しかし同時に、はかなく美しい。というのも、センチュウはきわめて素晴らしい生き物なのだ。名前がついているだけで二万五〇〇〇種いて、未発見のものがおそらくさらに一〇〇万種以上いるとみられる（その気になれば発見できるはずだが、残念ながら、その気になる人は多くない）。全種類のうち約半数が寄生虫で、研究しづらいのはそのせいもある。にもかかわらず学者にとってセンチュウが興味深いのは、地球上でも類を見ないほど単純な生き物だからだ。全体は細長い管状で、片端に口、反対端に肛門がある。要するにヒトと同じだが、はるかに明快な構造をしている。そのうえ、細胞内の遺伝情報（ゲノム配列）が完全に解明されており、どんなプログラムにもとづいて、単純なからだがどうつくられ、制御され、維持されているかがわかっている。おおまかにいえば、センチュウの遺伝子の働きは人体の遺伝子と違わない。およそ六億年前、共通の祖先から派生した仲だからだ。センチュウの遺伝子の働きは、ほぼ、ヒトの遺伝子と同じとみなすことができる。世界でいちばん有名なセンチュウは、カエノラブディティスエレガンス――通称シー・エレガンス。研究室で扱うのに最適な生き物だ。からだが透明なうえ、寄生しない自由生活を送る生き物で、しかも飼いやすい（自然界では土のなかにいる）。おまけにゲノムの解明が完了していて、雌雄同体のメスは九五九個、オスは一〇三一個の細胞を持つことや、それぞれの正常な発達についても、学者はすべて把握できている。加えて、シー・エレガンスは強靭だ。二〇〇三年、スペースシャトル「コロンビア号」の惨事が起こったとき、船内には実験用のシー・エレガンスが四キログラムのロッカーに入れて保管されており、地球に落下したそのロッカーを開くと、シー・エレガンスはまだ生きていた。それくらい、生命力が強い。（わたしのようにセンチメンタルな者には）感動的なことに、そのシー・エレガンスの子孫が、のちに「エンデバー号」に搭乗した。

本書の最初のほうで、生き物の寿命をめぐっていくつかの説があることや、老化という点では、遊離基が細胞に大きな影響を与えることを説明した。その後、研究を進めるなかで、体型からは予想もつかないほど長生きする生き物を数多く見聞きした。白内障を患ったコパーロックフィッシュにも出合ったし、逆境に立ち向かうハダカデバネズミの話題にも触れた。アクリル樹脂の箱に収められたミン――五〇〇年以上も生きた貝――も間近で見た。こうした研究成果は驚くべきだが、老年学のさらなる発展には大きな壁が立ちはだかっている。実験対象の生き物に何らかの操作をほどこしても、それがどんな効果をもたらしたか確かめるには、三〇年、四〇年、ときには四〇〇年待たなければいけない。そのため、ヒトと同じ速度で老いる生き物の研究は打ち切る学者が少なくなく、もっと小型の生き物のほうが人気になっている。寿命が日単位、週単位の生き物なら、はるかに早く結果が得られる。シー・エレガンスが研究対象としてうってつけとされるのも、一つにはそれが理由だ。いまこの瞬間にも、世界各国の研究者が、何万匹ものシー・エレガンスを観察したり操作したりしている。その体内では、生と死をめぐる遺伝子メカニズムが、ねじとばねのように把握しやすい機械じかけで作動しており、研究者たちは、老化や最終的な死を引き起こす原因をかなりのところまで解明できるのではないか、さらには老化を修復できるのではないかと考え、老化の治療や、老化に伴う病気の治療に関心を寄せている。早い話、最大の鉱脈に目を付けていて、いま、人類は不死にかつてなく近づきつつある。

シー・エレガンスが老年学者から脚光を浴びている理由はもう一つある。なんと、成長するにつれ、環境に応じて寿命を調整できるのだ。餌に困ると、繁殖行為から手を引いて、みずからの生に投資する。餌がたっぷりあると、ふつうに繁殖をおこない、数週間の命で死んでしまう。飢えているときのほうが最大三倍長く生きる。センチュウについてどう思うにしろ、この事実には唖然とするほかない。信じがたいものの――シー・エレガンスが示唆しているのは――ある種の遺伝子グループが寿命を取りしきっているらしいということだ。餌の量に応じて、遺伝子が生か死かを選ぶ。餌が足りなければ生を選択し、餌が豊富なら繁殖行為ののち死ぬ道をとる。老化をつかさどるこの特殊な遺伝子グループは重要で、〝老化遺伝子〟と呼ばれている。老化遺伝子を操れれば、老化も操れるはず、と研究者たちはみている。

実際、食糧が足りない期間を若干もうける（つまり、カロリー制限する）と長生きに役立つ、という話は、けっして耳新しくないだろう。ダイエットブームとも相まって、近年、数えきれないほどのテレビ番組やライフスタイル本が、カロリー制限の効用を説いている。基本的な原則は、たしかに、さまざまな生き物の種にあてはまるらしい。たとえば、生涯にわたって餌を四〇パーセント少なく与えられたネズミは、同じ親から生まれたほかのネズミに比べて五〇パーセント長生きし、老年期の病気にもかかりにくかったという。一部の魚や犬でも、同様の報告がある（面白いことに、酵母菌についても似た研究結果が存在する）。

あいにくヒトに関しては信頼に足るデータがない（理由の一つは、先ほど述べたとおり、結果が出るまで九〇年待たなければいけないからだ）。しかし、カロリー制限がヒトにも何らかの影響を与える可能性はじゅうぶんにある（どんな影響かは不明だが）。もっとも、カロリー制限がつねに長生きにつながるとはいえそうにない。野生のハツカネズミは、カロリーを制限しても、寿命が延びなかった。それどころか、ヒト以外の霊長類でカロリー制限と寿命の関係を検証すると、一貫性のない混沌とした結果しか出ない。いずれにしろ、生死の鍵を握る老化遺伝子が、目下、専門家の心をとらえている。寿命を延ばす可能性を秘めた遺伝子なのだ。ヒトの長寿命化に役立つだろう――長寿を願うのであれば、だが。

一部の生き物の場合、なぜカロリー制限が寿命に大きな影響を与えるのか、数十年にわたって研究が続いている。一九七〇年代、老年学者のトム・カークウッドがとくに熱心にこの問題に取り組んだ。カークウッドは、寿命の伸び縮みを性にかかわるものと考えた。当時はまだ老化遺伝子が発見されるだいぶ前だから、経済的な背景のみを手がかりに論じた。エネルギーが限られている状況では、繁殖行為に高価な投資をしても無駄になりかねない。そこで寿命を延ばすことにエネルギーを使う。いずれ繁殖行為にふさわしい時期が来るのを祈りつつ、細胞のメンテナンスに精を出し、生命を維持する。このような経済的な駆け引きは、最近では常識かもしれない。銀行家を考えてみてほしい。事情はまったく同じだ。投資が難しい時期には、無理をせず、既存のものの利子でやりくりする。じっと好機到来を待ち、時間をやり過ごす。結局、生き物のからだも同じらしい。派手に活動する余裕があるときは、周囲に影響力を行使して成長し、繁殖する。生きる速度をはやめる。地球上の大半の生き物は、シー・エレガンスと同じようなかたちで環境に適応しているのかもしれない。

シー・エレガンスがとりわけ老年学者の心をとらえているものの、ほかにも、遺伝学者や老年学者が有望視し、死を遅らせて寿命を延ばす仕組みを解明しようとしている生き物がいる。シー・エレガンスに次いで注目されているのが、クラゲとヒドラだ。どちらも、シー・エレガンスと同様、単純な多細胞生物で、細胞の発達や遺伝子情報を把握しやすい。どちらの生き物にも熱心な研究グループがいて、しのぎを削っている。

クラゲの分野では、〝不死不老のクラゲ〟と呼ばれるベニクラゲが最も注目の的だ。なんと、若返ることができるらしい。ほとんどのクラゲは、当初、触手で覆われた小さな物体（ポリプ）で、岩に張りついている。やがてそこから離れて自由に泳ぎだす段階を迎え、成体に育ち、卵子や精子をつくって、まもなく死ぬ。ところがベニクラゲは、そうしたふつうのクラゲの生死の過程をたどらない。浮遊生活を送ったあと、ある条件下では、海底に潜り、ふたたびポリプに戻るのだ。つまり、ほかの生き物が生きて死ぬ一方、ベニクラゲは何度も繰り返し生きる。映画の主人公になぞらえて〝ベンジャミン・バトン・クラゲ〟と呼ぶ人もいる。

どうやってそんな芸当を成し遂げているのかは判明していない。なにしろ研究しづらい生き物だからだ。まず、実験室の環境では飼ったり繁殖させたりするのが難しい。意義あるだけの長期にわたって実験を繰り返している専門家は世界でもただひとり。京都大学の久保田信だけだ。過去一五年、毎日三時間かけて、わずか一〇〇匹のベニクラゲの群れを世話している。本人いわく「ベニクラゲの生態をヒトに応用することこそ、人類の素晴らしい夢である、という思いに取りつかれています」（二〇一二年のニューヨーク・タイムズ紙によるインタビューより）。「ベニクラゲがいかにして若返りを実現しているのか特定できれば、偉大な事柄を達成できるでしょう」。

そんなわけで、ある研究者はシー・エレガンスを、別の研究者はベニクラゲを、あの手この手で調べあげ、こうした生き物が老化を遅らせている秘訣を明らかにしようと懸命だ。もう一つ、注目すべき生き物がヒドラ。分類上、クラゲと同じ仲間に属する。これもまた、アンチエイジングの面で期待をかけられている。ヒドラが有利なのは、ベニクラゲより簡単に見つかることだ（世界各地の汚れていない淡水の湖、池、川に棲み、水草や落ち葉に付着して、通りかかったミジンコなどを触手でとらえて生活している）。また、実験室の環境で生育や操作がやりやすい。一九九八年、老年学者ダニエル・マーティンズが、『Experimental Gerontology』と題した論文で「ヒドラは老化を避け、不死を実現しているかもしれない」と発表して以来、多くの老年学者がヒドラの研究に加わった（もっとも、学界のなかには、老化を阻止するなどという奇跡的な能力は疑わしい、との声もある）。ヒドラがとくに関心を集めているのは、幹細胞（生体を構成する細胞のおおもとともいえる存在で、どんな細胞にも分化できる）を再生する力をどうやら持っていることだ。ほとんどの生き物とは違い、ヒドラの幹細胞は無限に自己複製できるらしい。おかげで老年学の研究素材として地位を確保している。

この三種の生き物――センチュウ、クラゲ、ヒドラ――に対する関心は高まる一方だ。それに伴い、研究の成果がいつの日か人体にも役立つにちがいないと、過大なまでの期待が膨らみつつある。アンチエイジングがいよいよ本格的に動きだした。自分の希望に合わせて寿命が操作可能になるのは時間の問題だろう。数十年どころか、ゆうに一〇〇年以上生きられるようになるかもしれない。問題は、具体的にいつ実現するかだが……。

続いて、酵母菌も、定番の研究対象だ。酵母菌の内部に、サーチュインという変わった酵素が見つかった。

この酵素は、本書ですでに触れたさまざまな細胞活動——細胞のプログラム死、ストレスに対する抵抗、老化におけるミトコンドリアの役割など——にかかわっている。信じがたいことに、二〇一四年、ハツカネズミでサーチュインに似た酵素を実験的に操作したところ、寿命を大幅に伸ばし、健康状態もかなり改善することができたという。次なる段階として、ヒトでも臨床実験を行なうことが期待されるわけだが、じつは、まさにいま、そういう研究が進みつつある。アンチエイジング業界が進化し始め、ヒトの遺伝子の酵素が持つ可能性に熱い視線が向けられている。クラゲやセンチュウが、永遠の生という無謀な夢を実現に近づけたのだ。これを素晴らしいと思うか、空恐ろしいと思うかは、あなたの死に対する態度によるだろう。わたしは?……心が決まっていない。ひとまず、この手の業界を間近に眺める機会がほしかった。現在どんな状況で、どこへ向かっているのか、どんな人々が長寿を夢見ているのか? 運良く、目撃するまたとない機会に恵まれた。ロンドンにある国際展示会場、オリンピアで、アンチエイジング・ショーが近々開かれるという。わたしはさっそくチケットを買い、結果的に愕然とするはめになる……。

しかし、何があったか話す前に、アンチエイジング業界の成長ぶりをあらためて強調しておこう。タイムズ紙によれば、二〇一四年、全世界のアンチエイジング市場は一五〇〇億ドル規模だった。いまでは二〇〇〇億ドルに近づいている。しわ取り手術が流行したのももはや昔、現在はさまざまなアンチエイジングの施術や商品が需要を得ている。ダイエット、エクササイズ、ホルモン注入、若返りマッサージ、クリーム、酵素、抗酸化物質……。センチュウ、クラゲ、さらには酵母菌の研究を通じて、遺伝子レベルでの操作も実現に向かっている。まさしく巨大なビジネスだ。二〇一三年九月には、グーグルのCEOを務めるラリー・ペイジが、カリコ（カリフォルニア生命会社）の創設を発表した。アルツハイマー病や癌など、加齢に伴う病気を根絶することを目的に、一五億ドルかけて長寿命をめざす研究所を建設した。ひょっとすると、グーグルがかつて掲げていた「邪悪になるな」という行動規範に反し、市場の流行に乗って大儲けを企んでいるのかもしれない。事実、二〇二五年には、六〇歳以上の人々の数が一九九五年の二倍になる見通しだ。年を追うごとに、おのずから市場が成長しており、具体的な製品の実用化を待ちわびている。

ほかにもさまざまな団体が、寿命を延ばす可能性に目をつけている。たとえば、エイジ・リバーサル基金（いわく「われわれの計画は、健康、若々しさ、寿命、利益を最大限に増進することである……それも最小限の時間で」）。IT企業オラクルのCEO、ラリー・エリソン（フォーブス誌が〝マネー・マン〟と呼んだ人物）も、エリソン医療財団というアンチエイジング研究所を後押ししている。SENS（老化防止のための工学的戦略）という研究財団もあり、PayPalの設立者のひとり、ピーター・ティールが出資者に名を連ねている。間違いなく、老化の問題は巨大なビジネスにつながっている。当然だろう。加齢に伴うさまざまな病気を食い止められれば、おおぜいの命を救うことができ、なおかつ大儲けできる。地球上には膨大な潜在顧客がいる。年老いて自然に死ぬのをやむなしと考える人々は少ない。ともあれ、アンチエイジング・ショーの成りゆきは……。

暑い日のオリンピアは、本当に暑い。天井がガラス張りの建物だけに、まるで格納庫サイズの温室だ。地下鉄の駅からかなり歩かされ、ただでさえ汗だくなのに、会場へ足を踏み入れたわたしは、厚着でサウナに入った気分になった。午前一〇時半ごろだが、すでにおおぜいでにぎわっている。主会場へ向かう通路を歩くうち、どこか熱帯の空港の到着ロビーにいるような錯覚に陥った。行く手には、騒々しい営業担当者たちが待ち受けていて、パンフレットや無料サンプルを押しつけてくる。もらったチラシにふと目を落とすと、顔面の鍼《はり》治療とやらの宣伝だった。最先端の美容法らしい。プロバイオティクスのバランスを整えるクリームの無料サンプルも受け取ったが、見かけも匂いもただのヨーグルトにしか思えない。今回のイベントの無料公式ガイドブックは、雑誌なみの分厚さだ。ぱらぱらめくったところ、〝ゴング・セラピー〟とやらの半ページの広告が目に飛び込んできた。男性が鳴らす銅鑼《どら》の音を聞いていると、誰でも心が一気に若返り、物事を前向きにとらえられるようになるという。

わたしは、ひとまず腰かけてコーヒーを飲むのが最善の策と判断した。人込みが苦手なので、こういう場面ではカフェイン抜きのコーヒーと決めている。観客の多さだけで神経が高ぶってしまうからだ。どこかにすわりたい。コーヒー売り場のそばに席がなかったので、まだがらんとした舞台の前にある広いベンチに腰かけて、公式ガイドブックを開く。やはり、このイベントはぜひ見ておく価値がありそうだ。掲載されている社名を挙げると、アルミネ、ダーマ・ニュートリ、ドナベラ・ニュールック・ニューユー、EDMセラピー、フォーエバー・リビング・プロダクツ、アイグロー・ヘアー・レーザー・レジュベネイション・システム、マディソンズ・ユニーク・ジェル、クイーン・オブ・オイル、レジューブ・ミー、メガホワイト、ジェーン・プラン……。なぜか、ネコの里親さがしをする有名な慈善団体も名を連ねている。人生が長くなれば、ネコと触れ合いたい時間も長くなるはず、という理屈なのだろうか?

室内を見渡してみる。麗しき人々が集まっていて、全員、年齢不詳だった。女性の大半は、へそ上まである細身の黒いスカートを穿いている。非常にせわしなく、動作が機敏。階段上りのフィットネスマシンを使っているときみたいに、両腕をからだの前で小さく振りながら歩く。男性は数えるほどしかおらず、みんな引き締まった筋肉質で、日焼けしていて、歯を見せてにっこりと笑う。営業担当者たちがさらなる資料と無料サンプルを持って次々に近寄ってくるので、わたしは不安の波に襲われたが、向こうも商売、いざ話しかけようとして、わたしのさえない服装に気づき、これは早死にを望むタイプの人間だろうと判断するや、きびすを返して去っていく。いや、わたしがあまりに汗をかいているせいかもしれないし、さっきの美容ヨーグルトの塗りかたを間違えたのかもしれない。

コーヒーはひどい味だった。誰もいない舞台を前に、わたしは急に空恐ろしい気分になる。と突然、細身のスカートを穿いた女性たちが、まわりで腰を下ろし始めた。まもなく開始されるプレゼンテーションに備えて、ベンチの空席が埋まりだす。正面にある急ごしらえの演壇に、ふたりの人物が上がり、歯医者に備えつけられているような黒い革張りの椅子を一つ用意する。数台のカメラとマイクも準備された。観衆がいっそう増えてくる。ぴったりした黒いドレスを着た細身の女性が壇上にのぼって、例の椅子に腰かける。もうひとり、ほぼ同じ服装の女性がステージの裏手から登場し、椅子の脇に立った。マイクを握っている。続いて、第三の女性が出てきた。こんどはタイトな赤い服。三人ともまったく同じ種類のスタイルで、一つの型から生まれたかのようだ。そのあと、みごとな髪型の男性がまばゆい笑みを浮かべて姿を現わす。なんというか……ステージ映えする人物だ。マイクをテストしてから、壇上のスタッフを紹介し、自社の〝ダーマル・フィラー〟(いわば〝皮下充填剤〟)のラインナップを紹介し始める。

わたしは辛抱強く聞き入った。じつにプロらしい滑らかな口上だ。プレゼンテーションが進むにつれ、立ち止まって耳を傾ける客が増えてくる。終盤には大盛況となった。プレゼンテーションが終わり、男性は客たちに、どうぞ壇上にいらしてこの女性をとくとご覧ください、と誘う。これから女性の顔に充填剤のほか、各種の〝若返りシュガー〟を注入するらしい。まさか舞台に上がってまで観察したがる人はいないだろうと思ったが、大間違いだった。聴衆のほぼ全員が壇上に殺到して、椅子にすわった女性のささやかな施術を間近で見守りたがった。
わたしは遠慮したい。まずいコーヒーを飲み終え、やれ潮時と、ほかを見回ることにした。若くないけれど老いているわけでもない半端な年齢なので、わたしに商品を売り込むのは販売員としても難しいらしい。なかには、わたしの妻について尋ね、興味を惹こうとする者もいた。奥様のお誕生日はいつですか、何をプレゼントなさる予定ですか、サプライズ写真はいかがでしょう、スパで息抜きはどうですか、〝ゴング・セラピー〟もございますが……。声をかけられるたび、わたしはもごもご言い訳をつぶやいて逃れる。汗の量がますますひどくなって、二周目にまた見かけてももう話しかけたくないような外見の客と化した。実際、ふたたび売り込みを図ってくる販売員はいない。

わたしはとにかく人込みが苦手なのだ。コーヒーに依存する一方で、パニック障害に襲われた経験が何度もある。重症のときもあった。たいがい混雑が引き金で、おそらく、こんなおおぜいのなかでパニック障害を起こしたら恥ずかしいどころではすまない、という思いが、逆に精神的な重圧になって、パニック障害につながるのだろう。同じ悩みを持つ人は少なくないと思う。地下鉄の車内、就職面接、劇場の最前列……どんな場所でも起こりうる。こんなイベント会場でパニック障害になったら大変だ、と不意に思い、あわててその考えを消し去ろうとする。しかし、もう予兆が感じられる。汗のせいで美容ヨーグルトが顔から流れ落ち、襟を汚している。ひょっとすると、さっき売店で間違えてカフェイン入りコーヒーを渡されたのではないか？　うん、きっとそうだ。紙コップに印刷された「カフェイン抜き」の欄にチェック印が入っていなかった気がする。軽くめまいがしてきた。すわる場所を探し、先ほどとは違う舞台がまだ使われていないのを見つけた。〝グレース・ケリー・ステージ〟と書かれた幕が垂れ下がっている。わたしはそこの客席に腰を下ろし、少しのあいだひとりで過ごした。

このイベントにやってきた目的は、世界的なアンチエイジング業界の消費者側に身を置いて、本書の執筆過程で調べてきた生物学の業績が実際にアンチエイジングの役に立ち始めているのかを確認することだ。けれども全般にみて、研究の成果が実用化されている気配はない。たとえば、ミトコンドリアの話題など出てこなかった。遊離基も、ヒドラやクラゲも、遺伝学も……それどころか、老年学そのものすら、いっさい言及されていない。なぜか、何かにつけて〝ナチュラル〟という言葉が大々的に扱われている。出展した各社は、アンチエイジングの可能性がわたしたちのＤＮＡの内部に、あるいはセンチュウや鳥やコウモリやクラゲの内部に潜んでいる事実を知らないのだろうか？　どうもそうらしい。

わたしのまわりのベンチに少し人が集まりだした。あらためて、アンチエイジング・ショーの公式ガイドブックを開いてみる。一流医の集まるハーリー街で開業中の、アーマー・カーンという人物の写真が妙に目立つ。

このイベントの随所にかかわっているらしい。パンフレットにも垂れ幕にもウェブサイトにも写真が載っている。どの写真でも、カーンは両腕を組み、片手を思わせぶりに顎に当てている。驚くほど歯が白く、端正な顔から、専門家らしい強い意志がにじみ出ている。まさにカリスマ。いや、カーンにかぎらず、ここでプレゼンテーションを行なう人々は皆、同じくらいカリスマ性にあふれている。そのせいで聴衆は思わず惹きつけられ、知識を分け与えてもらいたがる。できるかぎり長く美しさを保つ秘訣を知りたくてたまらないのだ。

奇妙なことに、わたしのいままでの長い調査のあいだにも、カリスマ性に満ちた専門家に何人か出会った。老年学者は魅力的なカリスマであることが多いらしい。たとえば、不老不死のベニクラゲを研究する久保田信。クラゲの実験にいそしむかたわら、別の側面も持っている。人呼んで〝ベニクラゲマン〟。日本で『ベニクラゲ音頭』などの曲を作詞、作曲し、音楽アルバムを何枚もリリースしている。カリスマ性にあふれた研究者はほかにも少なくない。本書の執筆中、老年学者オーブリー・デ・グレイ（SENSの運営責任者）の写真入りインタビュー記事を目にした。デ・グレイは「すでに存命中の誰かが、人類史上初めて一〇〇〇歳まで生きるだろう」とたびたび言ってのけ、多くの雑誌や新聞に取り上げられている。風貌からして個性的なカリスマだ。赤茶色の長いひげを垂らし、写真の奥からつねに鋭い眼光を放っている。どの写真も、見る人に強烈な印象を残す。こうした著名な老年学者たちは、自分の専門分野を詳しく知るプロであり、だからこそ世間の人々の信頼を得る。

〝グレース・ケリー・ステージ〟の準備が始まった。先ほどと同じく、マイクやカメラが設置され、またもや歯科医院の椅子が登場する。わたしはこのプレゼンテーションも聞いてみることにした。なんでも〝ドラキュラ・セラピー〟が題材らしい。真面目な顔だちで長身、チェック柄のシャツを着た男が、壇上に飛び乗り、誇らしげに聴衆を見渡した。血漿の入ったガラス瓶を握っている。ひとりの女性があらたに現われ、つややかな黒い革椅子にすわってくつろぐ。ガラス瓶のなかの血漿は、少し前にこの女性から採取したものだという。ろくに前触れもなく、男はその血漿を女性に注射する作業に取りかかる。筋肉組織の奥深くに戻し入れるらしい。「骨のそばに注入する必要、あります」。スピーカーを通じて男が説明する。ヨーロッパ大陸のどこかの国の訛りが感じられる。「あんまり近すぎるも、だめです。けれど、深く、ふかああく、骨のそば……」。男が神経を集中させ、注射針をさらに深くまで刺していく。限界まで深く……。わたしは眉をひそめ、顔をそむけた。右手側にすわっている観衆たちは平気らしく、むしろ身を乗り出して成りゆきを見つめている。楽しんでいる。わたしの隣の女性にいたっては、眺めながら玉子サンドウィッチを食べている。心を落ち着けてから、わたしはもういちど壇上を見た。男がこんどは女性の首筋に注射針を突き立てている。個人的には耐えがたい光景だ。驚くなかれ、当の女性はまったく平然としている。どうなっているのか？　男が針をさらに押し込む。恐怖に打たれて、わたしはまた顔を横にそむけ、思わずからだを引きつらせ……そして……。

〝あれ〟が来た。一日が暗転。すべて悪い方向へ転がっていく。稲妻のような炎が胸を切り裂いた。電流が身を貫いた。直後、上半身の全体が激しい痙攣を起こす。首から腰まで。いまにも死がやってくるにちがいない。「うううっ」と、腹の底から低くうめき、長い究極の絶頂を表情に出した。隣の女性がサンドウィッチを食べるのをやめた。「大丈夫ですか?」。気持ちのこもらない声で聞いてくる。「あ……」。食いしばった歯のあいだから、妙な息が漏れる。咳払いをしかけたみたいに聞こえたかもしれない。「あの……すみませんが……うううっ」。わたしは立ち上がって、舞台に背を向け、顔をしかめ、どうにか歩こうとした。「ちょっと失礼……うううううっ」。女性はサンドウィッチの続きに戻り、ふたたびドラキュラ・セラピーを眺め始めた。

強烈な痛みだが、覚えのある痛みだ。前にも経験がある。首の痙攣と左胸の激痛とは直接つながっていない。心臓発作のいろいろな症状にあてはまるものの、それとは違う。四年ぶりの経験だ。しかし以前よりひどい。胸に熱いパイプを突き刺され、じわじわと回されている気分。わたしはよろめきながら歩いた。痛みに足を引っ張られ、頭が働かず、首は奇妙な角度に曲がっている。息をするたび肺が焼けつくので、短く浅く呼吸する。ここから脱出しなければ。会場を横切って進む。息を吐くついでに「うううっ」とうめくと、少し痛みが和らぐようだ。ありがたい。そんなわけで、アンチエイジング・ショーのさなか、わたしは足を引きずり、肩を丸めて、顔をしかめ、「うううっ……うううっ……うううっ……」と、死にかけのていだった。

それでも歩き続けた。きっと、大丈夫。パニック障害になりかけているだけだ。心臓発作ではない、はず。

助けを呼ぼうかと考える。しかし、白衣の人々に囲まれ、そのくせ誰ひとり正規の医者はいない、という状況になると思うとうんざりだった。とにかくここを出よう。うつむいて、おぼつかない足取りで進んでいく。左右に、アンチエイジングの奇妙な出展者が並び、商品を試す客が群がっている。不可思議なへんてこなヘルメットをかぶって薄毛を改善しようとする人たち。プラスチックの棒の端に得体のしれない蛍光ボールがついたものを持って、それを楽しげに口に入れている女性の一団。歯科医院の黒い革椅子に横たわり、両頬を異様な器具で揉みしだかれている女性。下半身をジェルとヨーグルトで覆われている女性。振動する台。タロット占い師。ネコの保護団体。そしてようやく、出口にたどり着いた。外界のすがすがしい空気。自分がよく知る世界に戻れた。自然界の当たり前の規則が機能している世のなか。死がいたってふつうに存在し、概してすべてが死を受け入れている世界。快復するまで、わたしは一週間かかった。

アンチエイジング・ショーに行った影響は予想以上に大きかった。クラゲ、遊離基、カロリー制限がほとんど無視されていたことに衝撃を受け、わたしはやや不安になった。嵐の前の静けさを目撃した心持ちだ。美容業界に細胞や遺伝子を利用した療法があふれかえるのは時間の問題に思える。そのあたりの理由は、本書の前のほうに記した。

なぜだか、そういう将来の美容ブームを思い浮かべると、恐ろしさが心をよぎる。あらたな療法が世界を良い方向へ動かす可能性もじゅうぶんなのだが……。従来の人体の進化の枠を超えて、老化に伴う病気を克服したり、寿命を延ばしたりできる時代が来ようとしている。驚くなかれ、わたしたちは本当にそんな時代に立ち合っているのだ。全世界の医療が一変しそうなタイミングにたまたま生きている。

老齢の病気は過去のものになりつつある。なのにどうして、わたしは不安を感じるのだろう? 本質的に恐ろしく思えるのはなぜなのか? わからない。うまく説明できない。もしかすると、斬新な爆発力を持つ科学分野が出現するときはいつも、世間の人々はあれこれと想像して怯えるのかもしれない。たとえば、核の技術を恐れる感情がゴジラを生んだ。IT革命がターミネーターを生み、遺伝子操作の可能性が『ジュラシックパーク』を生んだ。しかし奇妙なことに、明らかに実現が近づいているアンチエイジング革命に対しては、一般人のあいだに懸念が生じていない。不思議だ。みんなが気づかないうちに、じわじわ迫ってきている。わたしたちは自覚のないまま、お金を払えば他人より長生きできる新世界へ突入するのではないか、と妙な気がしてしまう。そんな世界は倫理に反するように思える。数々の疑問があるものの、誰にも答えは出せない。まだ答えが存在しないからだ。たとえば、そういうアンチエイジング療法は、医療制度や国民保健サービスなどを通じて無料で受けられるのか? 有料だとしたら、貧しい人々からどうやって料金を徴収するのか?

新しい医学の恩恵を受けられる集団と、そのタイミングに間に合わなかった集団に分かれ、社会が二層化してしまう事態を、どうやって避けるのか? 現時点では誰にもわからないだろうが、わたしは不安でならない。

しかし半面、アンチエイジングの動きには前向きな点もいろいろとある。素晴らしいことが起こるかもしれない。加齢に伴う病気や、老化じたいを阻むため、現在は莫大な金額を投じているわけだが、そういう経費が不要になるだろう。じつにありがたい。イギリスでは、国民保健サービスが崩壊寸前だと危惧する声が上がっている。みんなが健康に歳をとれるようになれば、制度を救える可能性が出てくる。なるほど、心が躍る。驚きだ。しかしなお……疑念が拭えない。この世界は本当に、いまより人類が長生きしてさらに多くを消費することを必要としているのか？　寿命一二〇歳がごくふつうになったら、何が起こるだろう？　そのあたりが限界なのか、それとも、シリコンバレーの精鋭たちの努力で一二五歳まで延びるのか？　いや、一三〇歳？

じつをいえば、わたしたちの長生きの願望は際限がない。間違いなく、望みはどこまでも続く。多くの人が、生を素晴らしく思い、終止符を打ちたくないのだ。ただし、それが問題になる。大きな問題に。いつか終わりは来るのだから……。

17

いいえ、これはカエルの死骸です

No, This is a Dead Frog

アンチエイジング・ショーを見学しただいぶあと、現代に生まれた人間のうち何人かは史上初めて一〇〇〇歳以上まで生きられるかもしれない、とするオーブリー・デ・グレイの主張には、大きな壁が待ち受けていると知った。問題は、脳だ。もっと具体的に言うなら、脳内の神経細胞。通常の細胞とは違い、神経細胞は複製や再生をしない。たとえどうにかして複製が可能になっても、ほかの神経細胞との一万本にのぼるシナプス結合は失われてしまうだろう。シナプスの結合があってこそ、経験や記憶が脳のなかに残る。それが失われてしまえば、もはや自分が自分ではなくなる（「よって、不死を得るためには、われわれの人間

性を犠牲にしなければならない」と、ニック・レーンの著書『生命の跳躍』は結論している）。

もっとも、デ・グレイの意見は正しいのかもしれない。肉体的な老化を食い止められるなら、いずれ、現時点では想像できない方法を使って脳の老化も防げる可能性がある。とうてい無理に思えるだろうが、昨今の老年学の成果にしても、大半は三〇年前には考えられなかったものだ。老化と脳についていえば、科学の最先端で、神経組織発生が研究されている。新しい神経細胞をつくり出す研究だ。この分野には、センチュウやクラゲは役立たない。代わって注目されるのが、鳥とその鳴き声。不可能に思えることが起こっている。しかしまず、脳の神経細胞に関して従来いわれてきた事柄をおさらいしておこう……。

みなさんも知っていると思う。学校でこう教わったにちがいない。人間の脳は誕生直後にもう完全に神経細胞がそろっていて、以後は、若いうちから老いるまで減る一方だ、と。授業でそう教えているのは、何十年も、それが定説になっていたせいだ。ところがやがて、ある専門家チームが鳥の脳の仕組みを調べてみようと思いたち、結果、従来の説はかなりの部分で間違いだと気づいた。脳の神経細胞はあらたに成長しない、などという思い込みは誤りで、美しい声で鳴く鳥のオスの脳（少なくとも、鳴き声に関係する部位）は、夏になると縮まり（ほかの部位が広がって、性的な緊張が和らげられる）、そのあと秋になると〝再成長〟し、翌年の春に向けて、鳥は歌を覚え、練習する。要は、脳の一部が死に、また復活するわけだ。数千個もの細胞が死に、のちに数千個もの細胞が生まれる。まさに世界を揺るがす大発見だった。ロックフェラー大学のスティーブン・ゴールドマンとフェルナンド・ノットルボームがおこなったこの研究のおかげで、神経組織発生なる概念が浮上し、刺激を受けたほかの動物学者や神経学者も、自然界にさらなる実例がないかと探し始めた。すると実際、見つかった。マーモセット、ネズミ、ツバイ、ウサギ――いずれにも、少量の神経組織発生が確認できた。

一九九八年、ヒトもこの集団に仲間入りした。わたしたちの脳の場合、とりあえず海馬――興味深いことに、記憶や情報保持に関わる脳の部位――は成長可能と証明された。では、新しく生まれた神経細胞をヒトは何に使っているのか？　重大な疑問だ。からだの成長に合わせて、記憶の容量を増やしているのだろうか？　それとも、進化上たまたま生じた特徴にすぎず、じつは無意味なのか？　当然ながら、専門家の意見はまだ割れているらしい。自然淘汰は無駄を嫌う。無駄な細胞は高くつく。したがって、あらたに誕生した細胞には、なんらかの目的があってしかるべきなのだが……一方、これは脇道のようなもので、脳の働きにはとくにプラスになっていない、ということも考えられる。しかし、明確な点が一つある。鳥の脳にある神経細胞は死んだあと生まれ変わるものの、あらためて歌を覚え直さなければいけない。歌までよみがえるわけではないのだ。過去の記憶が消えてしまっている。どう頑張ってみても、あなたという存在は、神経細胞の許すかぎりまでしか生きられないかもしれない。すると、どのくらいの期間だろう？　じつは（またか、とお思いだろうが）わかっていない。二〇一三年、イタリアの神経外科医チームが、ハツカネズミの神経細胞をクマネズミの脳に移植したところ、一八カ月（ハツカネズミの平均寿命）が過ぎても死滅しなかったという。ハツカネズミの神経細胞は、クマネズミの脳内でも正常に働き、クマネズミの寿命（ハツカネズミの二倍）まで生き続けた。

ひょっとすると、ヒトの脳も同じかもしれない。ロレンツォ・マグラッシ（さきほど述べたハツカネズミの細胞移植をおこなったひとり）は、一六〇年生きてもおかしくないと考えている。反対者もいる。たとえばニック・レーンは、ヒトの神経細胞の寿命はせいぜい一二〇年とみている。わたしたちの子供の世代は自分のからだで正解を確かめられるのか、いまのところ何とも言えない。いずれにしろ、長寿命化にどれほど熱意を燃やそうと（どれほど気前よく出資しようと）、不都合な真実、すなわち脳の問題に直面せざるをえない。鳥と同じなら、たとえ脳細胞を再生できても、歌は忘れる。つまり、あなたの人格は消えてしまう恐れがある。

高速道路を走ってアリソンの家へ向かう途中、わたしは、再会のあいさつをどうしようかとずいぶん悩んだ。握手だけで済ませようか、ハグすべきか？　直接会ったのは二回（となると握手がふさわしい）。だが、アリソンは、死をめぐるわたしの長旅のなかで、本当に力強い味方になってくれた。定期的な連絡のなかで、各方面の連絡先を教えてくれ（たとえば、ブタの死骸を扱うピーターに引き会わせてくれた）、助言をくれたこともある（「これはカエルの死骸です」と子供にも正直に言うべきだ、など）。そもそも、カササギの死骸を譲ってくれた。

スガの幼虫がつくったみごとな絹のカーテンへ案内してくれたのもアリソンだ。おかげで、自然の驚異を間近で見られたし、寄生生物が生命体を操って死の淵へ向かわせる例も知ることができた。それに、あのスガを通じて、死を連想させるものに出合うと、人間は誤った情報にもとづいて野蛮な行為をとる場合がある、という事実を痛感した。アリソンにはたいへんな恩がある。

到着して顔を合わせたとたん、アリソンもわたしも、握手ではなくハグを選んだ（アリソンのからだにカナダ人の血が流れているせいかもしれないが）。アリソンの家は素敵だった。わたしは他人の家を観察するのが好きで、今回も、冷静ながらも熱心に眺める。ご主人といっしょに、この個人的な空間を天国に変えたらしい。いたるところに植物があり、家のなかも庭も、花が咲き乱れている。キッチンの椅子に腰掛けてふたりで雑談しているあいだ、アオガラやスズメが、庭の柵の上で世間話に興じたり、たっぷりと餌が盛られた餌場と往復したりしている。キッチンの水切り台にのった乾燥棚には、何かの苗木がある。テーブルの上には双眼鏡。棚にはビクトリア朝時代の図鑑もある。壁一面を覆っているのは、トンボの大きなポスターだ。庭の端には、手づくりの太陽電池パネルが設置してある。ご主人が設計し、組み立てたという。ハチの巣箱もある。鳥の巣箱も。さらに、餌場。樹木。緑。作品。わたしの想像以上に、アリソンは生活を満喫しているらしい。

「あのう……」。わたしは、にやりとしつつ尋ねた。「この家のなかに、鳥の死骸あります?」。アリソンが、世界一ばかげた質問を受けたかのような顔つきでこちらを見る。「そりゃ、もちろんよ」。平然たる声色。「当たり前でしょ。いま、裏手でハゴロモガラスの死骸を乾燥させているところ」。わたしたちは手荷物をまとめ、ぶらぶら散歩してどこかでコーヒーを飲むことにした。バーチウッドへ出向いてアリソンに会おうと思いたったのは数週間前だった。アンチエイジング・ショーに行ってから間もないころだ。アリソンはその少し前から、スガの幼虫や、伐採された並木の話をツイッターでそれとなくつぶやき始めていた。「ええっ、スガが戻ってきたんですか?」と、わたしはメールで尋ねた。けれども考え直して、すぐにもういちどメールした。「やっぱり、教えてくれなくていいです。答えはお楽しみにとっておきます。近々、そちらに伺います!」。いくら何でもスガが戻ってくるわけはないだろう、という気もしていた。もし戻ってきていたら、本書の最後を飾る格好のエピソードになる。いかにもといった展開にはなるが、スガの幼虫と再会するシーンで締めくくりたかった。幼虫たちがかつて旺盛な食欲を示していた木々ともども、死から復活を遂げた光景を見たい。考えまいとどんなに努力しても、生はやはり、死の灰からあらためて芽生える。その事実を象徴する景色だろう。完璧だ、とわたしは心のなかでつぶやいた。

そんなわけで、わたしはこうしてバーチウッドに戻ってきた。喫茶店に向かう途中で、アリソンはわたしを連れて回り道した。切り株が並ぶ脇を通り過ぎる。去年の騒動の現場だ。くねった道沿いに一〇分ほど歩いた。そのあと、アリソンが急に足を止め、期待のこもったまなざしを向けてきた。「まわりを見て」と、アリソンが言う。わたしは立ち止まった。周囲に何もない歩行者専用道路の真ん中だ。両脇にはテラスハウスが並んでいる。「ここ?」。わたしは自分が立っている場所の意味をゆっくりと受け入れた。「ここに……あれが? あの木立があったのはここなんですか?」と、言葉を絞り出した。「そうよ」。厳かな声。「これがあの、木々が並んでいた歩道」。風景が一変していた。広々として、明るく陽が降りそそぎ……その代わり、緑がいっさいない。タールマカダム舗装の道路と煉瓦だけ。アリソンが指さした先に、切り株が残っていた。痕跡だ。小さな切り株が四つ。かつてここには並木があった。切り株の外周はそれぞれ約三〇センチ。いちばん近くの切り株に寄って、年輪を数えようとしたものの、残念ながら色あせてしまっていた。触ると、なぜかびしょ濡れで、腐り始めている。「ちょっと、こっちに来て」。前方からアリソンが呼びかけてくる。「これを見てちょうだい……」。アリソンの前にある切り株から、細い枝が出ていた。その枝に、小さな葉が一枚ついている。降りそそぐ陽の光を、母乳みたいに吸い取っている。たった一枚で、切り株全体に力を与えているのだ。自然の気高さを秘めた木。わたしは、ほかの切り株を調べた。成果なし。さっきの一枚しか葉は見あたらない。切り株のみ。わたしは、ほんの少し落胆した。せっかく来たのに、眼前には、がらんとした道路と、たった一枚の葉っぱしかない。スガの幼虫はどこにもいなかった。アリソンがネット上に書き込んだ内容を、わたしは勝手に誤解していたらしい。自然の偉大さをほのめかして本を締めくくるという心づもりがついえてしまった。わたしはそのあと五分ほどかけて、小枝に一枚だけ葉がついているさまを撮って芸術的な写真に仕上げようとしたものの、これまた失敗に終わった。

しばらくしてふと気づくと、アリソンがすでに歩きだし、喫茶店へ向かい始めていた。わたしは走って追いかけたが、追いつく寸前、アリソンが急に足を止めた。ある木の下に立っている。駆け寄るわたしのほうを振り返って、頭上の枝々のあいだを指さす。満面の笑みを浮かべている。まさか、とわたしは思った。そばにたどり着く。いた！　伐採し忘れたらしいエゾノウワミズザクラが一本。その枝のあいだに、リンゴ六個くらいの大きさの絹の袋があり、小さなイモムシがいまにも生まれそうになっていた。見逃された片隅に、ふたたび命が生まれるのだ。死の灰のなかから、あらたなイモムシが這い出す。それがどんなに素晴らしいことか、わたしには表現する言葉が見つからない。みごとな光景。あっぱれだ。アリソンとわたしは、ここにスガが残っていることは内緒にしようと決めた。万が一、住宅協会の耳に入ったら、またチェンソーの出番になるにちがいない。住宅協会のあわてぶりを想像すると笑えてくるが、いずれにしろ、わたしは笑みを引っ込めることができなかった。

喫茶店に着いたあと、わたしはアリソンにいままでの長旅の概要を話した。見たもの、調べた事柄、インタビューの内容など、死をめぐる旅で出合ったもろもろを打ち明けた。世間に恐れられているクモ、ブタ、実験室に巣を持つアリ、相方に死なれたロバ、ケープペンギン、シロフクロウ、ホラアナサンショウウオ、アカトビ……。思えばいろいろあった。何ヶ月も何カ月もかけて調査したすえ、人間はいま、永遠の命に、いわば神の国を開く鍵に、かつてなく近づいていることを知った。わたしは息を継ぐのも忘れてアリソンにしゃべり続けた。寿命を人工的に延ばすことが、わたしたちの生きている時代のうちに実現するかもしれない。その可能性はじゅうぶんにある。現代人の一部は、健康なまま歳を重ねられるかも……。「いますでに生まれている人の誰かが、歴史上初めて一〇〇〇歳まで生存する可能性だってあるんです」。わたしは胸を張って言った。

ただ、若干の悲しみもにじませた。アンチエイジング・ショーに行ってショックを受けた奇妙な体験を打ち明けた。「長旅が終わる前に、そのう……死についていろんなことを考えすぎて、ちょっぴり辟易したんだと思います」と、正直に認めた。ずいぶん長く、わたしは死にとりつかれてきた。追悼。悲嘆。意識。寿命をひとまず数年だけでも延ばそうとする懸命な努力。恐ろしいエピソード。絶滅をめぐる談義。ドラキュラ・セラピー。その他もろもろ……さすがに多すぎた。アリソンがうなずく。「わたしも、そんな気になるときがあるわ」。そう言って、コーヒーに口をつけた。「死を研究する人たちがみんな同じかはわからないけど、ある程度深く追究したら、バランスを見つける必要が出てくると思う。わたしは死を研究してる。死の科学を。社会や文化と死の関わりを。でも、個人的な日常生活は、生に囲まれている」。明るい声。アリソンの周囲が生にあふれていることは先刻承知だ。「たしかに、わたしは死の研究者。だけど、生に関して教えてくれる事柄のほうに、はるかに興味があるわ」。

わたしはハキリアリの話をした。同じ巣で暮らした仲間の死骸を、台の下に張られた水へ投げて処分する。続いて、話題はわたしたち自身の葬儀に移った。自分の死後、こんなふうに葬ってほしいなどの考えはあるかと、アリソンに質問した。「そうねえ、わたしは、環境に優しい自然葬を強く支持してる。つまり、死体を麻袋に入れて、多少の草木がある野原に安置してもらうとか、そんな感じね」。自分の死体が無脊椎動物によってばらばらにされることを思い浮かべても、平気でいられるのか、と訊《き》いた。「生き物がわたしを食べたければ、それはそれで構わない」。そう言って、肩をすくめる。「死んでしまった自分の肉体には、べつに愛着を感じないわ。むしろ、五〇年くらい経って、わたしのからだが野の花になると思うと、すごくほっとする」。生き生きした声色。わたしは想像してみた。「自分の頭から木が生えたら、すごく面白いと思いますね」。わたしはいたって冷静に言った。「セイヨウトチノキの根がわたしの頭蓋骨を突き破って、わたしの原子を土から吸収して、やがて実をならせ、落ちた実をわたしのひ孫たちが拾い集めて、窓ぎわに並べておく……そんな想像をするとわくわくします」。

とはいうものの、自分が土のなかで腐敗していくさまを思うと、心の奥底がざわつく。落ち着かなくなる。怖くなる。アリソンにそう打ち明けた。「自分の死体が横たわって……腐っていく。なんだか、そう考えると……いたたまれない気分になります。とにかく……考えたくない。理性的じゃないのはわかっていますが……」。アリソンが微笑む。「死の問題がからむと理性を失うのは、みんな同じよ」。おたがい、窓の外に目を向けた。「わたしだって、理性を保てない。いつも思うんだけど、わたしはカナダ人で、いま外国で暮らしてる。理想的には、死んだら、自分の出身国に葬られたいな。たぶん、叶わない夢だろうけど」。アリソンのような死の専門家が感傷的になるのは不思議だ。「なぜ墓の場所が気になるんでしょう?」と、わたしは尋ねた。「どうしてです? だって、あなたはもう死んでいるわけでしょう?」。無遠慮になりすぎたと思い、すぐ言い直した。「あなたみたいな専門家が気にするなんて、そぐわない感じです」「わたしだって、気にするわ……」。一瞬の間を置いて、さらに続ける。「自分にとって大切な人たちを母国に残してきてるんだから」。ふたりともコーヒーを飲み終えた。

「人間は、かなり混乱している気がしませんか?」。帰り道、わたしはアリソンに話しかけた。「つまり、ヒトという種のことです。死をめぐって、いくつか深刻な問題を抱えていると思いませんか?」「どういう意味?」。アリソンが先を促す。「今回、ずいぶん長く苦労して原稿を仕上げていくなかで、こんな印象をぬぐえなくなったんです。人間は死という概念全体をうまく把握できていない、と。紙の上では理解していても……受け入れがたいんです」。わたしがいろいろ見聞きした、〝悲嘆〟と表現するのがふさわしそうな事柄について、ふたりで話し合った。生き物が悲しんだり死を悼んだりするかとの話題を出すと、大半の人たちがおおいに関心を示す、という事実も伝えた。さらに、検証しようのないわたしなりの説を披露した。人間は生き物のうちで唯一、自分が死にゆく運命にあることを理性的かつ現実的に考えられる存在だから、ときどきひどく寂しくなるのではないか？　この寂しさが、あれこれ奇妙な行動などにつながっているのでは？　たとえばスガの幼虫にしろ、死がからむと排除したくなる人間心理の犠牲者だと思う。あの幼虫たちは死を想起させ、気味悪いから、退治されてしまったのではないだろうか？　アリソンとわたしは、クモやウジの話もした。

いっしょに歩けば歩くほど、さまざまな考えが湧き出してきた。理解のない人たちを罵るような口ぶりになってしまい、あとで振り返ると、未整理の脈絡ない考えを聞かされる立場だったアリソンには、本当に申し訳ない。わたしは、死をめぐる話をやめられなくなっていた。「死は、わたしたちの価値をなくしますよね」と、わたしは言った。「人生を無意味にしてしまう。死に関して冷静さを失うのは、わたしたちの優れた認知力の表われで、知っているから、ときに抗う。だから、人間は死を恐れるんでしょう」。

辛抱強く聞き手を務めてくれたアリソンが、こんどは死について自分の見解を明かしてくれた。わたしの意見よりはるかに簡潔だった。「もし人間が、死をめぐってこうして奇妙な態度をとらなかったら、社会のありかたがぜんぜん違ったかもしれない」。いったん言葉を切って、わたしが意味を呑み込むのを待った。「つまり、死なんてどうでもいいなんて姿勢なら……」。眉を吊り上げ、首を振った。「わからない……死に過敏な反応を示してこそ、人間なんじゃないかな?」。なるほど。そのくらい単純なのかもしれない。自分が人間であり、現代を生きているという最大限の表現が、死に対して妙な反応をすることなのかも……。アリソンの考えはじつに正しい。おかしな話だが、わたしは急におおぜいの知り合いが愛おしく思えてきた。わたしの友人や家族の多くは、理性的ではなく、自分の死を心底、恐れている。その態度を変えてほしいとは思わない。わたし自身も、変えたいとは思わない……あまり大きくは。

Epilogue

終わりに

ロアシジョウチュウの存在意義

ウマたちの蹄《ひずめ》のけたたましい音を聞きつけて、その魚は泥から顔を出し、興奮して戦闘態勢に入った。怒りをむき出しにした黄色がかったこの魚は、ウナギらしい。水のなかに潜む大蛇のようでもある。水面を泳いで、ウマやラバの腹部の下に集まった。あまりにもかけ離れた種類の生き物が戦うとなれば、非常に興味深い光景になるはず……。

一七九九年から一八〇四年まで南米を旅したアレクサンダー・フォン・フンベルトは、体験記にそんな描写を残している。

ウナギとおぼしきこの生き物は、大きな物音に驚き、防御手段として、体内の電池から放電を繰り返した。長い攻防のすえ、勝ったのはどうやら魚のほうだった。五、六頭のウマが、生命

維持に大切な臓器を見えない方向から攻撃され、膝を折った。さらに、たび重なる強い電気ショックに耐えかねて、泥沼のなかへ沈んで消えた。その他のウマも、あえぎ、たてがみを逆立て、疲れ果てた目に苦悶を浮かべ、力を振り絞って、敵の襲来から逃れようとしている。

フォン・フンベルトの描写は生々しく、凶暴な魚が恐ろしくてたまらなくなる。躍動感あふれる文体を、かのダーウィンも（『ビーグル号航海記』のなかで）真似たといわれる。デンキウナギをめぐるフォン・フンベルトの記述はまだ終わらない。ウマの運命について、さらに書きつづっている。

しかし、猛烈な攻撃から逃れることができたウマは数頭にとどまった。その数頭は、岸にたどり着くや、ふらついて砂のうえで横になった。疲れきっていた。ウナギの電気ショックで、四肢が麻痺していた。結局、五分も経たないうちに二頭が死んだ。ウナギの体長は一・五メートル。ウマの腹部にからだを押しつけ、みずからの電気器官の全域を活かして一気に放電する。心臓、内蔵、腹部の神経網組織をまとめて狙う。ウマが味わった苦痛は、当然、人間がこの魚に遭遇した場合より大きかったにちがいない。人間なら、手足のどれかで触れるだけだろう。ウマは、電気のせいで死んだのではないかもしれない。ウナギと長く格闘するうちに気絶し、這い上がれずに溺死した可能性もある。

自然は過酷だ。どうやら効率を優先するせいで、残忍かつ破壊的。混乱のなかで非情ぶりを発揮する。冷酷、殺生、苛虐。自然界で生き物が命を落とす場面は数多い。絞め殺されての死。毒牙や毒針で毒を注入されての死。内臓を引き裂かれての死。窒息死。飢死。ただ、自然界における死因の一つに感電死があるとは、驚きを禁じえない。とはいえ、人間も残酷だ。前記のウマの感電死は、フォン・フンベルトの求めに応じた現地人が、あえて仕組んだものだった。デンキウナギの漁のやりかたを実践して見せたのだ。ウマに電気を使い果たさせたあと、漁師は沼に足を踏み入れ、デンキウナギを素手でつかむ。いともたやすく。自然は残酷だが、恐ろしい事態が起こるのを承知でわざと引き起こす人間はもっと残酷だろう。

原因はどうあれ、生き物が苦しんだり死んだりすることを嘆くのは、自然愛好家のあくまで個人的、宗教的、哲学的な立場にかかわる問題だ。自然の現実はきわめて厳しい。ダーウィンも含めて多くの人々が、自然界にはびこる容赦ない冷酷さを目《ま》のあたりにして、信仰心を失いかけている。有名な逸話でいえば、アメリカの博物学者アーサ・グレイに宛てた一八六〇年の手紙のなかで、ダーウィンは、寛容な全知の神がヒメバチという寄生虫を創造したのはどうしてだろうか、と疑問を呈している。「この世には悲惨なことが多すぎるように思います。（中略）慈悲深い全能の神が、あえてヒメバチを創造し、生きたイモムシをからだの内部から食す仕組みをつくったのはなぜか、ネコがネズミをもてあそぶようにしたのはなぜなのか、わたしにはどうしても納得ができません」。

イギリスの学者デイビッド・アッテンボローも、ヒメバチと同様、神の意図をはかりかねる生き物と、正面から向き合っている。ロアシジョウチュウ（ロア糸状虫）だ。このセンチュウの一種は、吸血昆虫によって人体に伝播される。ヒトの体内に入ったあと、結合組織をたどって進み、ときには眼球のなかまで達する。デイビッドの映像ドキュメンタリー作品には神をたたえる気持ちが欠けていると、進化論とは逆の立場をとる人々から非難されるたび、デイビッドは、ロアシジョウチュウを例に挙げて哲学上の議論を迫る。「では、どんな神がロアシジョウチュウを創造したもうたのでしょう？」（わたしが思うに、デイビッドは冷静で温厚な笑みを浮かべて言うのではないか？）。

本書の執筆を終えようとしているいま、わたしは神の弁護をすべきかわからない。正直なところ、神の存在をめぐって他人と議論するのはもともと苦手だ。そうとう熱心な信者から深遠な哲学の質問を浴びせられると、汗をかいてしまう。たいがい、大きな赤い湿疹が首に現われてかゆくなり、そのようすをみんながじろじろ見るものだから、よけいにかゆみが悪化する。ときにはつい、ロアシジョウチュウの厄介な問題を持ち出して反論を試みる。信心深い科学者の多くは、「自然淘汰は、神様が地球上で物事を進めるための一過程である」とこたえてくる。神は壮大な計画のもと、人間がこの世界に住めるように環境を整えていて、それが何十億年にもわたっているのだ、と。この種の世界観の持ち主から見れば、センチュウ、家畜に群がるウジ、コレラ菌を運ぶダニ、ヒメバチなどは、神の機械がたまたま発する騒音のようなものにすぎない。ソフトウェアのバグであり、（実際、バグとは英語で虫をさす語だが）、取り除くとシステム全体がダウンするのでやむをえない。生きとし生けるものはときに奇妙な利己主義に陥るが、神が人間に本当は何を望んでいるかなど、わたしたちには理解できるはずがない……。

まあ、そんな意見があってもいいだろう。わたし自身は、生物学の世界に足を踏み入れた初期、ロアシジョウチュウなどの生き物がいると知っても、それ以前からの信仰心に影響はなかった。だがしばらくして、信心深さとは逆方向へどんどん進んでいった。自然界でおこなわれる冷酷な行為を、興味深い実例として紹介するようになった。いまわたしが信じているのは、自分たちがいま生きている種類の世界だ。イギリスの作家アルフレッド・テニソンが「歯と爪を血で赤く染め」と表現した、弱肉強食の世界、つまりダーウィン的な考えかたを支持するようになった。二〇代のころ、いつの間にか、科学的な現実に合致するそういう観点が身につき、わたしは誇らしく思った。仲間の専門家たちとも意見を合わせられた。

しかし以後、長年この生物学にかかわり、本書も仕上げに入った現在は、もう少し柔軟になった。

いまの立場でいえば、自然は必ずしも残酷な場所ではない。「歯と爪を血で赤く染め」てばかりではない。死だけがはびこっているわけではない。むしろ、想像もつかない可能性にあふれた、まだまだ未知の場だと思う。多様性を生み、たえまなく創造を続けている。さて、死は？　死とは、さらなる生命が誕生する通過点だ。新しい種は、死があってこそ生まれる。現存する種は、死によって支えられている。絶滅した種は、その死によって記憶に刻まれる。「生命とは何か？　死との関係は？」。本書の第一章の冒頭にエルヴィン・シュレーディンガーの問いを記した。いまのわたしには、答えはいたって簡単な気がする。ただ、おおかたにおいて、死は、あなたなりの解釈にまかせられている。さらに時間を使って、自分なりの理解をすればいい。

本書の出版が近づいているいま、一部の読者がこんな批判をするのではないかと心配だ。人間をはじめとする生き物から湧き出す不快さ、苦しみ、痛み、血糊をじゅうぶん書いていない、と。現実には、日々、そういったものが生まれ出ている。流血。食われたはらわた。絶滅。癌。痛み。喪失。わたしはどれについても本書で扱ったつもりだが、足りなかったかもしれない。逆に、読者のみなさんは、寄生虫の話がずいぶん多かったと感じているだろう。なぜか？　ダーウィンと同様、寄生虫の話題となると、わたしたちは戸惑いを隠せない。けれども、ダーウィンに嫌われたにしろ、じつは、わたしたちはみんな寄生虫なのだ。生命に寄生している。食物網に寄生している。太陽に、大海原に寄生している。ヒトは、ものを消費し、ものを生み出し、より混乱したさまざまなかたちで外部に放つ。呼吸による放熱、排泄物、悪臭を放つ死骸。わたしたちはみんな、混沌とした状況を推し進める一助となっている。誰もが同じ。そしてそれは祝福に値すると思う。

ときどきわたしのところに、進化や自然淘汰の仕組みについての講演依頼が舞い込む。そんなときわたしは、こうしたテーマを取りあげながら、生命の系統樹をスライドで見せる。カタツムリダニ、クラゲ、オオコウモリ、カモのらせん状の生殖器、ピーコックスパイダー、ダイオウイカとマッコウクジラの深海での攻防などを話し、これほどの驚異を研究して理解できる時代に生きているわたしたちは幸運だと述べる。しかしなお、まだ解明できていない謎がある。たとえば、陸生の恐竜は、体表がどんな色で、どんな鳴き声だったのか？　あらゆる生き物の共通の祖先は、最終段階でどんな姿かたちだったのか？　カタツムリダニはどこでどうやって生殖行為を行なうのか？　ほかにも、本書に記したとおり、老化をめぐって数々の不可思議な現象が未解明のまま残っている。そのうえで、ヒトは緑の土地に適合する霊長類として（いちおう）成功してきたことを指摘する。草木の生えた土地に棲む類人猿が、わたしたち人間になった。

ある日、講演が終わったあとでひとりの若者が近寄ってきた。大まじめな表情だった。プレゼンテーションの画面には系統樹が映しだされていた。若者はその系統樹を見つめ、小声で質問した。「だからって、どうなんです？」。わたしはよく聞こえず、「えっ？」と聞き返した。「これ全体にいったいどんな意味があるんですか？」。わたしは咳払いして、どもりがちに、自然淘汰などあれやこれやをあらためて話したが、若者は納得しかねるようすで、やがて、力ない笑みを浮かべて去っていった。あとから思うと、もっといい返事をしてやれたのにと残念でならない。いよいよ本書を締めくくるいまなら、自分があのとき何と言えばよかったかわかる。若者は、生命に何の意味があるのかと尋ねた。わたしはこう答えるべきだった。「きみは、この惑星のうえで最高の特権を持っているヒトの一員なんだよ。だって、ほかの生き物と違って、生命の意味を見つけようとしているんだから」。自分なりの意味を見つけることができる。自分の人生を意味あるものにできる。わたしたち全員が、めいめいの人生に意味を見つけられれば、自分の死も少し良いものととらえられるのではないか？

個人的には、科学がわたしに意味をくれた。おかげで、良い死を迎えようと考えている。人生は短い。大半の人にとって、あまりにも短い。遺伝子をどう操作しようと、長寿の研究にいくら資金を投じようと、あいかわらず短すぎる。短さの問題は、永遠に残るだろう。どんな意味があるのか？みなさん自身が良い意味を選んでほしい。選べることを祈っている。

ジュールズ・ハワード　二〇一五年八月

Acknowledgements

謝辞

本書のどの一文も一単語も、何らかのかたちでほかの人たちの力を借りて書かれたものだ。とりわけ、わざわざ時間を割いてくれた学者や〝死に関する専門家〟のおかげで、興味深い重要な研究の一端を知ることができた。ほかの人たちにも、いろいろ違う角度から後押ししてもらった。時間を都合してくれた全員に、こころから感謝している。順不同で挙げさせてもらうと、ロンドン動物学協会、ロンドン動物園、カーラ・バレンタイン（バーツ病理博物館）、メーガン・ローゼンブルーム（デス・サロン）、ポール・バトラー、ピーター・クロス、ルイーザ・プレストン、ベッキー・ラッグ・サイクス、アン・ヒルボーン、ジョナサン・グリーン、スー・アームストロング、ベン・ホアレ、アラン・スタブス、ジョー・ジョレス、メリッサ・ハリソン、ブルナ・ベゼラ、ジョン・ウォルターズ、ポール・スタンクリフ、サイモン・レザー、ジョン・ハッチンソン、アンドリュー・ホワイトハウス、ジョー・

ギルベール（バグライフ）、クリス・キャスリン、クリス・フォークス、アレックス・ソーントン、アンドリュー・ドーウェズ、ロイド&ローズ・バック、アダム・ハート、スティス・フェアハースト、フェイス・バーデン、スージー・クレトニー、ベン・ギャロッド、エド・ヨン、マシュー・コッブ、ダレン・ナイシ、ケイン・ブライド、フィル・〝ラッシュ〟・アシュトン、ベン&ジェーン・バロー、ローレンス・フォスター、キャサリン・アレン、キャシー・ウォーマルド、シルビウ・ペトロバン、アミンカン・カーン（www.aminart.co.uk）、マーシャ・デイ（加えてクリップストン・ブッククラブのメンバー全員！）、仮名〝ジョン〟（ゴケグモモドキ騒動の火付け役）。そしてもちろん、わたしを死というテーマに導いてくれたアリソン・アトキンに、おおいなる感謝を捧げる。ニック・レーンの素晴らしい著書の数々――『生と死の自然史――進化を統べる酸素』（二〇〇二年）、『ミトコンドリアが進化を決めた』（二〇〇五年）、さらには傑作『生命の跳躍――進化の10大発明』（二〇〇九年）――がなければ、本書は生まれなかっただろう。どの本もぜひお読みいただきたい。傑出した著作ばかりだ。ブルームズベリー社の担当編集者、ジム・マーティンにもおおいに感謝しなければいけない。死に関する本の執筆依頼に、ときに不安を感じつつも、支持を貫いてくれた。ジムは優秀な編集者であり、人間性も素晴らしい。本書のような難しい本の執筆を、あらゆる方向から支えてくれた。ブルームズベリー社のそのほかの仲間、たとえばローラ・ブルック、アンソニー・ラサッソ、ジャクリーン・ジョンソン、デビー・ロビンソン、ルーシー・クレイトン、ジュリー・ベイリーその他おおぜいにも感謝している。有益なコメントで編集を手伝ってくれたリズ・ドレウィット（natureedit.com）にも心から感謝する。ブルームズベリー社のアンナ・マクディアミッドは、最終段階までプロジェクトの舵取りをしてくれた。出版代理人のジェーン・ターンブルも、ジムと同様、つねに支えになってくれた。ありがとう。本書の大半はマーケットハーバラ図書館で執筆した。とても暖かく静かな場所だ（図書館は本当に恵まれた環境だ。利用しない手はない！）。同図書館のスタッフ、とくにエミリー・ウォーレンにはたいへんお世話になった。忠実で献身的な編集者ルース・ケントのおかげで、冗長な部分を削ることができた。各章の冒頭を飾る素敵なイラストは、サム・グッドレットが描いてくれた。おおいに感謝している（サムについて詳しくはwww.samdrawsthings.co.ukをご覧いただきたい）。

エピローグで取り上げた「だからって、どうなんです？」と若者が発言したのは実話（それどころか、いちどならず起こった出来事）だが、あとになって「こう言えばよかった」と反省したのは、以前、カール・セーガンも同じような体験をしたとのエピソードを思い出したからだ。無関心な反応を示す若者がいると、カール・セーガンは「自分の人生にとって意義のあるものを選びなさい」とアドバイスしたらしい。心に染みる助言だ（わたしからの助言は「もし長生きしたかったら、カール・セーガンの姿勢を真似よう」）。

愛情と惜しみない援助をくれたわたしの両親にも、この場を借りて礼を述べたい。生と死に関して多くのことを教えてくれた。感謝の念に堪えない。もちろん、最後に感謝しなければいけないのは、妻のエマだ。あふれんばかりの愛情と優しさを与えてくれた。わたしが（頻繁にではないけれど）不快な死臭をまとって帰宅したとき、鼻をふさいだこともあっただろう。稼ぎの悪いライターと結婚生活を送るのは楽ではないはずだが、我慢してくれた。ありがとう、ありがとう、ありがとう。共に生活する意義をあらためて実感した。きみを通じて、わたしの人生はあらゆる面が輝いている。愛しているよ……いままでも、これからも、死ぬまで。

Translator Afterword
訳者あとがき

夏の小バエは、うっとうしい。机の上をうるさく動き回る一匹を、指で軽く潰してしまったことがある。するとやがて、別の小バエが寄ってきた。わたしが殺したのはメスだったのだろう。じっと動かない、ものにしやすそうなメスがいるぞ、とオスが狙ってきたにちがいない。

オスはおもむろに一歩ずつ近づき、あと数ミリというところで突然、メスが死んでいる事実に気づいた。とたんに少しあとずさるや、猛烈な勢いでぐるぐると円を描き始めた。パニックに陥っているとしか思えない動き……。こんな小さな虫が、死を認識し、みずからがたどる運命を予感して、おびえているのか？　まさか。しかしそうでなかったら、この行動をどう説明できる？

本書は、生き物の死をテーマにした異色の一冊だ。陰鬱な本でもなければ難解な本でもない。むしろ躍動感に満ちている。「死を避けるすべはなし。心せよ」といったありきたりな書物とは違う、と著者は序章で高らかに宣言している。いまわたしが述べたような、ヒト以外の生き物が同種の死にどういう反応を示すかをはじめ、多彩なテーマを追究しながら、死の本質を浮き彫りにしていく。

たとえば、クジラ。捕鯨の是非など、海面近くの出来事に関しては、世間の注目が集まりやすい。けれども、巨大なクジラの死に思いを馳せたことがある人はどれくらいいるだろう？　クジラの死骸は、はるか深海に横たわり、何十年にもわたって独自の生態系を育んでいるらしい。いったい、そこで暮らす生物とは？

あるいは、腐肉食動物のアカトビ。当然、ほかの生き物の死がなければ命を保てない。死に養われて生きている。ただ、近世までは、死骸を片付ける清掃動物として一目置かれていたという。不衛生に伴う疫病の流行を防いでくれる、ヒトとは共存共栄の存在だった。それが現代では、不潔と忌み嫌われ、絶滅の危機に瀕している。その実態やいかに？

遊離基の蓄積、栄養レベルの段階差など、ときに専門的な内容にも踏み込むものの、文才あふれる著者の説明は一貫してわかりやすく、ユーモアに長けていて、ふだん生物学と縁のない人でも気軽に読み進められる。

ページをめくるたび、あらたな驚きが待ち受けている。もっとも、この本の最大の魅力は、文章の端々に、生き物好きの子供のような天真爛漫さがあふれている点だと思う。

旺盛な好奇心と、嗅覚鋭い行動力を発揮して、著者はイギリス各地をめぐり歩く。ひと癖もふた癖もある専門家たちの話に耳を傾け、ブタの腐乱を観察し、ヒキガエルを轢死から救い、さらには、マスメディア報道の歪曲の真相を突き止め、世界最長寿の五〇七歳の生き物と出合う。自然淘汰という時計の歯車として、死がどんな役割を果たしているかを明確に突き止めようとする。

地球のいたるところで、死が生を支え、生が死をつくり出している。あたりまえのようでいて不可思議な循環だ。生物はなぜ、死を避けようと進化しないのだろう? 何が老化をもたらすのか? 短命の動物と長生きする動物はどこが違う? ヒトの寿命はやがて人工的な細胞操作で延びるのか?

次々と繰り出される話題に導かれて、読者は、陸、空、海をさまよい、死についての考えを深めることになる。陸では、寄生生物のトキソプラズマが、体内でネズミをマインドコントロールし、ネコの餌食になりやすくしている(!)。ある種の樹木は、香りによって特定のハチを呼び寄せ、葉に食らいつくイモムシを死に至らしめる(!!)。

前作『生きものたちの秘められた性生活』で、著者は、オスとメスが攻防しながら途方もない歳月をかけて進化するさまを鮮やかに描きだした。オスは自分の遺伝子をできるかぎり広めたい。メスは少しでも優秀な遺伝子を遺したい。両者の思惑が絡まって、たとえばカモの生殖器は、スクリュー状にねじれたかたちに進化したという。メスとオスで、ねじれの向きが逆になっている。無理やりな挿入を防ぐ、メスの防御策。心を許したときだけ、ねじれを緩め、オスを受け入れる。

本書と同様、著者はユーモアを交えつつ、一般の人々が知らない生物学的な知識を解き明かしてくれる。合わせてお読みいただけば、面白さが二倍、三倍と膨らむはずだ。

最後に、原書刊行のあとの情報を補足しておこう。

若返りの研究で世界的に知られる〝ベニクラゲマン〟こと久保田信博士は、京都大学を定年退職された。とはいえ、今後もユニークな活躍を続けてくださるにちがいない。

絶滅寸前のクモ、ホリッド・グラウンドウィーバーを「いずれ見つけてみせますよ」と執念を燃やしていたアンドリューとジョーは、のちに目的を果たしたとみえる。このクモの生きた姿の映像がYouTubeにアップロードされている（Horrid Ground Weaverで検索を）。裁判所も、クモを保護する方向で最終判決を下した……。

それにしても、自分の死は、また新しい何かを呼び起こすのだろうか？　わたしは本書の読後、深い感慨に浸らずにはいられなかった。

さて、著者の次なる冒険は、どこへ向かうのか？

二〇一八年四月　中山宥

著者略歴

ジュールズ・ハワード（Jules Howard）
動物学者。ブログ、雑誌、ラジオ、テレビその他で幅広く活躍中。動物学や野生動植物の保護をテーマに多くのコラムを執筆するかたわら、BBCワイルドライフ・マガジン誌、ガーディアン紙などに定期的に寄稿し、『BBCブレックファースト』『サンデー・ブランチ』『BBC 5ライブ』といったラジオ・テレビ番組に出演している。また、子供たちを動植物に親しませる活動を主宰しており、その参加者はのべ10万人近くにのぼる。ほかの学者と同じように、バードライフ・インターナショナル、英国鳥類保護協会、ロンドン動物学協会などの団体とも関わりが深い。ただ、ほかの学者と違って、カエル専門の電話相談を3年間担当し、世間の人々の（おもにカエルにまつわる）悩みを解消してきたという異色の経歴を持つ。本書は2冊目の著作にあたる。
ツイッター　@juleslhoward

訳者略歴

中山宥
翻訳家。1964年生まれ。主な訳書に『マネーボール[完全版]』（ハヤカワ・ノンフィクション文庫）、『究極のセールスマシン』（海と月社）、『〈脳と文明〉の暗号』（講談社）、『ジョブズ・ウェイ』（SBクリエイティブ）、『生きものたちの秘められた性生活』（角川書店）などがある。

動物学者が死ぬほど向き合った
「死」の話
生き物たちの終末と進化の科学

DEATH ON EARTH
Adventures in Evolution and Mortality
by Jules Howard

2018年4月25日　初版発行
2020年7月1日　第五刷

著者　ジュールズ・ハワード
訳者　中山 宥
日本版編集　二橋彩乃
ブックデザイン　三宅理子

発行者　上原哲郎
発行所　株式会社フィルムアート社
〒150-0022
東京都渋谷区恵比寿南1-20-6 第21荒井ビル
TEL 03-5725-2001
FAX 03-5725-2626
http://www.filmart.co.jp/
印刷・製本　シナノ印刷株式会社

Printed in Japan
ISBN978-4-8459-1638-2　C0045